"十三五"国家重点出版物出版规划项目

# 环境学概论

## An Introduction to Environmental Science and Technology

● 李国亭　刘秉涛　编著

哈尔滨工业大学出版社

## 内容简介

本书由 8 章组成,内容包括绪论,生态学基础,人口、环境与可持续发展战略,水污染及控制技术,大气污染与控制技术,固体废物的污染与控制,清洁生产和环境管理。本书还介绍了雾霾、水十条、清洁发展机制、"城市矿产"等新议题。

本书可作为高等学校非环境专业的环境科学课程的教材,也可作为环境类各专业和从事环境保护工作的专业人员的参考书。

**图书在版编目(CIP)数据**

环境学概论/李国亭,刘秉涛编著.
—哈尔滨:哈尔滨工业大学出版社,2016.10
ISBN 978 - 7 - 5603 - 5870 - 3

Ⅰ.①环⋯　Ⅱ.①李⋯　②刘⋯　Ⅲ.①环境科学-概论
Ⅳ.①X

中国版本图书馆 CIP 数据核字(2016)第 032368 号

责任编辑　张秀华　许雅莹
封面设计　卞秉利
出版发行　哈尔滨工业大学出版社
社　　址　哈尔滨市南岗区复华四道街 10 号　邮编 150006
传　　真　0451-86414749
网　　址　http://hitpress. hit. edu. cn
印　　刷　哈尔滨市石桥印务有限公司
开　　本　787mm×1092mm　1/16　印张 16.25　字数 380 千字
版　　次　2016 年 10 月第 1 版　2016 年 10 月第 1 次印刷
书　　号　ISBN 978 - 7 - 5603 - 5870 - 3
定　　价　36.00 元

# 前　言

环境问题已经不单单是能源、资源和人口问题，它所涉及的领域之广、所涉及的人口之众都达到了前所未有的程度。为提高高等学校非环境专业在校大学生的环境素质，本书在 2004 年出版的《环境科学引论》基础上，结合全球环境变化的热点及环境工程方面新的污染控制技术编写而成，旨在培养大学生的可持续发展的环境意识，从学生时代起就树立从事任何一项工程项目、生产活动或经济活动，都应该把对环境的影响作为主要因素来认真考虑的理念。在大学时期就应掌握生态环境、清洁生产、大气污染与防治、水体污染与控制、固体废弃物污染与处置等环境工程的基础知识，以具备适应未来发展的基本知识结构。

《环境学概论》一书共分 8 章，简明扼要地介绍了当前环境科学中所包括的人口、能源、资源、全球变化、清洁生产、环境管理、大气污染、水污染、固废污染及其控制技术等内容，并增加了雾霾、水十条、清洁发展机制、"城市矿产"等最新议题。几乎每章都附有典型案例。书中还附有"环境空气质量标准"、"地表水环境质量标准"及"生活饮用水卫生标准"。本书可作为高等学校非环境专业的环境科学课程的教材，也可作为环境类各专业和从事环境保护工作的专业人员的参考书。

本书由华北水利水电大学长期从事环境科学与工程的教师编写。本书不仅源于他们长期的教学实践和科学研究，而且整合了该领域最新的信息和成果。全书由李国亭和刘秉涛编写，由刘秉涛负责统稿。

由于编者水平有限，书中难免有疏漏之处，敬请读者和有关人士批评指正。

编　者

2016 年 3 月

# 目　　录

# 第1章 绪　　论

**内容提要**　环境问题不仅是资源问题,还是能源问题。它影响着自然环境和生态环境,而且会因之而产生诸多的社会问题,并时时刻刻影响或决定着我们现在和以后的生活质量和生存状态。从环境科学与工程的角度探讨自然、社会和人类的问题,有助于我们从更广阔的角度来思考个人、社会和人类的生存愿景,树立更加科学、友好和明确的世界观和人生观。

本章学习的主要内容包括以下几点:

(1)环境的科学涵义、组成及分类;

(2)环境问题的产生、分类及实质;

(3)环境科学的学科体系。

## 1.1　环境的基本概念

环境(environment)是指周围所存在的条件,对不同的对象和科学学科来说,环境的内容也不同。对生物学来说,环境是指生物生活周围的气候、生态系统、周围群体和其他种群。对文学、历史和社会科学来说,环境是指具体的人生活周围的情况和条件。对建筑学来说,环境是指室内条件和建筑物周围的景观条件。对企业和管理学来说,环境是指社会和心理的条件,如工作环境等。对热力学来说,环境是指向所研究的系统提供热或吸收热的周围所有物体。对化学或生物化学来说,环境是指发生化学反应的溶液。从环境保护的宏观角度来说,环境就是地球这个人类的家园。人类生活的自然环境,主要包括岩石圈、水圈、大气圈、生物圈。

环境是相对于中心事物而言的背景,在环境科学中指以人类为主体的外部世界,主要是地球表面与人类发生相互作用的自然要素及其总体。环境是人类生存发展的基础,也是人类开发利用的对象(《环境科学大词典》.北京:中国环境科学出版社,1991)。

1972 年,联合国斯德哥尔摩人类环境大会发表的《环境宣言》中指出:"人类既是他的环境的创造物,又是他的环境的创造者。环境给予人以维持生存的东西,并给人类提供了在智力、道德、社会和精神等方面获得发展的机会。人类在地球上漫长和曲折的进化过程中,已经达到了这样一个阶段,即由于科学技术的迅猛发展,人类获得了无数的方法和空前规模的改造环境的能力。人类环境包括两个方面,即天然环境和人为环境。对于人类的幸福和对于享受基本人权,甚至生存权利本身,都是必不可少的!"

环境一词最早见于《元史·余阙传》"环境筑堡寨,选精甲外捍,而耕稼于中。"

"环境"总是相对于中心事物而言的,环境科学所关注的"环境",其中心事物就是人类自身,是以人类为主体的外部世界,主要是地球表面与人类发生相互作用的自然要素及其总体(包括自然环境和社会环境)。

世界各国颁布的环境保护法规中,对环境一词都作了明确具体的界定,基本上都是从环境的科学含义出发规划出法律适用的对象或适用的范围,目的是保证法律的准确实施,它不需要也不可能包括环境的全部含义。

《中华人民共和国环境保护法》第 2 条明确指出:"本法所称环境,是指影响人类社会生存和发展的各种天然的和经过人工改造的自然因素的总体,包括大气、水、海洋、土地、矿藏、森林、草原、野生动物、自然古迹、人文遗迹、自然保护区、风景名胜区、城市和乡村等。"这段话有以下两层含义:

第一,环境保护法所指的"自然因素的总体"有两个约束条件,一是包括了各种天然的和经过人工改造的;二是并不泛指人类周围的所有自然因素(整个太阳系的甚至整个银河系的),而是指对人类的生存和发展有明显影响的自然因素的总体。

第二,随着人类社会的发展,环境概念也在发展。有人根据月球引力对海水的潮汐有影响的事实,提出能否将月球视为人类的生存环境。我们的回答是:现阶段没有把月球视为人类的生存环境。任何一个国家的环境保护法也没有把月球规定为人类的生存环境,因为它对人类的生存和发展影响太小了。但是,随着宇宙航行和空间科学的发展,总有一天人类不但要在月球上建立空间实验站,还要开发利用月球上的自然资源,使地球上的人类频繁往来于月球和地球之间。到那时,月球当然就会成为人类生存环境的重要组成部分。

# 1.2　环境的分类

环境是复杂而庞大的体系,人们可以从不同的角度或以不同的原则,按照人类与环境的组成和结构关系将它进行不同的分类。通常按照环境要素、环境的主体和环境的范围等原则进行分类。

## 1. 按照环境要素分类

按照环境要素分类,可将环境分为自然环境(natural environment)和社会环境(social environment)。

自然环境是指未经过破坏的、未经改造的天然环境(阳光、空气、陆地、水体、天然森林、草原、野生生物等)和经人类活动作用发生了改变的自然界环境(城市、村落、水库、港口、公路、铁路、空港、园林等)。自然环境虽然由于人类活动发生着巨大的变化,但仍按照自然规律发展着。在自然环境中,按其主要的环境组成要素,可以分为大气环境、土壤环境、生物环境等。

社会环境是指人类的社会制度等上层建筑条件,也包括社会的经济基础、城乡结构以及同各种社会制度相适应的政治、经济、宗教、艺术、哲学等观念与机构。例如教育环境:义务教育、高等教育等;政治环境:政治体制、社会治安、战争、和平等;经济环境:经济体制、贫富状况、金融秩序、通货膨胀等;文化环境:音乐、雕塑、文艺、历史文物等;医疗环境:医疗体制、保健水平、防疫体系、医学水平等;人口环境:人口动态、静态分布等;产业环境:产业结构、时空分布等。

社会环境是人类社会在长期的发展中,为了不断提高人类的物质和文化生活而创造出来的。社会环境常按人类对环境的利用或环境的功能进行下一级的分类,主要分为生产环境(如工厂环境、矿山环境、农场环境、林场环境、果园环境)、交通环境(如机场环境、港口环境)、文化环境(如学校及文化教育区、文物古迹保护区、风景游览区和自然保护区)等。

**2. 按照环境的主体分类**

按照环境的主体分类,包括两种体系:一种是以人类作为主体,其他的生命和物体都被视为环境要素,环境就是指人类的生存环境,在环境科学中多数人采用这种分类法。另一种是以所有生物作为环境的主体,其他的非生命物质作为环境要素,生态学研究往往采用这种方法。

**3. 按照环境的范围分类**

按照环境的范围可将环境分为聚落环境( settlement environment )、地理环境( geographical environment )、地质环境( geological environment )和宇宙环境( cosmic environment )。

聚落环境是指人类聚居活动的中心,可分为院落环境、城市环境、乡村环境。

地理环境分为自然地理环境和人文地理环境,自然地理环境位于地球的表层,厚度为 $10 \sim 30$ km,是由岩石圈、水圈、土壤圈、大气圈和生物圈组成的相互制约、相互渗透、相互转化的加错带;人文地理环境是指人类的社会、文化、生产、生活活动的地域组合,包括人口、民族、聚落、政治、社团、经济、交通、军事、社会行为等,在地球表面构成的圈层称为人文圈,或社会圈、智慧圈和技术圈。自然地理环境是自然地理物质发展的产物,人文地理环境是人类在前者的基础上进行社会、文化和生产的结果。

地质环境是指自然地理环境中除生物圈以外的部分,为人类提供丰富的资源。

宇宙环境是指地球大气圈以外的部分,又称星际环境。

## 1.3 环境要素及其特性

### 1.3.1 环境要素

构成环境整体的各个独立的性质不同,而又服从整体演化规律的基本物质组分称为环境要素,也称环境基质。环境要素分为自然环境要素和社会环境要素,但通常是指自然环境要素。环境要素包括水、大气、生物、阳光、岩石和土壤等。

环境要素组成环境的结构单元,环境的结构单元又组成环境整体或环境系统。例如,由水组成水体,全部水体总称为水圈;由大气组成大气层,全部大气层总称为大气圈;由土壤构成农田、草地和林地等,由岩石构成岩体,全部岩石和土壤构成的固体壳层称为土壤岩石圈;由生物体组成生物群落,全部生物群落称为生物圈。

### 1.3.2 环境要素的特性

环境要素具有十分重要的特性,这些特性不仅制约着各环境要素间互相联系、互相作用的基本关系,而且是认识环境、评价环境、改造环境的基本依据。环境要素最主要的特性包括以下方面:

**1. 最小限制定律**

环境要素中处于最劣状态的那个要素控制环境质量。

整个环境的质量不能由环境诸要素的平均状况决定,而是受环境诸要素中那个与最优状态差距最大的要素来控制。这就是说,环境质量的高低取决于诸要素中处于"最差状态"的那个要素,而不能用其余的处于优良状态的环境要素去代替和弥补。因此,在改造自然和改进环境质量时,必须对环境诸要素的优劣状态进行数值分析,循着由差到优的顺序,依次改造每个要素,使之均衡地达到最佳状态。

《经济参考报》(2011年10月14日)报导,除了云南、广西,还有湖南、四川、贵州等重金属主产区,很多矿区周围都已经形成了日渐扩散的重金属污染土地。国土资源部曾公开表示,中国每年有1 200万吨粮食遭到重金属污染,直接经济损失超过200亿元。而这些粮食足以每年多养活4 000多万人,同样,如果这些粮食流入市场,后果将不堪设想。土地污染带来的职业病、重症疾病正呈高发和扩大态势,人类面临着极其艰巨的防控任务。

湖南省国土资源规划院基础科研部主任张建新说,他们调查了7万人25年的健康记录后发现,从1965年到2005年,骨癌、骨痛病人数都呈上升趋势。在重金属污染的重灾区株洲,当地群众的血、尿中镉含量是正常人的2至5倍。

内蒙古的河套地区因土地污染地下水质量较差,造成砷中毒、氟中毒等地方病较为严重的情况。

河套地区共有近30万人受砷中毒威胁,患病人群超过2 000人。巴彦淖尔盟五原县杨家圪瘩村是砷中毒的重点区,该村病人多,而且死亡人数也多,主要是以癌症为主,有的在壮年时就由于病魔的折磨而过世。

村民刘喜向《经济参考报》记者反映说,嫁过来的媳妇三年后就出现砷中毒病症,村里的光棍越来越多了。

呼和浩特市和林格尔县董家营到托克托县永圣域乡一带是氟中毒的重点区域,地下水氟含量在河套地区最高。该区几个重点村的村民均有不同程度的氟中毒症状。

记者看到,很多村民牙齿发黑疏松,骨质疏松。这里有的村民为了孩子健康,自己喝当地水,给孩子们买矿泉水。

距离包钢尾矿坝西约两千米的打拉亥村,由于尾矿水的下渗造成地下水以及粮食中的稀土元素、氟元素及其他重金属元素增加,该村的居民受到严重危害。各种怪病多,以心血管病、癌症、骨质疏松为主,记者见到一个近十岁的小女孩,没有长出一颗牙齿。

辽宁省锦州葫芦岛一带,土地主要受锌厂污染影响,污染元素以镉、铅、锌为主。此类元素攻击人的肾器官和骨骼,造成骨质疏松。在日本,这叫"骨痛病",属比较常见的职业病。

**2. 等值性**

无论任何一个要素,只要它处于最劣状态,对环境的影响是相同的。任何一个环境要素,对于环境质量的限制,只有当它们处于最差状态时,才具等值性。也就是说,各个环境要素,无论它们本身在规模上或数量上是如何的不相同,但只要是一个独立的要素,那么对于环境质量的限制作用并无质的差异。这种等值性同最差限制律有密切的联系,不过前者强调要素间作用的比较,后者则是从制约环境质量的主导要素上着眼。

国家自然科学基金网站报导,神经管畸形在我国北方地区发病率很高,但病因尚不明确。虽然有人怀疑神经管畸形的发生与环境污染因素,例如与燃煤所致污染有关,但缺乏足够的证据,尤其是污染物暴露的生物标志物水平与神经管畸形发病风险相关的证据。

美国科学院院刊(Proceedings of the National Academy of Sciences USA,PNAS,2011,108(31):12770~12775)发表了,北京大学医学部任爱国教授领导的出生缺陷研究团队和环境科学与工程学院朱彤教授领导的环境与健康研究团队,合作完成的关于持久性有机污染物(POPs)暴露与胎儿神经管畸形相关性的研究论文。该研究分析了80例神经管畸形病例的胎盘中上百种持久性有机物(包括多环芳烃、有机氯农药、多氯联苯和多溴联苯醚等)及其代谢产物,作为胎儿子宫内暴露水平的指标,并与50例正常婴儿进行比较,首次发现胎盘中多环芳烃和部分有机氯农药水平与神经管畸形的发生风险存在相关性,并呈现显著的剂量-反应关系。值得指出的是,这一相关性在无脑和脊柱裂两种主要亚型中均存在。该研究提出,胎儿母亲对这一类污染物的暴露水平差异以及对污染物的代谢差异很可能是导致这一关联的主要原因。这项研究结果为神经管畸形病因和发病机理的基础研究提供了新的思路,为神经管畸形的预防、持久性有机污染物使用和排放的控制提供了科学依据。

**3. 环境的整体性大于环境诸要素的个体和**

一个环境的整体性质,不是组成该环境的各个要素性质的简单叠加,而是比这种叠加丰富得多,复杂得多。环境诸要素互相联系、互相作用所产生的集体效应,是个体效应基础上质的飞跃。研究环境要素不但要研究单个要素的作用,还要探讨整个环境的作用机制,综合分析和归纳整体效应的表现。

**4. 相互联系相互依赖**

环境诸要素之间通过物质循环和能量流动而相互联系相互依赖。

《国际环境》(Environmental International)2013年刊登英国研究发现,人体内不同类型的化学物质,取决于社会经济地位的高低。医生能依据血液中的化学物质,立即判定病人的富裕程度。报导说,由于有钱阶层喜欢吃鱼和贝类,其体内重金属汞、砷及汞的含量较高;而经济条件较差的人,其体内所带的化学物质与吸烟有关,所以其体内铅和镉的浓度高些。

研究人员检查了人体 179 种低含量化学物质的积累情形,其中 18 种化学物质长期累积与社会经济地位密切相关,9 种主要化学物质与社会地位较高的人相关,其中涵盖了来自海鲜的重金属砷、汞及铊、全氟辛酸(perfluorooctanoic acid)和全氟壬酸(perfluorononanoic acid);防晒产品中的二苯甲酮-3(benzophenone-3)成分也与富有阶层有关;化学物质邻苯二甲酸单酯化合物的 mono(carboxyoctyl)phthalate 成分,常用于食品及个人护理产品如洗发水的包装上,富有阶层的体内浓度也增高。有抽烟习惯,或居住在重工业区附近的居民,他们多来自贫困家庭,体内铊、镉和铅含量均高。而其他用于熟食品包装的化学物质,往往与社会经济地位较低者相关。

泰瑞尔博士说:"能接触化学物质的环境日益增多,因此,身体处理复杂化学混合物的负担也逐渐升高。"目前科学家对这些化学混合物在体内所产生的实质影响,所知不多。他们所持的主流看法是,越接近贫穷线的人,其体内化学物质含量的风险越大。泰瑞尔说:"这项研究结果,让人十分惊讶,化学物质竟与贫富阶层都有关系。以往众多的焦点多集中于减少穷困民众体内所含的化学物质,今后应该将焦点转移至更大范围,而不只局限于穷困民众。"

## 1.4 环境效应和环境系统的功能特性

### 1.4.1 环境效应

环境效应(environmental effect)是指自然过程或人类活动过程中环境受到污染或冲击后所引起的环境系统结构和功能的相应变化,有正效应,也有负效应。环境效应是在环境诸要素综合影响下,物质之间通过物理、化学和生物作用所产生的环境效果。多为综合效应,如大量工业废水直接排入江河、湖泊和海洋,可使水体的物理、化学和生物条件发生变化,导致水生生物种类、种群变化,并对人类产生影响。环境保护和环境建设的基本任务,就是设法添加环境系统的正效应,降低环境系统的负效应,从而改善生态环境的质量。

环境效应一般可分为自然环境效应和人为环境效应。自然环境效应是以地能和太阳能为主要动力来源,环境中的物质相互作用所产生的环境效果;人为环境效应则是由于人类活动而引起的环境质量变化和生态变异的效果。这两种环境效应都伴随有物理效应、化学效应和生物效应。

环境效应按其产生的机理还可分为环境生物效应、环境化学效应和环境物理效应。所导致的全球环境问题主要包括全球气候变化、臭氧层破坏和损耗、生物多样性减少、土地荒漠化、森林植被破坏、水资源危机和海洋环境破坏、酸雨污染等。

(1)环境生物效应

环境生物效应是指生态系统中诸要素变化而导致生态系统变化的效果。如中生代恐龙的突然灭绝,就是当时气候变化引起的生物效应。现代大型水利工程的建设,切断了鱼、虾、蟹的回游途径,使这些水生生物的繁殖受到影响。大量污水排入江河、湖泊和海洋,改变了水体的物理、化学和生物条件,致使鱼类受害,数量减少,甚至灭绝。森林的砍伐,一方面降低土地的肥力,产生干旱、风沙等灾害使农业减产;另一方面使鸟类的栖息场所缩减,鸟类减少,虫害增多。致畸致癌物质的污染引起畸形者和癌症患者增多。这些都是人们熟知的环境生物效应的例证。生物效应按引起的后果有时间和程度上的差异,分为急性的环境生物效应和慢性的环境生物效应。前者如某种细菌传播引起疾病的流行,后者如日本的水俣病都是经过几十年才出现的。环境生物效应关系到人和生物的生存和发展,因此,人们高度重视对这种效应的机理及其反应过程的研究,如进行各种污染物的毒性、毒理、吸收、分布和积累的研究;各种污染物的拮抗作用和协同作用的研究;生物解毒酶的种类、数量以及对各种污染物的解毒作用的研究等。

(2)环境化学效应

环境化学效应是指在环境条件的影响下,物质之间的化学反应所引起的环境效果。环境化学效应也有大家比较了解的例子,如环境的酸化和环境的盐碱化等。环境的酸化主要是酸雨造成的地面的水体和土壤的酸度增大。环境的酸化会降低土地肥力,侵蚀石刻雕像、大理石建筑、金属屋顶、桥梁、铁路等,使农业和渔业减产。环境的盐碱化主要是由于大量的可溶性盐、碱类物质在水体和土壤中长期积累而造成的,这种效应能使农作物因生长受阻而造成减产,还会导致土壤和地下水的质量降低。

地下水硬度升高的现象在中国北方一些大城市如北京、西安、沈阳等地普遍存在。北京西南郊某些地区,近20年来地下水硬度升高10度左右,平均每年升高近0.5度。这是由于需氧有机物和酸、碱、盐等污染物与一定的环境条件综合作用引起的环境化学效应。土壤的第四纪沉积物中的碳酸盐矿物和大量的交换性钙、镁离子在需氧有机物的降解产物二氧化碳、酸、碱、盐等污染物的酸解作用和盐效应的影响下,一方面促进碳酸盐矿物的溶解,另一方面某些污染物中的各种阳离子(主要是钠离子)与土壤中的钙、镁离子进行交换,从而增加了地下水的硬度。水硬度的升高增加了水处理的人力和物力的消耗。光化学烟雾是大气光化学效应的产物,它会恶化大气环境,直接危害人体健康和生物的生长。

(3)环境物理效应

环境物理效应是物理作用引起的环境效果,如噪声、振动、地面下沉等。噪声与振动主要是由工矿企业的机器和交通道路的车辆造成的。噪声与振动不仅会干扰人的思维活动和工作休息,而且还对人体健康产生很大的危害。另外,地处平原的大城市,由于过量开采地下水而会引起地面下沉。

物理作用引起的环境效果包括热岛效应、温室效应等。城市和工业区因燃料的燃烧,放出大量的热量,加上建筑群和街道的辐射热量,致使城市的气温高于周围地带,产生热岛效应。大气中二氧化碳量不断增加,产生温室效应。工业烟尘和风沙的增加,引起大气混浊度增大和能见度降低,进而和二氧化碳一起影响城区辐射的平衡。大气中颗粒物的大量存在增加了云雾的凝结核,致使城市降水量增加。美国对8个城市1901～1970年的气象资料进行分析,发现有6个城市暖季降水量增加了10%～20%,

7

雷暴增加了20%～30%,冰雹增加了100%～400%。工矿区的机器和城市的交通车辆产生的噪声,影响人们的思维能力,降低工作效率,甚至危害人体健康,这些都是环境物理效应。

### 1.4.2 环境系统的功能特性

环境系统(environmental system)是一个复杂的有时、空、量、序变化的动态开放系统,系统内外存在物质和能量的交换和变化。在一定的时空范围内,若系统的输入等于输出,系统就达到生态平衡或环境平衡(ecological balance)。系统的组成和结构越复杂,系统的调节能力就越强,稳定性就越大,越容易保持平衡。系统越简单,系统的调节能力就越弱,稳定性就越小,越容易失去平衡。

环境系统具有以下的功能特性:

**1. 整体性**

环境系统的整体性是指环境各部分之间存在紧密的相互联系和相互制约的关系。环境的整体性也可以表述为相互联系性,这种整体性主要表现为环境各要素之间及人类与环境之间相互联系,构成不可分割的整体。

环境各要素之间相互联系,是统一的整体。阳光、大气、水、生物、岩石等环境要素构成了生物圈,即人类的生存环境。生物圈的各种要素在环境的正常功能中都具有特殊的意义,是不可缺少的。这些要素通过物质循环和能量流动等方式相互联系、相互作用,在相互作用中存在,在相互联系中起作用,在相互联系和相互作用中发展并表现它们各自的特性,构成相对稳定的整体。某一个要素的异常或变化,都会或多或少地引起整个环境系统发生变化,甚至影响功能的发挥或产生功能的改变。比如,排入土壤环境的固体废弃物能通过迁移转化等作用污染大气和水体,这一简单的例子说明土壤、大气和水之间是相互联系的。认识到环境要素的整体性对于发展环境科学,了解和解决复杂的环境问题具有指导意义。

人类与环境之间相互联系,是不可分割的整体,这也是环境整体性的最重要的一点。人类通过多种渠道作用于环境,同时又不同程度地受到环境的反作用。随着人类发展水平的日益提高,人类对于环境的依赖和需求越来越多,人们迫切地从环境中攫取自然资源和能源,并将产生的废弃物排入环境。与此同时,大气污染、水污染等状况相继发生,反作用于人类,使人类无法饮用清洁的水,呼吸新鲜的空气,导致各种疾病的发生。这种状况的发生就是因为人类在攫取自然资源维持自身生存和发展的过程中,忽视环境与人类相互联系的关系,忽视了人类是组成环境实体的一部分,使环境的整体关系失调,并且自食恶果。环境的整体性特点时刻提醒我们,人类不能超然于环境之外,在改造环境的过程中,必须将自身与环境作为一个整体加以考虑,才能产生对人类最佳的生存效果。

**2. 有限性**

环境系统的有限性是指人类活动的空间有限,环境稳定性有限,资源有限,容纳净化污染物的能力有限。对污染物的容纳净化能力可用环境自净能力、环境容量、环境承载力和环境质量等表示。

环境自净能力指污染物进入环境以后引起一系列的物理、化学、生物变化,最终污染物被清除。

环境容量最初是根据浓度排放标准来限制各污染源的排放浓度,藉此来控制污染。后来人们发现通过污染源的浓度控制并不能有效地限制某一地区的污染物排放总量,于是便引入按行业排放总量的控制方法,即以某一行业的产值排放量作为控制标准。由于这一方法也不能很好地对区域环境污染物总量进行控制,所以后来采用了目前较为通用的,利用环境容量进行区域环境的污染物排放总量控制,继而控制区域污染浓度。

《环境科学大辞典》中定义,环境容量是一个复杂的反映环境净化能力的量,其数值应能表征污染物在环境中的物理、化学变化及空间机械运动性质。具体是指一定区域,根据其自然净化能力,在特定的污染源和结构条件下布局,为达到环境目标值,所允许的污染物最大排放量。按环境要素分类环境容量还可细分为大气环境容量、水环境容量、人口环境容量、城市环境容量等。

正如环境科学的其他术语一样,环境容量是为解决日益严重的环境问题而出现的,随着人们逐步认识到环境问题不仅是一个污染问题,还与人类的政策行为、经济行为和道德意识等密切相关,传统的环境容量的概念已经不能适应迅猛发展的环境科学的需要了。

环境容量在其应用中存在以下不足:

(1)对环境系统的理解不够全面

人类赖以生存和发展的环境是一个复杂的巨系统,它通过太阳能的输入和物质的循环维持自身的运动,即保持低熵值的稳态。环境系统与人类社会系统相互依存、相互作用,只要不超过一定限度,就能相互耦合维持持续发展。如果将环境这样一个复杂的维持自组织系统视为一个容纳废弃物的“容器”,显然是不合适的。环境容量应是一个描述系统特征的、与人类社会行为息息相关的量。

(2)不足以涵盖环境对人类发展的支持能力

环境容量的概念表述了环境具有容纳污染物的能力,但这只是环境功能的一部分。除此之外,环境还为人类提供生存和发展所必需的资源、能源,为人类提供各种精神财富和文化载体。所以,环境对人类社会的支持作用远大于环境容量这一概念的内涵。如果说环境容纳人类社会行为所排放的废物的量可以用环境容量表示,那么环境对人类社会行为的支持作用便不能完全用环境容量来概括。

(3)不能很好地解决未来经济发展与环境的协调问题

在以环境容量为基础的环境规划中,环境容量是根据环境质量预测值和环境目标值的结果计算出来的,而各污染物的削减量是根据费用-效益分析,以最小费用为目标来进行分配的,这样既不能很好地解决由环境质量浓度目标反推至各污染源强的分配中存在的不确定性问题,也不能有效地给未来的一些不可预见的工业发展腾出预留的环境容量。所谓协调与经济的发展也仅能停留在费用－效益分析上,而没有真正将其合二为一。

环境承载力是环境系统功能的外在表现,即环境系统具有依靠能流、物流和负熵来维持自身的稳态,有限地抵抗人类系统的干扰并重新调整自组织形式的能力。环境承载力是描述环境状态的重要参量之一,即某一时刻环境状态不仅与其自身的运动状态有关,还与人类对其作用有关。环境承载力既不是一个纯粹描述环境特征的量,也不是一个描述人类社会的量,它反映了人类与环境相互作用的界面特征,是研究环境与经济是否协调发展的一个重要判据。

环境质量被用以表述环境的优劣程度,指环境的总体或环境的某些要素对人类的生存、繁衍及社会经济发展的适宜程度,是反映人类的具体要求而形成的对环境评定的一个概念。

### 3. 隐显性

除了事故性的污染与破坏(如森林大火、农药厂事故等)可直观其后果外,日常的环境污染与环境破坏对人们的影响需要经过一定的过程和时间,其后果才能显现。如日本汞污染引起的水俣病,经过 20 年才显现出来。

### 4. 持续反应性

事实告诉人们,环境污染不但影响当代人的健康,而且还会造成世世代代的遗传隐患。历史上黄河流域生态环境的破坏,至今仍给炎黄子孙带来无尽的水旱灾害。

### 5. 灾害放大性

实践证明,某方面不引人注目的环境污染与破坏,经过环境的作用以后,其危害性或灾害性无论从深度和广度,都会明显地放大。如温室气体的过量排放不仅会造成局部地区空气污染,还可能造成酸沉降,毁坏大片森林,大量湖泊不宜鱼类生存,而且还因温室效应使全球气候异常,气温升高,冰帽溶化,海水上涨,淹没大片陆地。

### 6. 不可逆性

环境系统在其运转过程中存在能量流动和物质循环两个过程。能量流动过程是不可逆的,物质循环是可逆的。根据热力学第二定律,整个过程是不可逆的,也就是说一旦环境遭到破坏,靠环境自身不能完全回到原来的状态。一般说来,小范围的环境破坏在人工帮助下可恢复其原有的生态功能,而大范围的环境破坏如全球变暖、臭氧层破坏是很难恢复的,在目前的情况下,现有的技术条件是无法恢复的。

## 1.5　环境问题与环境保护

### 1.5.1　环境问题

从人类的角度,凡不利于人类生存和发展的环境结构和环境状态,就是环境问题。根据范围大小不同,环境问题(environmental problem)可从广义和狭义两个方面去理解。广义上,环境问题就是由自然力或人力引起的生态平衡的破坏,最后直接或间接地影响到人类的生存和发展的一切客观存在的问题。狭义上,环境问题是因自然原因或人类活动引起的环境资源破坏和环境质量恶化,以及由此给人类生存和发展带来不利影响的现象。

从引起环境问题的根源考虑,可将环境问题分为两类。由自然力引起的环境问题为原生环境问题,又称第一环境问题,主要指地震、洪涝、干旱、滑坡等自然灾害。对于这类环境问题,目前人类的抵御能力还很薄弱。由人类活动引起的环境问题为次生环境问题,又称第二环境问题,指因人类的生产和生活活动致使自然生态系统失去平衡,从而反过来影响人类生存和发展的一切问题,可分为环境污染(包括化学性的及物理性的)和环境破坏(又称生态破坏)两类。

环境问题是伴随着人类的出现、生产力的发展和文明程度的提高而产生的,并由小范围低危害向大范围高危害方向发展。依据环境问题产生的先后和轻重程度,环境问题的发生与发展,大致可分为以下三个阶段。

**1. 环境问题的早期阶段**

此阶段是指从人类出现直至产业革命的漫长时期。

在原始社会中,由于过度的采集和狩猎,往往是消灭了居住地区的许多物种,破坏了人们的食物来源,使人们失去了进一步获得食物的可能性,从而人类的生存受到威胁,这是人类活动产生的最早的环境问题。但由于当时生产力水平极低,人类很少有意识地改造环境,因此环境问题并不突出,而且很容易被自然生态系统自身的调节能力所弥补。

到了奴隶社会和封建社会时期,出现了耕作业和渔牧业的劳动分工。为了发展农业和畜牧业,人们砍伐和焚烧森林,开垦土地和草原,把焚烧山林的草木灰作为土地的肥料,导致土壤破坏,出现严重的水土流失(water and soil loss),使肥沃的土地变成不毛之地,出现以土地破坏为特征的人类第二个环境问题。

我国的黄河流域,四千多年前是森林茂密,水草丰富的森林草原带,森林覆盖率达53%。在农业生产中,由于盲目开发,森林被破坏了,致使黄河流域43万 $km^2$ 的土地变成千沟万壑,水土流失严重,呈现出荒山秃岭、茫茫荒原的景象。

**2. 环境问题的近代阶段**

在此阶段中,人们极度地挖掘自然资源,破坏生态环境,造成了严重的环境污染(environmental pollution)现象,如大气污染、水体污染、土壤污染、噪声污染、农药污染和核污染等。震惊世界的 8 大公害事件,就是在 20 世纪中后期发生的。这一时期环境污染的特点是:由工业污染向城市污染和农业污染发展;由点源污染向面源(江、河、湖、海)污染发展;由局部污染向区域性和全球性污染发展,构成了世界上第一次环境问题高潮。

**3. 环境问题的现代阶段**

此阶段从 1984 年发现南极臭氧层空洞开始至今。

这一阶段环境问题的核心是,与人类生存休戚相关的"全球变暖"、"臭氧层破坏"和"酸沉降"三大全球性大气环境问题,构成了第二次环境问题高潮,从而引起各国政府和全人类的高度重视。

环境问题是随着经济和社会的发展而产生和发展的,老的环境问题解决了,又会出现新的环境问题。人类与环境这一对矛盾,是不断运动、不断变化、永无止境的。那种认为当前人类面临的环境和环境保护问题可以在 5~10 年内解决的想法是不符合客观规律的。

当前人类面临的主要环境问题是人口、粮食、能源、资源和环境保护问题。

通过上述讨论,对环境问题的性质和实质有如下较明确的认识:

①就其性质而言,环境问题具有不可根除和不断发展的属性,它与人类的欲望、经济的发展、科技的进步同时产生、同时发展,呈现孪生关系。那种认为"随着科技进步、经济实力雄厚,人类环境问题就不存在了"的观点,是幼稚的。

②环境问题范围广泛而全面,它存在于生产、生活、政治、工业、农业、科技等全部领域中。

③环境问题对人类行为具有反馈作用,使人类的生产、生活、思维方式产生新变化。

环境问题的实质,既是一个经济问题,又是一个社会问题,是人类必须面对的而且是必须自觉地建设自身文明的问题。

### 1.5.2　环境保护的四个阶段

环境保护是指人类为解决现实的和潜在的环境问题,维持自身的存在和发展而进行的各种具体实践活动的总称。当代环境保护的兴起和发展是从治理污染、消除公害开始的,大体经历四个阶段:

①以单纯运用工程技术措施治理污染为特征的第一阶段;

②以污染与防治相结合为核心的第二阶段;

③以环境系统规划与综合管理为主要目标的第三阶段;

④以清洁生产与绿色技术等为代表的污染全过程控制理念的第四阶段。

# 1.6　环境公害警示录

环境公害(environmental hazard)是由于人类活动引起的环境污染和破坏,对公众的安全、健康、生命、财产以及生产和生活造成的严重危害。中国在 1978 年颁布的《中华人民共和国宪法》中首次采用公害一词。在中国,凡污染和破坏生态环境从而对公众的健康、安全、生命以及公私财产等造成的危害均为公害。

产业革命以后,工业生产迅速发展,人类排放的污染物大量增加,以至在一些地区发生环境污染事件,如 1850 年英国伦敦泰晤士河中水生生物大量死亡;1873 年伦敦烟雾事件等。当时,由于受到科学技术和认识水平的限制,环境污染并没有引起重视。20世纪 30 年代到 60 年代,由于工业的进一步发展,在世界一些地区先后多次发生公害事件(见表1.1),为此环境污染才逐渐引起人们的普遍注意。这个时期的公害事件主要出现在工业发达国家,是局部性、小范围的环境污染问题。

表1.1 世界近代史上的8大公害事件

| 事件名称 | 时间和地点 | 污染源及现象 | 主要危害 |
|---|---|---|---|
| 马斯河谷烟雾 | 1930年12月,比利时马斯河谷工业区 | 二氧化硫、粉尘蓄积于空气中 | 约60人死亡,数千人患呼吸道疾病 |
| 洛杉矶光化学烟雾 | 1943年,美国洛杉矶 | 晴朗天空出现蓝色刺激性烟雾,主要由汽车尾气经光化学反应造成的烟雾 | 眼红、喉痛、咳嗽等呼吸道疾病,死亡400多人 |
| 多诺拉烟雾 | 1948年,美国宾夕法尼亚州多诺拉村 | 炼锌、钢铁、硫酸等工厂的废气,蓄积于深谷 | 空气中死亡10多人,患病约6000人 |
| 伦敦烟雾 | 1952年12月,英国伦敦 | 二氧化硫、烟尘在一定气象条件下形成刺激性烟雾 | 诱发呼吸道疾病,死亡4000多人 |
| 四日市哮喘病 | 1961年,日本四日市 | 炼油厂和工业燃油排放废气中的二氧化硫、烟尘 | 800多人患哮喘病,死亡10多人 |
| 富山县痛痛病 | 1955年,日本富士县神通川流域 | 冶炼铅锌的工厂排放的含镉废水 | 引起痛痛病,患者300多人,死亡200多人 |
| 水俣病 | 1956年,日本熊本县水俣湾 | 化肥厂排放的含汞废水 | 中枢神经受伤害,听觉、语言、运动失调,死亡1000多人 |
| 米糠油事件 | 1968年,日本北九州地区 | 米糠油中混入多氯联苯 | 死亡30多人,中毒1000多人 |

20世纪80年代以来,污染的范围扩大了很多,像全球气候变化、臭氧层被破坏等都属于全球性环境污染,酸雨等属于大面积区域污染。这个时期的环境污染是大范围的,甚至是全球性的。这时的环境污染和大面积的生态遭受破坏,不仅包括经济发达国家,也包括众多的发展中国家,甚至有些情况在发展中国家更为严重。这一阶段出现的这种现象也被称为环境危机。表1.2介绍了近10年来在中国发生的8大环境污染事件。

环境危机是指由于人类的生产与生活活动导致的地区性、区域性,甚至全球性环境功能的衰退和破坏,从而严重影响和威胁人类自身的生存和发展的现象。

**表 1.2 近 10 年来中国发生的 8 大环境污染事件**

| 事件名称 | 时间地点 | 污染原因 | 主要后果 | 处置措施 |
|---|---|---|---|---|
| 松花江重大水污染事件 | 2005 年 11 月，中石油吉林石化公司双苯厂 | 苯胺车间发生爆炸事故，约 100 吨苯、苯胺和硝基苯等有机污染物流入松花江 | 吉林省松原市、黑龙江省哈尔滨市先后停水多日，顺流而下的污染威胁到俄罗斯哈巴罗夫斯克边疆区 | 活性炭吸附 |
| 太湖、巢湖、滇池蓝藻危机 | 2007 年 5～6 月，江苏省无锡市 | 出现大面积蓝藻水华 | 大批市民家中自来水水质突然发生变化，并伴有难闻的气味，无法正常饮用。 | 高锰酸钾氧化和粉末活性炭吸附联合使用 |
| 江苏盐城自来水污染事件 | 2009 年 2 月，江苏盐城 | 盐城市标新化工厂趁大雨天偷排 30 吨化工废水，水源受到酚类化合物污染 | 江苏盐城市大面积断水近 67 小时，20 万市民生活受到影响，占该市市区人口的五分之二 | |
| 紫金矿业铜酸水渗漏事故 | 2010 年 7 月，福建省紫金矿业集团有限公司紫金山铜矿湿法厂 | 铜酸水渗漏，9 100 m³ 的污水顺着排洪涵洞流入汀江 | 导致汀江部分河段严重污染，当地渔民的数百万公斤网箱养殖鱼死亡，直接经济损失 3 187 万元人民币 | |
| 血铅超标事件 | 2009～2012 年，安徽怀宁，浙江台州，浙江湖州，广东紫金等地 | 大多数蓄电池中小企业存在各种环境违法问题 | 大批成人、儿童血铅超标 | |
| 云南曲靖铬渣污染事件 | 2011 年 8 月，云南曲靖珠江源头南盘江 | 云南曲靖陆良化工实业有限公司将 5 222.38 吨重毒化工废料铬渣非法倾倒 | 导致珠江源头南盘江附近水质受到严重污染，附近农村 77 头牲畜死亡，并对周围农村及山区留下长期的生态风险。 | |
| 广西龙江河镉污染事件 | 2012 年 1 月，广西龙江河 | 广西金河矿业股份有限公司、河池市金城江区鸿泉立德粉材料厂违法排放工业污水 | 水中镉含量约 20 吨，污染团顺江而下，污染河段长达约三百公里，并进入下游的柳州 | 投加生石灰、苛性钠等中和污水、沉淀重金属 |
| 兰州自来水污染 | 2014 年 4 月，兰州威立雅水务集团公司第二水厂 | 自来水厂的自流沟中出现含油的污水，源自中石油兰州石化在此前曾经发生过的泄漏事故 | 在第二水厂出水口发现严重苯超标（118 微克/升），多个监测点均发现苯超标，相关区域自来水停止供应 | 投加活性炭，吸附水中有机物，降低苯对水体的污染 |

# 1.7 环境科学研究的对象和任务

## 1.7.1 环境科学研究的对象

环境科学是在人们亟待解决环境问题的社会形势下,迅速发展起来的。它是一个由多学科到跨学科的庞大科学体系组成的新兴学科,也是一个介于自然科学、社会科学和科学技术之间的交叉学科。环境科学形成的历史虽然很短,只有几十年,但随着环境保护事业的迅速发展和环境科学理论研究的不断深入,其概念和内涵日益丰富和完善。

环境科学是一门研究人类社会发展活动与环境演化规律之间的相互作用关系,寻求人类社会与环境协同演化、持续发展途径与方法的科学。显然,环境科学的研究对象是"人类–环境"这对矛盾之间的关系,其目的是:

①调整人类的社会行为,保护、发展和建设环境;

②使环境永远为人类社会持续、协调、稳定的发展提供良好的支持与保证。

环境科学的研究内容包括以下三个方面:

①研究人类社会经济行为引起的环境污染和生态破坏,探索环境系统在人类影响下的变化规律;

②确定当前环境恶化的程度,及其与人类社会经济活动的关系;

③寻求人类社会经济与环境协调、持续发展的途径和方法,以争取人类社会与自然界的和谐。

环境科学的研究领域,在 20 世纪 70 年代以前主要表现在自然科学和工程技术方面,到了 21 世纪已经扩大到社会学、经济学、管理学、法学等社会科学领域。从理论上讲,对于环境问题的系统研究要运用地学、化学、生物学、物理学、医学、工程学、数学以及社会学、经济学、管理学等多种学科的知识。所以,环境科学是一门综合性很强的学科,它从宏观上研究人类与环境之间的相互作用、相互促进、相互制约的对立统一关系,揭示社会经济和环境保护协调发展的基本规律;从微观上研究环境中的物质在环境中的来源、分布、迁移、转化及其归宿,尤其是人类活动排放的污染物在有机体内迁移、转化和蓄积的过程,探索其运动规律,并弄清污染物对生命的影响及其机理等,研究领域十分广泛。

## 1.7.2 环境科学研究的任务

环境科学的主要任务有以下四个方面:

**1. 探索全球范围内的环境演化规律**

从客观上讲,地球环境总是在不断地演化,环境质量的变异也会随时随地发生。在社会发展的进程中,人类在不断地利用自然、改造自然。为了使环境向有利于人类的方向发展,避免环境质量的退化,就必须了解环境的变化过程,包括环境的基本特性、环境结构形式和环境演化机理等。

**2. 揭示人类活动与自然生态间的关系**

环境是人类生存和发展的物质基础,人类在生产和消费过程中,无时不在依赖环境、利用环境和影响环境。尽管人类生产和生活消费系统中的物质和能量的迁移、转化过程十分复杂,但是必须做到系统中的物质和能量始终保持输入与输出的相对平衡。也就是说,一是要做到排入环境的废弃物的种类和数量不要超过环境自净能力,以免造成环境污染、损害环境质量;二是要做到从环境中获取的资源要有一定的限度,以保障资源能被永续利用。这二者同等重要,是人类与环境协调发展的必要条件。

**3. 探索环境变化对人类生存的影响**

环境变化是由物理的、化学的、生物的和社会的因素以及它们的相互作用所引起的,因此必须研究污染物在环境中的物理变化和化学变化过程。在生态系统中的迁移转化机理,以及进入生物体内发生的各种作用,尤其是对人类的影响,同时,必须研究环境退化同物质循环之间的关系。这些研究可为制定各类环境保护标准,保证人类的生存质量提供科学依据。

**4. 研究区域环境污染的综合防治技术和管理措施**

引起环境问题的因素很多,不同区域有不同的情况。近年来的实践证明,需要从区域环境的整体出发,综合运用多种工程技术措施和环境管理措施,调节并控制人类与环境之间的相互关系。

# 1.8 环境科学的形成和发展

环境科学是在人类环境问题日益严重的形势下产生和发展起来的一门综合性科学。到目前为止,其理论和方法仍在发展之中。从学科发展来看,只有几十年的历史,称得上是一门年轻的学科,但从其原理上看,又可追溯其悠久的历史。纵观环境科学的形成和发展,可划分为两个时期:漫长的孕育期和快速的形成发展期。

## 1.8.1 漫长的孕育期

中国大约在公元前 5000 年,就明白了热烟上升的道理,在烧制陶瓷的柴窑中使用烟囱排烟。在公元前 2000 多年,就使用了陶土管修建地下排水道。大约在公元前 6 世纪,古罗马修建了地下排水道。公元前 3 世纪,我国的荀子在《王制》一篇中阐述了保护自然生物的思想:"草木荣华滋硕之时,则斧斤不入山林,不夭其生,不绝其长也。鼋、鱼、鳖、鳅、鳝孕别之时,罔罟毒药不入泽,不夭其生,不绝其长也。"这说明了古代人类在生产实践中,已逐步积累了防治污染、保护自然生态平衡的知识和技术。

工业革命以后,随着社会生产力的快速发展,环境问题日益显现,并开始受到社会的重视。诸多学科如地学、生物学、物理学、医学和一些工程技术学科的学者,从本学科的角度开始对环境问题进行探索和研究。1847 年,德国植物学家 C. N. 费拉斯出版了《各个时代的气候和植物界》,书中论述了人类活动对植物界和气候变化的影响。1859

年,英国生物学家 C. R. 达尔文出版了《物种起源》,他以无可辩驳的材料论证了生物是进化而来的,生物的进化与环境的演化有很大关系,提出了"适者生存"的理论,即生物只有适应环境,才能生存。1864 年,美国科学家 G. P. 马什出版了《人和自然》,他从全球观点出发,论述了人类活动对地理环境的影响,尤其是对森林、水体、土壤以及野生动植物的影响。1869 年,德国生物学家 E. H. 黑格尔提出了物种变异是适应和遗传两个因素相互作用的结果,创立了生态学的概念。

公共卫生学研究方面也注意到了环境污染对人群健康的危害。早在 1775 年,英国医生 P. 波特发现打扫烟囱的工人患阴囊癌的较多,认为这种疾病同接触烟道灰有关。直到 1915 年,日本学者经过实验证明了煤焦油可诱发皮肤癌。从此,环境因素的致癌作用便成为医学界引人注目的研究课题。

在工程技术方面,给水排水工程是一门历史悠久的技术。1850 年人们就开始用化学消毒法给饮用水杀毒灭菌,防止以水为媒介的传染病流行。1897 年英国建立了污水处理厂。消除烟尘技术在 19 世纪后期已有所发展,20 世纪初开始采用布袋除尘器和旋风除尘器。在这一时期中尤其是工业革命以来,基础科学和应用技术的发展,为解决环境问题提供了原理和方法。

### 1.8.2　快速的形成发展期

环境科学的形成与发展,始于 20 世纪 50 年代,环境污染事件在工业化国家相继出现,并引起了全世界的关注。当时许多科学家,包括化学家、生物学家、地理学家、物理学家、医学家、工程学家和社会学家对环境问题都十分关心,共同进行了调查和研究。他们在原学科的基础上,运用本学科的理论和方法,研究解决环境问题。通过这种研究逐渐出现了一些分支学科,诸如环境化学、环境生物学、环境地学、环境物理学、环境医学、环境工程学、环境经济学、环境法学、环境管理学等。在这些分支学科的基础上孕育产生了环境科学。在环境保护的进程中,环境科学的研究范围不断扩大,研究内容不断丰富,环境科学体系不断完善。1968 年国际科学联合会理事会设立了环境问题科学委员会。20 世纪 70 年代出现了以环境科学为书名的综合性专门著作。1972 年英国经济学家 B. 沃德和美国生物学家 R. 杜博斯受人类环境会议秘书长的委托,主编出版了《只有一个地球》一书,他们以整个地球的前途和命运为出发点,从社会、经济和政治的角度来探讨环境问题,要求人类明智地管理地球。这可被认为是环境科学的一部绪论性质的著作。在这个时期,有关环境问题的著作,大多是研究环境污染和公害问题的。到 20 世纪 70 年代后半期,人们逐步认识到环境问题还应包括自然保护和生态平衡,以及维持人类生存发展的自然资源。随着人类对环境问题研究的不断深入以及污染控制技术的应用进展,环境科学迅速发展起来。

环境科学是在环境保护运动的推动下发展起来的,基本上划分为四个阶段。

第一阶段萌芽阶段(20 世纪 50~60 年代初)

1948 年,莫斯科大学首次开设《环境保护》课程。1954 年,美国科学家首次提出"环境科学"概念,当时指的是研究宇宙飞船中的人工环境问题,同年成立了美国环境科学学会。1962 年,美国生物学家 Rachel Carson 所著《寂静的春天》(the silence of spring)出版。这一阶段主要工作是生态保护。

第二阶段 污染治理阶段(20 世纪 60 年代初~60 年代末)

1962 年,国际水污染研究会成立;1963 年,世界卫生组织(WHO)颁布《大气污染控制四级标准》;1964 年,国际防治大气污染联合会成立;1967 年,日本颁布《公害对策基本法》;1969 年,美国大学设置环境保护专业;1970 年,美国颁布《国家环境政策法》。这一阶段的主要工作是将政治、经济、法律、管理纳入环境科学体系,并初见成效。

第三阶段 以防为主,防治结合阶段(20 世纪 70 年代初~70 年代中)

1970 年,美国实行"环境影响评价制度";1971 年,环境与未来国际会议在芬兰召开;1972 年 6 月 5~16 日,联合国人类环境会议在瑞典斯德哥尔摩召开,并通过了《人类环境宣言》;1973 年 1 月,联合国环境规划署成立,总部设在肯尼亚首都内罗毕。这一阶段的主要工作是环境管理由行政管理走向立法管理。

第四阶段 谋求更好环境阶段(20 世纪 70 年代中期以后)

这是一个经济建设和环境建设协调发展的阶段。1975 年,UNEP 建立全球环境监测系统;1977 年,联合国教科文组织召开环境教育国际会议(第比利斯)。会议指出:"环境教育是关系到人类生死存亡的事业,每个公民都有接受环境教育的权利。"1979 年,中国颁布《环境保护法》(试行)。1982 年,中国设立城乡建设环境保护部。1984 年,中国成立国务院环境保护委员会。1992 年 6 月,联合国环境与发展大会在巴西里约热内卢召开,183 个国家或地区代表团出席,102 位国家元首或政府首脑亲自与会并讲话。这次会议通过了《21 世纪议程》、《里约环境与发展宣言》两个纲领性文件和《关于森林问题的原则声明》,154 个国家分别签署了《气候变化框架公约》和《生物多样性公约》。这次会议被称为"地球高峰会议",它标志着环境保护受到了世界各国的重视,环境科学已成为人类生存和社会发展必不可少的重要学科。

### 1.8.3　环境科学的学科体系

环境科学(environmental sciences)以"人类-环境"系统为特定的研究对象,它是研究"人类-环境"系统的发生和发展、调节和控制以及改造和利用的科学。

自 20 世纪 50 年代以来,由于经济的恢复和发展,生产和消费规模日益扩大,许多工业发达国家对环境造成了严重的污染和破坏,因而明确地提出了"环境问题"和"公害( public nuisance)"的概念,用以概括和反映人类与环境关系的失调,并开辟了专门的科学领域进行研究。当前是环境科学发展的新阶段,环境科学的特点是强调研究对象的整体性,把人类与环境系统看做是具有特定结构和功能的有机整体,运用系统分析和系统组合的方法,对人类与环境系统进行全面的研究。

环境科学的基本任务是揭示人类-环境系统的实质,研究人类-环境系统之间的协调关系,掌握它的发展规律,进而调控人类与环境之间的物质和能量交换过程,改善环境质量,造福人民,促进人类与环境之间的协调发展。

环境科学研究的内容主要包括:

①人类和环境的关系;

②污染物在自然环境中的迁移、转化、循环和积累的过程和规律;

③环境污染的危害;

④环境状况的调查、评价和预测;

⑤环境污染的预防和治理;

⑥自然资源的保护和利用;

⑦环境监测、分析和预报技术;

⑧环境规划;

⑨环境管理。

由于环境科学是 20 世纪 60 年代发展起来的一门新兴学科,其分科体系还不成熟,尽管不同学者从不同角度提出了多种分科方法,但基本上分为三大部分:

(1)理论环境学

这是环境科学的核心,着重研究环境科学基本理论和方法。

(2)基础环境学

这是环境科学发展过程中所形成的基础学科,包括环境数学、环境物理学、环境化学、环境生态学、环境毒理学、环境地理学和环境地质学等。

(3)应用环境学

环境科学中实践应用的学科,包括环境控制学、环境工程学、环境经济学、环境医学、环境管理学和环境法学等。

环境科学所涉及的学科范围非常广泛,各个学科领域多边缘互相交叉渗透,不同地区的环境条件、生产布局和经济结构千差万别,而人与环境间的具体矛盾也各有差异,污染物运动的过程又很复杂,所以说环境科学具有强烈的综合性和鲜明的区域性。

人类与其环境是一个有着相互作用、相互影响、相互依存关系的对立统一体。人类的生产和生活作用于环境,会对环境产生影响,引起环境质量的变化;反过来,污染了的或受损害的环境也会对人类的身心健康和经济发展等造成不利影响。

环境工程学(environmental engineering)是环境科学的一个分支,又是工程学的一个重要组成部分。它运用环境科学、工程学和其他有关学科的理论和方法,研究如何保护和合理利用自然资源,控制和防治环境污染,以改善环境质量,使人们得以健康和舒适的生存。

因此,环境工程学有两个方面的任务:一要保护环境,使其免受或消除人类活动对它的有害影响;二要保护人类免受不利的环境因素对健康和安全的损害。

环境工程学是一个庞大而复杂的技术体系,它不仅研究防治环境污染和公害的技术和措施,而且研究自然资源的保护和合理利用,探讨废物资源化技术,改革生产工艺,发展无废或少废的闭路生产系统,并对区域环境进行系统规划与科学管理,以获得最优的环境效益、社会效益和经济效益。

下面具体分析环境工程学的基本内容。

（1）水质净化与水污染控制工程

水质净化与水污染控制工程的主要任务是，研究预防和治理水体污染，保护和改善水环境质量，合理利用水资源，提供不同用途和不同要求的用水工艺技术和工程措施。

人类文明是倚傍着水体而发展的，因为水体能提供饮用水源并支持农业与运输，所以很早人们就认识到控制水污染的重要性。早在公元前 2000 多年，中国已用陶土管修建了地下排水道，并在明朝以前就开始用明矾（alum）净水。英国在 19 世纪初开始用砂滤法净化自来水，并在 1850 年用漂白粉（bleaching powder）进行饮用水消毒，以防止水性传染病的流行。1852 年美国建立了木炭过滤的自来水厂。19 世纪后半叶，英国开始建立公共污水处理厂，第一座有生物滤池装置的城市污水处理厂建于 20 世纪初。1914 年出现了活性污泥法处理污水的新技术。

（2）大气污染控制工程

大气污染控制工程的主要任务是，研究预防和控制大气污染，提供保护和改善大气质量的工程技术措施。

在大气污染控制方面，消烟除尘技术在 19 世纪后期已有所发展，1855 年美国发明了离心除尘器，20 世纪初开始采用布袋除尘器和旋风除尘器。随后，燃烧装置改造、工业气体净化和空气调节等工程技术也逐渐得到推广和应用。

（3）固体废弃物处置与管理工程

固体废弃物处置与管理工程的主要任务是，研究城市垃圾、工业废渣、放射性及其他有毒有害固体废弃物的处理、处置和回收利用，以及资源化等的工艺技术和措施。

在固体废弃物的处理和利用方面，英国很早就颁布禁止把垃圾倒入河流的法令。1822 年德国利用矿渣制造水泥。1874 年英国建造了垃圾焚烧炉。进入 20 世纪以后，随着人口进一步向城市集中，工业生产的迅速发展，各种垃圾和固体废弃物数量剧增，对其管理、处置和回收利用技术也不断取得成就，逐步成为环境工程学的一个重要组成部分。

（4）噪声、振动与其他公害防治技术

噪声、振动与其他公害防治技术主要是指研究声音、振动、电磁辐射等对人类的影响及消除这些影响的技术途径和控制措施。

在噪声控制方面，中国和欧洲的一些古建筑中，墙壁和门窗都考虑了隔音的问题。20 世纪 50 年代以来，噪声已成为现代城市环境的公害之一，人们从物理学、机械学、建筑学等各方面对噪声问题进行了广泛的研究，控制噪声的技术也取得了很大的提高。

多年来，虽然人们为控制各种环境污染付出了巨大的努力，但往往只是局部有所控制，总体上仍未得到解决，环境至今仍在继续恶化。因此，人们认识到控制环境污染不仅要采用单项治理措施，更重要的是要从经济、法律和管理方面入手，建立刚性制度，并与相应的工程技术相结合进行综合防治，运用现代系统科学的方法和计算机技术，对环境问题及其防治措施进行综合分析，以求得整体上的最佳效果或优化方案。在这种背景下，环境规划、环境污染综合整治和环境系统工程的研究工作迅速发展起来，逐渐成为环境工程学的一个新的、重要的分支。

# 1.9 中国环境保护的发展历程

概括地说,环境保护就是运用现代环境科学的理论和方法,在合理开发利用自然资源的同时,深入认识并掌握污染和破坏环境的根源与危害,有计划地保护环境,预防环境质量的恶化;控制环境污染和破坏,保护人体健康,促进经济与环境协调发展,造福人民,惠及子孙后代。

环境保护的内容世界各国不尽相同,同一个国家在不同的时期内容也有变化。一般来说大致包括两个方面:一是保护和改善环境质量,保护居民的身心健康,防止机体在环境污染影响下产生遗传变异和退化;二是合理开发利用自然资源,减少或消除有害物质进入环境,以及保护自然资源、加强生物多样性保护,维护生物资源的生产能力,使之得以恢复和扩大再生产。

中国的环境保护起步虽然较晚但成就突出,具有自己的特色。从 1972 年至今共经历了三个阶段。

## 1.9.1 中国环境保护事业的起步(1972~1978 年)

1972 年中国发生了几件较大的环境事件。

大连湾污染事件:沿海区域涨潮一片黑水,退潮一片黑滩,因污染荒废的贝类滩晾340 公顷,每年损失海参 1 万多公斤,贝类 10 万多公斤,蚬子 150 多万公斤。

北京鱼污染事件:市场出售的鱼有异味,经调查是官厅水库的水受污染造成的。

松花江水系污染事件:一些渔民食用江中含汞的鱼类、贝类,已经出现了水俣病(甲基汞中毒)的征兆。

1972 年 6 月 5 日中国代表团参加了在斯德哥尔摩召开的人类环境会议。通过这次会议使中国比较深刻地了解到环境问题对经济社会发展的重大影响,使高层领导认识到中国也存在严重的环境问题,需要认真对待。

**1. 环境保护事业的奠基**

(1)第一次全国环境保护会议

1973 年 8 月 5 日至 20 日,在北京召开了第一次全国环境保护会议。这次会议虽然是在特殊的历史背景下召开的,但它却标志着中国环境保护事业的开端,为中国的环境保护事业做出了应有的历史贡献。具体表现为会议取得了 3 项主要成果:

一是向全国人民也向全世界表明了中国不仅认识到存在环境污染,且已到了比较严重的程度,而且有决心去治理污染。会议作出了环境问题"现在就抓,为时不晚"的明确结论。

二是审议通过了"全面规划、合理布局,综合利用、化害为利,依靠群众、大家动手,保护环境、造福人民"的 32 字方针。

三是会议审议通过了中国第一个全国性环境保护文件《关于保护和改善环境的若干规定(试行)》,后经国务院以"国发[1973] 158 号"文批转全国。

(2)《关于保护和改善环境的若干规定(试行)》

《关于保护和改善环境的若干规定(试行)》(以下简称《规定》),是中国历史上第一个由国务院批发的具有法规性质的文件。《规定》共10条,第1条和第2条提出"做好全面规划,工业合理布局";第3条"逐步改善老城市的环境",要求保护水源,消烟除尘,治理城市"四害",消除污染;第4条"综合利用,除害兴利"规定预防为主治理工业污染,要求努力改革工艺,开展综合利用,并明确规定:"一切新建、扩建和改建企业,防治污染项目,必须和主体工程同时设计,同时施工,同时投产"(即三同时)。

其余各条对于加强土壤和植被的保护;加强水系和海域的管理;植树造林,绿化祖国;以及开展环境保护科研和宣传教育;环境监测工作,环境保护投资、设备和材料的落实也都做了规定。

(3)环境保护机构的设立

在"国发"[1973]158号"国务院的批示中:"各地区、各部门要设立精干的环境保护机构,给他们以监督、检查的职权"。根据文件的规定,在全国范围内各地区,各部门陆续建立起环境保护机构。1974年10月,经国务院批准正式成立了国务院环境保护领导小组,由国家计委、工业、农业、交通、水利、卫生等有关部委领导人组成,余秋里任组长,谷牧任副组长,下设办公室负责处理日常工作。

**2. 创业时期的环境保护工作**

这一时期的环境保护工作主要包括以下四个方面:

(1)全国重点区域的污染源调查、环境质量评价及污染防治途径的研究

主要有:①北京西北郊污染源调查及环境质量评价研究;②北京东南郊污染源调查、环境质量评价及污染防治途径的研究,这是在总结西北郊工作经验基础上进行的,强调了污染防治途径研究的重要性。此外,沈阳市、南京市等也开展了类似的调查研究工作。

在水域、海域方面开展了对蓟运河、白洋淀、鸭儿湖污染源的调查,以及渤海、黄海的污染源调查。

(2)开展了以水、气污染治理和"三废"综合利用为重点的环境保护工作

主要是保护城市饮用水源和消烟除尘,并大力开展工业"三废"的综合利用。

(3)制定环境保护规划和计划

自1974年国务院环境保护领导小组成立之日起,为了尽快控制环境恶化,改善环境质量,1974~1976年连续下发了三个制定环境保护规划的通知,并提出了"5年控制,10年解决"的长远规划目标。尽管因缺乏科学的预测分析,目标不切合实际,但仍是一大进步。

(4)逐步形成一些环境管理制度,制定了"三废"排放标准

1973年"三同时"制度逐步形成并要求企事业单位执行;1973年8月国家计委在上报国务院的《关于全国环境保护会议情况的报告》中明确提出:对污染严重的城镇、工业企业、江河湖泊和海湾,要一个一个地提出具体措施,限期治好。1978年由国家计委、国家经委、国务院环境保护领导小组联合提出了一批限期治理的严重污染环境的企

业名单,并于当年 10 月下达。

为了加强对工业企业污染管理,做到有章可循,1973 年 11 月 17 日,由国家计委、国家建委、卫生部联合颁布了中国第一个环境标准——《工业"三废"排放试行标准》(GBJ 4—73)。

### 1.9.2　改革开放时期环境保护事业的发展(1979~1992 年)

1978 年 12 月 18 日,党的十一届三中全会实现了全党工作重点的历史性转变,开创了改革开放和集中力量进行社会主义现代化建设的历史新时期,我国的环境保护事业也进入了一个改革创新的新时期。

1978 年 12 月 31 日,中共中央批准了国务院环境保护领导小组的《环境保护工作汇报要点》,指出:"消除污染,保护环境,是进行社会主义建设,实现四个现代化的一个重要组成部分……我们绝不能走先建设、后治理的弯路。我们要在建设的同时就解决环境污染的问题"。这是在中国共产党的历史上,第一次以党中央的名义对环境保护作出的指示,引起了各级党组织的重视,推动了中国环境保护事业的发展。

**1. 第二次全国环境保护会议的历史贡献**

1983 年 12 月 31 日至 1984 年 1 月 7 日,在北京召开了第二次全国环境保护会议。这次会议是中国环境保护工作的一个转折点,为中国的环境保护事业做出四方面的重要贡献。

(1)环境保护基本国策的确立

在第二次全国环境保护会议上,时任国务院副总理的李鹏代表国务院宣布:环境保护是中国现代化建设中的一项战略任务,是一项基本国策。从而确定了环境保护在社会主义现代化建设中的重要地位。

(2)"三同步"、"三统一"战略方针的提出

根据我国的国情,会议制定了环境保护工作的重要战略方针,提出:"经济建设、城乡建设和环境建设同步规划、同步实施、同步发展",实现"经济效益、社会效益与环境效益的统一"。有的环境保护专家认为这项战略方针实质上是环境保护工作的总政策,因为这项方针是环境保护总的出发点和归宿。环境保护总的出发点是在快速发展经济、搞好经济建设的同时,保护好环境。这就要同步规划、同步实施,促进同步协调发展。而最后的落脚点和归宿,是"三个效益"的统一。

(3)确定了符合国情的三大环境政策

中国绝不能走先污染后治理的弯路,但由于人口众多、底子薄,在一个相当长的时期内又不可能拿出大量资金用于污染治理。会议确定把强化环境管理作为当前环境保护的中心环节,提出了符合国情的三大环境政策,即"预防为主、防治结合、综合治理"、"谁污染谁治理"、'强化环境管理"。

(4)提出了到 20 世纪末的环境保护战略目标

会议提出:到 2000 年,力争全国环境污染问题基本得到解决,自然生态基本达到良性循环,城乡生产生活环境优美、安静,全国环境状况基本上同国民经济和人民物质文

化生活水平的提高相适应。虽然在此之后对这个战略目标做过调整,但奋斗目标的提出为环境保护工作指明了方向,有利于调动广大干部和人民群众的积极性。

**2. 环境保护是我国的一项基本国策**

所谓国策就是立国之策、治国之策。只有那些对国家经济建设、社会发展和人民生活具有全局性、长期性和决定性影响的谋划和策略,才可称为国策。把环境保护确定为基本国策是由中国国情决定的。

首先是吸取人口的教训。由于人口失控,尽管我国从 20 世纪 70 年代初就实行了卓有成效的计划生育政策,但人口仍在急剧增长,给环境与经济带来很大压力。其二是保护环境就是保护资源,就是保护工农业发展的物质基础,为经济建设服务。其三是保护环境、保障环境安全,才能保护当代人的健康,以及人类自身再生产正常运行,有利于子孙后代的健康成长。其四,为人民创造清洁、舒适、安静、优美的环境,是社会主义国家各级政府为人民服务应尽的责任。

**3. 我国环境保护政策法规体系已初步形成**

(1)环境保护政策体系

三大环境政策的下一个层次包括:环境经济政策、生态保护政策、环境保护技术政策、工业污染控制政策以及相关的能源政策、技术经济政策等。

(2)环境保护法规体系

中国环境保护法规体系是以《中华人民共和国宪法》为基础,以《中华人民共和国环境保护基本法》为主体的环境法律体系,下面又包括:环境保护国际条约、环境保护单行法、环境保护行政法规、环境保护部门规章、环境保护地方法规及地方政府规章、环境标准及其他相关法规。

**4. 第三次全国环境保护会议的历史贡献**

1989 年 4 月底至 5 月初在北京召开了第三次全国环境保护会议,这是一次开拓创新的会议,其历史贡献如下:

(1)提出努力开拓有中国特色的环境保护道路

20 世纪 80 年代末,环境问题更加成为举世瞩目的重大问题,在环境保护工作实践中,我国积累了比较丰富的经验。为了进一步推动环境保护工作上新台阶,这次会议明确提出:"努力开拓有中国特色的环境保护道路"。

(2)总结确定了八项有中国特色的环境管理制度

总结第二次全国环境保护会议以来强化环境管理的经验,在已有的行之有效的环境管理制度的基础上,确定了八项有中国特色的环境管理制度,并综合运用、逐步形成合理的运行机制。按照在环境管理运行机制中的作用,八项制度可分为三组:

①贯彻"三同步"方针,促进经济与环境协调发展的制度。主要包括环境影响评价及"三同时"制度。这两项制度结合起来形成防止新污染产生的两个有力的制约环节,保证经济建设与环境建设同步实施,达到同步协调发展的目标。

②控制污染以管促治的制度。主要包括排污收费、排污申报登记及排污许可证制

度,污染集中控制,以及限期治理制度。

③环境责任制与定量考核的制度。主要包括环境目标责任制、城市环境综合整治定量考核两项制度。

### 1.9.3　可持续发展时期的中国环境保护(1992 年以后)

**1. 世界已进入可持续发展时代**

1992 年在里约热内卢召开了联合国环境与发展大会,实施可持续发展战略已成为全世界各国的共识,世界已进入可持续发展时代,环境原则已成为经济活动中的重要原则。

(1)国际贸易中的环境原则

这项原则是指投放市场的商品(各类产品),必须达到国际规定的环境指标。发达国家的政府实行环境标志制度(环境发展大会后我国也已开始实行),对达到环境指标要求的产品颁发环境标志。在国际贸易中将采取限制数量、压低价格甚至禁止进入市场等方法控制无环境标志的产品进口。

(2)工业生产发展的环境原则

1989 年联合国环境规划署决定在全世界范围内推广清洁生产。1991 年 10 月在丹麦举行了生态可承受的(生态可持续的)工业发展部长级会议。因而,推行清洁生产,实现生态可持续生产成为工业生产发展的环境原则。生态可持续性发展,要求经济增长方式进行根本转变,由粗放型向集约型转变,这是控制工业污染的最佳途径。

(3)经济决策中的环境原则

实行可持续发展战略,就必须推行环境与经济综合决策。在整个经济决策的过程中都要考虑生态要求,控制开发建设强度不超出资源环境的承载力,使经济与环境协调发展。

世界已进入可持续发展时代,环境保护原则不但成为经济活动的重要原则,也成为人类社会行为的重要原则。

**2. 关于"第四次全国环境保护会议"**

(1)历史贡献

1996 年 7 月在北京召开了第四次全国环境保护会议。这次会议对于布署落实跨世纪的环境保护目标和任务,实施可持续发展战略,具有十分重要的意义。

会议进一步明确了控制人口和保护环境是我国必须长期坚持的两项基本国策。在社会主义现代化建设中,要把实施科教兴国战略和可持续发展战略摆在重要位置。江泽民同志和李鹏同志都在会议上做了重要讲话。江泽民同志指出:环境保护是关系我国长远发展和全局性的战略问题,在加快发展中绝不能以浪费资源和牺牲环境为代价,并强调要做好五个方面的工作:一是节约资源,二是控制人口,三是建立合理的消费结构,四是加强宣传教育,五是保护自然生态。李鹏同志在讲话中首先重申了 1996 年 3 月全国人大四次会议通过的跨世纪的环境保护目标:到 2000 年,力争使环境污染和生态破坏加剧的趋势得到基本控制,部分城市和地区的环境质量有所改善;到 2010 年,基本改变环境恶化的状况,城乡环境有明显改善。然后,李鹏同志强调实现环境保护奋斗目标的"四个必须",即必须严格管理,必须积极推进经济增长方式的转变,必须逐步增加环境保护投入,必须加强环境法制建设。

第四次全国环境保护会议提出的两项重大举措,对于实施可持续发展战略和实现跨世纪环境目标,具有十分重要的作用。这两项重大举措是:

其一,"九五"期间全国主要污染物排放总量控制计划

这项举措实质上是对 12 种主要污染物(烟尘、粉尘、$SO_2$、COD、石油类、汞、镉、六价铬、铅、砷、氰化物及工业固体废物)的排放量进行总量控制,要求 2000 年的排放总量控制在国家批准的水平。

污染物总量控制是指以环境质量目标为基本依据,对区域内各污染源的污染物排放总量实施控制的管理制度。在实施总量控制时,污染物的排放总量应小于或等于允许排放总量,区域的允许排污量应当等于该区域环境允许的纳污量。环境允许纳污量则由环境允许负荷量和环境自净容量确定。例如,对一个河流段的污染物允许纳污量是由该河段控制断面的污染物允许负荷量(通常为该控制断面的水质标准浓度与水流量之乘积)及水体自净容量两者累加确定的。污染物总量控制管理比排放浓度控制管理具有较明显的优点,它与实际的环境质量目标相联系,在污染量的控制上宽严适度;由于执行污染物总量控制,可避免浓度控制所引起的不合理稀释排放废水,浪费水资源等问题,也有利于区域水污染控制费用的最小化。

到 2000 年底,国家确定的"九五"环境保护目标已经基本实现,全国环境污染加剧的趋势总体上得到了控制,部分城市和地区的环境质量有所好转。"九五"期间,在国民经济快速增长的形势下,全国 12 种主要污染物排放总量比 1995 年分别下降了 10%～15%,实现了污染物排放总量控制的规划目标;其中占污染负荷 65% 以上的 1.8 万家重点污染企业,85% 以上实现了达标排放;46 个环境保护重点城市中,33 个城市的地面水环境质量和 22 个城市的空气和地面水环境质量实现了功能区达标。

其二,中国跨世纪绿色工程规划

这项举措是《国家环境保护"九五"计划和 2010 年远景目标》的重要组成部分,也是《"九五"环境保护计划》的具体化。它有项目、有重点、有措施,是对"六五"、"七五"、"八五"历次环境保护 5 年计划的创新和突破,也是同国际接轨的规划。

这个规划主要包括地区河流域环境综合整治项目、城市环境保护基础设施建设项目、生态恢复和保护项目等。国家重点进行三河(淮河、辽河、海河)、三湖(滇池、巢湖、太湖)、两区(二氧化硫污染控制区、酸雨控制区)、一市(北京市)、一海(渤海)的污染控制工作(简称 33211 工程)。同时,还对"三区"及特殊生态功能区、重点资源开发区以及生态良好区进行重点生态环境保护,以确保国家环境安全,促进可持续发展战略的实施。

截至 1999 年,《中国跨世纪绿色工程规划》项目已竣工和开工 1 053 个,占项目总数的 72%,累计完成投资 903 亿元,占项目总投资的 60.2%。从项目的开工和竣工的

情况看,沿海省(市)的开工和竣工率较高,有 16 个省(市)开工和竣工率超过 80%。

(2)目标明确重点突出可操作性强

第四次全国环境保护会议后,国务院发布了《关于环境保护若干问题的决定》(以下简称《决定》)。这是一个目标明确重点突出可操作性强的决定,其特点如下:

目标明确、重点突出。《决定》规定:到 2000 年,全国所有工业污染源排放污染物要达到国家或地方规定的标准;各省、自治区、直辖市要使本辖区主要污染物排放总量控制在国家规定的排放总量指标内,环境污染和生态破坏的趋势得到基本控制;直辖市及省会城市、经济特区城市、沿海开放城市和重点旅游城市的环境空气、地面水环境质量,按功能区分达到国家规定的有关标准(概括为"一控双达标")。

污染防治的重点是控制工业污染。重点保护好饮用水源,水域污染防治的重点是三湖(太湖、巢湖、滇池)和三河(淮河、海河、辽河);重点防治燃煤产生的大气污染,控制二氧化硫和酸雨加重的趋势(依法尽快划定酸雨控制区和二氧化硫污染控制区)。

要求高、可操作性强。国务院《决定》中明确规定的目标、任务和措施共 10 条,要求很高、政策性很强。但这 10 条内容都是经过有关部门反复讨论、协调形成的统一意见,可操作性强。

### 3. 关于"中央人口资源环境工作座谈会"

1999 年 3 月,在北京召开了"中央人口资源环境工作座谈会",这是一次贯彻可持续发展战略的新部署,表明了中央领导解决好中国环境与发展问题的决心。

时任中共中央总书记国家主席的江泽民在讲话中指出:"促进我国经济和社会的可持续发展,必须在保持经济增长的同时,控制人口增长,保护自然资源,保护良好的生态环境"。

"实现我国经济和社会跨世纪发展目标,必须始终注意处理好经济建设同人口、资源、环境的关系。人口众多,资源相对不足,环境污染严重,已成为影响我国经济和社会发展的重要因素"。"必须从战略的高度深刻认识处理好经济建设同人口、资源、环境的关系的重要性,把这件事关中华民族生存和发展的大事作为紧迫任务,坚持不懈地抓下去"。"要全面落实全国生态建设规划,抓紧编制和实施全国生态环境保护纲要,根据不同地区的客观情况,采取不同的保护措施"。

### 4. 关于《环境状况公报》

根据《中华人民共和国环境保护法》第 11 条"国务院和省、市、自治区、直辖市人民政府的环境保护行政主管部门,应当定期发布环境状况公报"的规定,国家环境保护总局自 1990 年起,每年世界环境日前后发布上一年的环境状况公报。这项措施对于提高全民族的环境意识,促进环境建设和环境管理的发展,具有十分重要的意义。编写《环境状况公报》的主持单位是国家环境保护总局,成员单位有国土资源部、建设部、水利部、农业部、国家统计局、国家林业局、国家海洋局、中国气象局和中国地震局。内容包括水环境、海洋环境、大气环境、声环境、工业固体废物、辐射环境、耕地/土地、森林/草地、生物多样性、气候与自然灾害等项目。每一项中,既有上一年的状况,又有措施和行动。

根据环境监测结果的统计分析,全国环境形势仍然相当严峻,各种污染物排放总量很大,污染程度仍处于相当高的水平。一些地区的环境质量仍在恶化;一部分省市水、气、声、土壤环境污染仍较严重;农村环境质量有所下降;生态恶化加剧的趋势尚未得到有效遏制;部分地区生态破坏的程度还在加剧。根据国家环境保护总局的估计,中国环境问题所造成的总损失约占国民生产总值的10%。

**5. 关于《中国 21 世纪议程》**

《中国 21 世纪议程》是中国实施可持续发展战略的行动纲领,为中国 21 世纪的发展描绘了宏伟的蓝图。《中国 21 世纪议程》共 20 章,78 个领域,主要分为四大部分。

第一部分　可持续发展总体战略与政策

论述了实施中国可持续发展战略的背景和必要性,提出了中国可持续发展的战略目标、战略重点和重大行动,建立中国可持续发展法律体系,制定促进可持续发展的经济技术政策,将资源和环境因素纳入经济核算体系,参与国际环境与发展合作的意义、原则立场和主要行动领域。其中特别强调了可持续发展能力建设,包括建立健全可持续发展管理体系,费用与资金机制,加强教育,发展科学技术,建立可持续发展信息系统,促使妇女、青少年、少数民族、工人和科学界人士及团体参与可持续发展。

第二部分　社会可持续发展

包括人口、居民消费与社会服务,消除贫困,卫生与健康,人类居住区可持续发展和防灾减灾等。其中最重要的是实行计划生育、控制人口数量、提高人口素质,包括引导建立适度和健康消费的生活体系;强调尽快消除贫困,提高全国人民的卫生健康水平;通过正确引导城市化,加强城市用地规划和管理,合理使用土地。加快城镇基础设施建设,促进建筑业发展,向所有的人提供住房,改善住区环境,完善住区功能。建立与社会主义经济发展相适应的自然灾害防治体系。

第三部分　经济可持续发展

把促进经济快速增长作为消除贫困、提高人民生活水平、增强综合国力的必要条件,其中包括可持续发展的经济政策,农业与农村经济的可持续发展,工业与交通、通信业的可持续发展,可持续能源和生产消费等部分。着重强调利用市场机制和经济手段推动可持续发展,提供新的就业机会。在工业活动中积极推广清洁生产,尽快发展环境保护产业,提高能源利用效率和节能,开发利用新能源和可再生能源。

第四部分　资源的合理利用与环境保护

这里既包括水、土等自然资源及其可持续利用,也包括生物多样性保护、防止土地荒漠化、防灾减灾、保护大气层、固体废物无害化处理等。着重强调在自然资源决策管理中,推行可持续发展影响评价制度,对重点区域和流域进行综合开发整治,完善生物多样性保护法规体系,建立和扩大国家自然保护区网络,建立全国土地荒漠化的监测和信息系统,开发消耗臭氧层物质的替代产品和替代技术,大面积造林,建立有害废物处置、利用的新法规和技术等标准。

**6. 修订《中华人民共和国环境保护法》**

《中华人民共和国环境保护法》是为保护和改善环境,防治污染和其他公害,保障公众健康,推进生态文明建设,促进经济社会可持续发展制定的国家法律。已经实施25 年的原《环境保护法》,与经济社会发展特征和新理念明显不相适宜,存在操作性不强、环境执法疲软等问题。与此同时,长期过多追求 GDP 增速的粗放发展模式,导致了由大气、水、土壤等共同构成的威胁人民健康的立体污染。环境问题成为中国最大的民生问题,影响社会安宁和经济发展。如何从制度和立法层面缓解减少公众的环境恐惧感和对政府的不信任感,平衡公众诉求与经济发展关系,探索现代社会发展路径,已成为中国发展中的重要命题。

最新的《中华人民共和国环境保护法》由中华人民共和国第十二届全国人民代表大会常务委员会第八次会议于 2014 年 4 月 24 日修订通过,自 2015 年 1 月 1 日起施行。不同于 1989 年 12 月 26 日第七届全国人民代表大会常务委员会第十一次会议通过的《环境保护法》,十二届全国人大常委会第八次会议表决通过了《环境保护法(修订案)》,被称为"史上最严厉"的新法。

为配合"史上最严"的新环境保护法,环境保护部 2014 年 10 月发布按日计罚、查封扣押、限产停产、信息公开的 4 套具体办法,并在中国环境网上公开征集意见。8 种环境违法行为纳入按日计罚,按日计罚的最大处罚期限为 30 天。违法成本低、守法成本高是当前环境问题难以解决的一个重要原因。而"按日计罚"的最大特点,就在于重罚。业内人士算过一笔账,2005 年松花江水污染事故造成严重损害,根据原来处罚的办法最多罚 100 万元,九牛一毛。新环境保护法实施后,启动按日计罚,那可能就是每天罚 900 多万元,这恐怕没有哪家企业能够承担。另外,还有一个"赏罚分明"的问题。既然对污染企业有严格惩罚,那对于守法企业也应有相应的激励措施,比如在税收政策上有所倾斜等。违法成本奇低,守法成本却畸高,这既有失公平,也是一种不好的负面暗示,不利于环境守法氛围的形成。

# 思考题

1. 什么是环境及环境要素?
2. 环境要素的特性有哪些?
3. 环境系统有哪些特性?
4. 什么是自然−经济−社会复合生态系统?
5. 什么是环境问题?当前人类面临的主要环境问题是什么?
6. 环境科学的研究对象和任务是什么?
7. 按研究内容,环境科学分为哪些学科?
8. 环境工程学及其任务是什么?
9. 环境工程学的基本内容有哪些?

# 第2章 生态学基础

**内容提要** 生态系统是生态学研究的中心,而众多生态系统则组成了人类生活的自然环境。生态系统有其自身的演化规律,人类活动则直接或间接地影响着生态系统。人类要实现可持续发展,必须与自然环境和谐相处。本章重点介绍生态学和生态系统的相关知识,探讨社会–经济–自然复合生态系统和生态文明,旨在使我们在不同的时空尺度上调整人类自身的行为,以与自然环境相适应。

本章学习的主要内容包括以下几点:

(1)生态学的涵义;

(2)生态系统的组成、结构及功能、特征;

(3)社会–经济–自然复合生态系统;

(4)生态文明。

## 2.1 生态学

### 2.1.1 生态学概念与发展

人类对生态问题的关注由来已久,这是因为地球上的一切变化都和我们的工作生活息息相关。地球上的一切生物都生活在特定的自然空间之中,这个空间就是生物的生存环境。如果把地球上的所有生物和他们所处的生存环境看作一个整体,那么这个整体在生态学上就称为生物圈,这是一个最大的生态系统——全球生态系统。

换言之,生态学研究的是全球生态系统,是在不同时间和空间的尺度上进行研究。随着粮食、人口、能源和环境等一系列世界性问题的出现,推动了生态学(ecology)的发展,使生态学超越了自然科学的狭隘范畴,迅速发展成为当代最活跃的前沿科学之一。生态学的基本原则不仅被看做是环境科学重要的理论基础,也被看成是社会经济持续发展的理论基础。生态学不仅引起当代各学科科学家的高度重视,同时也为各国政治领袖和社会舆论所称道。生态学正在以其旺盛的生机发展,并肩负着解决一系列世界性问题的历史使命。

1869年,德国生物学家黑格尔(Ernst Haeckel)在《生物普通形态学》一书中首先提出“生态学”一词,他把生态学定义为“自然界的经济学”,即生态学是研究有机体与有机和无机环境之间相互关系的科学。后来,也有学者把生态学定义为“研究生物或生物群体与其环境的关系,或生活着的生物与其环境之间相互联系的科学”。

我国著名生态学家马世骏则把生态学定义为“研究生物与环境之间相互关系及其

作用机理的科学"。这里所说的生物包括植物、动物和微生物,而环境是指各种生物特定的生存环境,包括非生物环境和生物环境。非生物环境由光、热、空气、水分和各种无机元素组成,生物环境由主体生物以外的其他一切生物组成。

由此可见,生态学不是孤立地研究生物,也不是孤立地研究环境,而是研究生物与其生存环境之间的相互关系。这种相互关系具体体现在生物与其生存环境之间作用与反作用、对立与统一、相互依赖与制约和物质循环与代谢等几个方面。对生态学的研究一般分为个体生态学、种群生态学、群落生态学和生态系统生态学。它们是构成研究自然界生物与环境关系生态学的必要理论基础。

纵观生态学的发展,可分为两个阶段。

**1. 生物学分支学科阶段**

20 世纪 60 年代以前,生态学基本上局限于研究生物与环境之间的相互关系,隶属于生物学的一个分支学科。初期的生态学主要以各大生物类群与环境相互关系为研究对象,因而出现了植物生态学(plant ecology)、动物生态学(animal ecology)、微生物生态学(microbial ecology)等,进而以生物有机体的组织层次与环境的相互关系为研究对象,出现了个体生态学(autecology)、种群生态学(population ecology)和生态系统(ecosystem)。

个体生态学是研究各种生态因子(ecological factor)对生物个体的影响。生态因子包括光照、温度、大气、水、湿度、土壤、地形、环境中的各种生物以及人类的活动等。生态因子对生物个体的影响,主要表现在引起生物个体新陈代谢的质和量的变化,物种繁殖能力和种群密度的改变,以及对种群地理分布的限制等。种群(population)是在一定的空间和时间内同种个体的组合,是具有一定组成、结构和机能的。同一种群可以组成一个有机的统一体。一个自然种群一般都具有一定的区域分布,数量随时间而变动,具有一定的遗传特征。种群生态学主要是研究在种群与其生存环境相互作用下,种群空间分布和数量变动的规律。

**2. 综合性学科阶段**

20 世纪 50 年代后半期以来,由于工业发展、人口膨胀,导致了粮食短缺、环境污染、资源紧张等一系列世界性问题,迫使人们不得不以极大的努力去寻求一种方法来协调人与自然的关系,探求全球持续发展的途径,人们寄希望于全人类的智慧,更期望生态学能做出自己的贡献,这种社会需求推动了生态学的发展。

近代系统科学、控制论、计算机技术和遥感技术的广泛应用,为生态学对复杂系统结构的分析和模拟创造了条件,为深入探索复杂系统的功能和机理提供了更为科学和先进的手段,这些相邻学科的"感召效应"也促进了生态学的高速发展。

随着现代科学技术向生态学的不断渗透,生态学被赋予了新的内容和动力,突破了生物科学的范畴,成为当代最为活跃的科学领域之一。生态学在基础研究方面,已趋向于定性和定量相结合,宏观与微观相结合,并进一步探索生物与环境之间的内在联系及其作用机理,使生态学原有的个体生态学、种群生态学、群落生态学、生态系统生态学等各个分支学科均有一定程度的提高,达到了一个新的水平。

此外,由于生态学与相邻学科的相互交融,也产生了若干新的生长点,诸如生态学与数学相结合,形成了数学生态学。数学生态学不仅对阐明复杂的生态系统提供了有效的工具,而且数学的抽象和推理也有助于对生态系统复杂现象的解释和有关规律的探求,导致生态学新理论和新方法的出现。生态学与化学相结合,形成化学生态学。化学生态学不仅可以揭示生物与环境相互作用关系的实质,而且对探索有害生物防治方面,提供了更有效的手段。

生态学正以前所未有的速度,在原有学科理论与方法的基础上,与环境科学及其他相关学科相互渗透,向纵深发展并不断拓宽新的领域。生态学将以生态系统为中心,以生态工程为手段,在协调人与自然的关系和在探索全球可持续发展的道路上,做出重要贡献。

在生态学学科中,环境是指一特定生物或生物群体以外的空间及影响该生物或生物群体生存发展的一切事物的集合。环境不仅仅是一个承载生物体的物理空间,还是由决定生物体命运的一系列因子(环境要素)所构成的生命支撑系统。因此,把与生物体息息相关的环境称为生态环境,而把决定(或影响)生物体生存的各种要素称为生态因子。生态因子包括温度、光、水、气等和其他生物,生态因子构成了环境的整体,对特定生物体的生长、发育、生殖、行为和分布产生直接或间接的影响。

### 2.1.2　生物与环境的相互作用

生物与环境的关系是相互的和辩证的,特定生物体栖息地的生态环境则称为生境。环境作用于生物,生物反作用于环境,二者相辅相成。

环境对生物的作用是多方面的,可影响生物的生长、发育、繁殖和行为;影响生物生育力和死亡率,导致生物种群数量变化;一些生态因子还能限制生物的分布区域。生物并不是消极被动地对待环境的作用,它从自身的形态、生理、行为等方面不断地进行调整,适应环境生态因子的变化,生物的这些变化称为适应性变化。同时,生物对环境的反作用表现为对生态因子的改变,如植物通过根系穿插、分泌生化物质、养分吸收与物质回馈(凋落物)行为,改变其生长土壤的生物和物理化学特性,促进土壤发育与演变。

生物(主体)与生物(环境)之间的相互关系更为密切,既有捕食与被捕食、寄生与被寄生的关系,也有相互作用、相互适应的关系。这种复杂的相互作用与相互适应的特性是通过自然选择、适者生存法则形成的,是协同进化的表现。

## 2.2　生态系统

### 2.2.1　生态系统

最早于1935年,英国生物学家坦斯利(A. G. Tansley)提出了生态系统的概念,用来概括生物群落与其生存环境共同组成的复合体。他把生态系统看成是宇宙各种自然系统的一种,是动态平衡和相对稳定的系统。目前,对于生态系统的一般定义是:自然界一定空间内,生物与环境之间经过相互作用、相互制约、不断演变达到的动态平衡和相对稳定的统一整体,是具有一定结构和功能的地理单元。生态系统的概念强调一定地域内各种生物相互之间及生物与环境之间功能上的统一性。以上的表述只是自然生态系统的定义,不能把人类生态系统的涵义概括在内。由于生态系统与人类的关系十分密切,这一概念在 20 世纪 50 年代得到广泛传播,60 年代以后逐渐成为生态学研究的中心。

一个物种在一定范围内所有个体的综合在生态学上称为种群。在一定的自然区域内许多不同的生物的总和则称为群落。任何一个生物群落与周围非生物环境的综合体就是生态系统。生态系统是一个广泛的概念,可大可小,从含有几个藻细胞的一滴水到宇宙本身都是生态系统。在一个大的生态系统中又包含无数个小的生态系统。图 2.1 绘出了全球生态系统分布图。

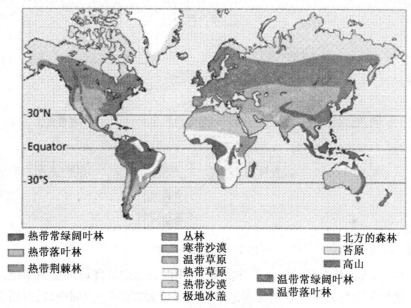

图 2.1   全球生态系统分布图

中国的生态专家马世俊教授提出"生态系统是生命系统与环境系统在特定空间的组合"。对自然生态系统而言,生命系统就是生物群落,对社会生态系统、城市生态系统、工业生态系统而言,生命系统就是人类。如城市居民与城市环境在特定空间的生态系统是生态学研究的中心,自然生态系统是自然生态学研究的中心,自然生态系统包括自然界的各个方面,如森林生态系统、草原生态系统、荒漠生态系统、农田生态系统、河流和湖泊生态系统以及海洋生态系统等。生态学以自然生态系统为中心,研究生态系统的生态特征、结构、功能、生态流及生态规律,以便维护生态平衡,促进生态良性循环,保证可更新资源的持续利用。各种人类生态系统(也可称为人工生态系统)比自然生态系统更为复杂。

生态系统的基本规律有生态学第一定律或称为生态偏移原理,指在生态系统中人们所做的每件事都可能产生难以预测的后果。生态学第二定律或称为生态学关联原理,指自然界的每一件事物都与其他事物相联系,人类全部活动也处于这种联系之中。生态学第三定律或称为化学上不干扰原则,指人类产生的任何化学物质都不应干扰地球上的自然生物的化学循环,否则地球上的生命维持系统将不可避免地退化。还有承受度原理,指地球生命维持系统能够承受一定压力,但其承受力是有限度的。

### 2.2.2 生态系统的组成

生态系统都是由生物组分和非生物环境两部分组成的,其构成要素多种多样,具体组成如图 2.2 所示的生态系统树。但是,为了分析方便,常常把这两大部分区分为四个基本组成成分,即非生物成分、生产者、消费者和分解者,其中生产者(producer)、消费者(consumer)和分解者(decomposer)是生物群落的三大功能类群。

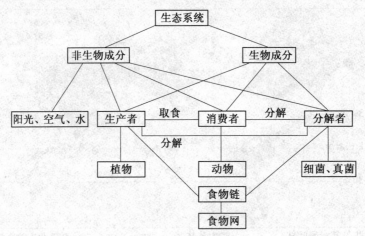

图 2.2 生态系统树

生态位(niche)是生态学的一个重要概念,用以表示划分环境的空间单位。格瑞内尔是最早使用生态位这一术语的学者。格瑞内尔认为,在同一空间中,没有两个种能够长久地占有同一个生态位。生态位在这里实际上是指空间生态位(spatial niche)。马世骏等人于 1990 年提出扩展生态位理论,将生态位划分为存在生态位(包括实际生态位和潜在生态位)和非存在生态位。根据该理论,生态位不仅包括生物所占据的物理空间,还包括它在生物群落中的功能作用,以及它们在温度、湿度、pH 值、土壤和其他生存条件的环境变化梯度中的位置。

**1. 生产者**

绿色植物(包括藻类和高等植物)是自然界有机物质的主要生产者,包括一切能进行光合作用(photosynthesis)的高等植物、藻类和地衣。这些绿色植物体内含有光合作用色素,可利用太阳能把 $CO_2$ 和 $H_2O$ 合成有机物,同时放出氧气,并把太阳能转化成化学能固定在糖类中,糖类可进一步参与合成脂肪和蛋白质等有机物。绿色植物通过光

合作用使 $CO_2$ 和 $H_2O$ 合成为糖类,这些有机物便成为地球上包括人类在内的一切生物的食物来源。绿色植物的合成为

$$6CO_2+12H_2O \xrightarrow{\text{叶绿素、光}} C_6H_{12}O_6+6H_2O+6O_2 \tag{2.1}$$

除了绿色植物的光合作用外,光合细菌和化学能合成细菌也可以生产有机物。在低等植物藻类中,多数只需要简单的无机物质就可以合成有机物质,因此是完全自养者。还有某些藻类除吸收无机营养物质进行自养外,还需要一些复杂的有机生长物质,因此它们是部分异养者。其中光合细菌的原理为

$$CO_2+2H_2S \xrightarrow{\text{光、光合色素}} [CH_2O]+2S+H_2O \tag{2.2}$$

化学能合成细菌的原理为

$$CO_2+2H_2O \xrightarrow{\text{化学能}} [CH_2O]+H_2O+O_2 \tag{2.3}$$

除绿色植物以外,还有利用太阳能或化学能把无机物转化为有机物的光能自养微生物和化学能自养微生物。生产者在生态系统中不仅可以生产有机物,而且也能在将无机物合成有机物的同时,把太阳能转化为化学能,储存在生成的有机物中。生产者生产的有机物及储存的化学能,一方面供给生产者自身生长发育的需要,另一方面也用来维持其他生物全部生命活动的需要,是其他生物类群以及人类的食物和能源的供应者。

**2. 消费者**

消费者属异养生物,主要指各类动物,它们不能制造有机物质,而是直接或间接地依赖于生产者所制造的有机物。从理论上讲,仅有生产者和分解者,而无消费者的生态系统是可能存在的。但对于大多数生态系统来说,消费者是极其重要的组分。消费者不仅对初级生产物起着转化、加工、再生产的作用,而且许多消费者对其他生物种群数量起着调控的作用。

按食性差别可将消费者细分为以草为食物的一级消费者、以草食动物为食物的二级消费者和以二级消费者为食物的三级消费者等。

①草食动物,也称素食者,是直接以绿色植物为食。

②肉食动物,也称肉食者,是以草食动物或其他弱小动物为食。肉食动物包括二级消费者和三级消费者等。

③寄生动物,寄生于其他动、植物体,靠吸取宿主营养为生。

④腐食动物,以腐烂的动、植物残体为食,如蝇蛆等。

⑤杂食动物,食物多种多样,既吃植物,也吃动物。

消费者在生态系统中的作用之一,是实现物质与能量的传递,如草原生态系统中的青草、野兔与狼。其中,野兔就起着把青草制造的有机物和储存的能量传递给狼的作用。消费者的另一个作用是实现物质的再生产,如食草动物可以把草本植物的植物性蛋白再生产为动物性蛋白。所以,消费者又可称为次级生产者。

**3. 分解者**

有机物质的分解,虽然包括非生物的和生物的过程,但总的来说,起决定作用的是

生物。分解者也称还原者(reducer),主要是指细菌和真菌等微生物。分解者的作用,是把生产者和消费者的残体分解为简单的物质,再供给生产者。

分解者分解有机物质的过程分为两大类,即有氧呼吸和厌氧呼吸。高等动物和多数原核生物进行有氧呼吸。在腐食生物中,进行厌氧呼吸者也只是少部分。分解有机物质的腐食者包括真菌、细菌等,它们具有各种酶系统,酶被分泌到有机物质中,使有机物质分解。分解产物一部分被微生物吸收,一部分保留在环境中,但没有一种腐食者能将有机残体彻底分解。

自然生态系统纷繁复杂,生态系统中生物成员的划分也不是绝对的,有时甚至很难区分,如植物可吃动物,捕蝇草专吃昆虫;有些鞭毛虫既是自养生物又是异养生物。以上生物成员的划分主要是根据生物利用能源的营养方式来确定的,是生态学上的功能类群,而不是生物学上的物种分类单元。

分解者的分解作用可分为三个阶段:

①物理的或生物的作用阶段,分解者把动植物残体分解成颗粒状的碎屑;

②腐生生物的作用阶段,分解者将碎屑再分解成腐殖酸或其他可溶性的有机酸;

③腐殖酸的矿化作用阶段。

从广义角度可以认为,参与这三个阶段的各种生物都应属于分解者。蚯蚓、蜈蚣、马陆以及各种土壤线虫等土壤动物,在动植物残体分解过程的第一阶段起着非常重要的作用。另一些动物,如鼠类等啮齿动物也会把植物咬成大量碎屑,残留在土壤中。所以,虽然分解者主要是指微生物,同时也应包括某些小型动物。

### 4. 非生物成分

非生物成分是指各种环境要素,包括温度、光照、大气、水、土壤、气候、各种矿物质和非生物成分的有机质等。非生物成分在生态系统中的作用,一方面是为各种生物提供必要的生存环境,另一方面是为各种生物提供必要的营养元素。

非生物成分构成了一个有机的统一整体,在这个有机整体中,能量与物质在不断地流动,并在一定条件下保持着相对平衡。

(1)温度

温度直接影响有机体的体温,体温高低又决定动物新陈代谢过程的强度和特点、有机体的生长和发育速度、繁殖、行为、数量和分布等。温度还通过影响气流和降水等间接影响动植物的生存条件。

(2)光和辐射

光和辐射的主要生态作用有四个方面:

①生物生活所必需的全部能量都直接或间接地来源于太阳光;

②植物利用太阳光进行光合作用,制造有机物;

③动物直接或间接从植物中获取营养;

④生命活动的昼夜节律、季节节律都与光周期有着直接联系。

(3)水

水是一切生命活动和生化过程的基本物质,是光合作用的底物之一,是植物营养运输和动物消化等生理活动的介质。在一个区域内,水是决定植被群落和生产力的关键因素之一,还决定动物群落的类型和动物行为等。水与大气之间的循环运动,形成支持生物的气候,并帮助调节全球能量平衡。水的流动开创和推动着土地景观的形成,也是重要的成土因素,在岩石风化中起重要作用。

(4)空气

大气组成中氮气、氧气、惰性气体及臭氧等为恒定组分,对生态作用影响大的主要是二氧化碳、水蒸气等可变组分,以及由于人为因素造成的如尘埃、硫氧化物、氮氧化物等不定组分。$CO_2$是植物光合作用的原料,$O_2$是大多数动物呼吸的基本物质,大气中水和$CO_2$对调节生物系统物质运动和大气温度起重要作用。

(5)土壤

土壤是陆地植物生长的基地,植物主要从土壤中获取生命必需的营养物质和水分;土壤是多种多样生物栖息和活动的场所;生态系统中的许多基本功能过程是在土壤中进行的,如固氮作用、分解作用、脱氮作用等都是物质在生物圈中良性循环所不可缺少的过程。土壤中生活着各种各样的微生物和土壤动物,能对外来的各种物质进行分解、转化和改造,故土壤被看成是一个自然净化系统。

### 2.2.3　生态系统的结构

构成生态系统的各个组成部分,各种生物的种类、数量和空间配置,在一定时期均处于相对稳定的状态,使生态系统能够各自保持一个相对稳定的结构。生态系统结构主要指构成生态系统的诸要素及其量比关系,各组分在时间、空间上的分布,以及各组分间能量、物质、信息流的途径与传递关系。生态系统结构包括组分结构、时空结构和营养结构三个方面。

**1. 生态系统的组分结构**

生态系统的组分结构是指生态系统中由不同生物类型或品种及它们之间不同的数量组合关系所构成的系统结构。组分结构中主要讨论的是生物群落的物种构成及量比关系。生态系统的核心组成部分是生物群落,正是通过其中生产者、消费者和分解者的相互作用构成了食物链、食物网等网络结构,才使得由绿色植物固定的来自非生物环境的物质和能量能不断地从一种生物转移到另一种生物,最终又回到环境中,形成物质循环及能量流动,同时还存在系统关系网络上一系列的信息交换。任何生态系统都在生物与环境的相互作用下完成能量流动、物质循环和信息传递的过程,以维持系统的稳定和繁荣。

**2. 生态系统的时空结构**

生态系统的时空结构也称生态系统的形态结构,是指各种生物成分或群落在空间上和时间上的不同配置和形态变化特征。例如,一个森林生态系统,其中植物、动物和微生物的种类与数量基本上是稳定的,它们在空间分布上具有明显的成层现象,即明显的垂直分布。时空的另一种表现是时间变化。同一个生态系统,在不同的时期或不同的季节,存在有规律的时间变化,无论是自然生态系统还是人工生态系统,都具有或简单或复杂的水平空间上的镶嵌性、垂直空间上的成层性和时间分布上的发展演替特征,即水平结构、垂直结构和时间结构。

### 3. 生态系统的营养结构

生态系统各组成部分之间,通过营养联系构成了生态系统的营养结构。生产者可向消费者和分解者分别提供营养,消费者也可向分解者提供营养,分解者又可把营养物质输出送给环境,由环境再供给生产者。这既是物质在生态系统中的循环过程,也是生态系统营养结构的表现形式。不同生态系统的成分不同,其营养结构的具体表现形式也会因之各异。

## 2.2.4 生态系统的类型与特征

### 1. 生态系统的类型

自然界中的生态系统是多种多样的,为研究方便起见,人们从不同角度把生态系统分成若干个类型。按环境中的水体状况,可把地球上的生态系统划分为水生生态系统和陆生生态系统两大类群。水生生态系统又划分为淡水生态系统和海洋生态系统。淡水生态系统包括江、河等流水生态系统和湖泊、水库等静水生态系统;海洋生态系统包括滨海生态系统和大洋生态系统等;陆生生态系统分为荒漠生态系统、草原生态系统、森林生态系统和冻原生态系统等。

按人为干预的程度划分,又可分为自然生态系统、半自然生态系统和人工生态系统。自然生态系统指没有或基本没有受到人为干预的生态系统,如原始森林、未经放牧的草原、人迹罕至的沙漠等;半自然生态系统指受到人为干预,但其环境仍保持一定自然状态的生态系统,如人工抚育过的森林、经过放牧的草原、养殖湖泊和农田等;人工生态系统指完全按照人类的意愿,有目的有计划地建立起来的生态系统,如城市、工厂、矿山、宇宙飞船和潜艇的密封舱等。

生态系统的大小,也可根据人们研究的需要而划定。所以,小到自然界中的一滴水,大到地球表面的生物圈,都可以称之为一个生态系统。也可以说,整个生物圈就是由无数个大大小小的生态系统组成的,每个生态系统则是自然界的基本结构单元。

生物群落是生态系统的核心,它赋予了了生态系统的生命特征,使生态系统成为一般系统的特殊形态,其组成、结构、功能等都具有不同于一般系统的特性。

(1) 整体性

生态系统是一个有层次的结构整体,从个体、种群、群落到生态系统随着层次升高,不断赋予系统新的内涵。但是各个层次都始终相互联系着,构成一种有层次的结构整体。自然生态系统中的生物与其环境因子经过长期的进化适应,逐渐建立了相互协调的关系,包括同种生物的种群密度调控、异种生物种群之间的数量调控,以及生物与环境之间的相互适应调控。这些调控又能通过反馈调节机制使生物与生物、生物与环境之间达到功能协调和动态平衡。

（2）开放性

任何生态系统都是开放性的系统,与周围环境有着千丝万缕的联系。一个生态系统的变化往往会影响到其他生态系统。生态系统的开放性具有两个方面的意义:一是使生态系统可为人类服务;二是人类可以对生态系统的物质和能量输入进行调控,改善系统的结构,增强其社会服务功能。

（3）区域分异性

生态系统都与特定的空间相联系,是包含一定地区和范围的空间概念,具有明显的区域分异性。海洋和陆地是两大类完全不同的生态系统;森林、草地、荒漠生态系统具有明显的区域分布特征;山地、草原、河湖、沼泽等不同的生态系统不仅其结构不同,而且同一类生态系统在不同的区域其结构和运行特点也不相同,造成了多种多样的生态系统。这种特点既为资源的多样性提供了基础,也为合理开发利用和保护增加了难度。

（4）动态变化性

任何一个生态系统总是处于不断发展、进化和演变之中。生态系统中,不仅生物随着时间变化具有产生、发展、死亡的变化过程,环境也处于发展变化和不断更替之中,从而使得生态系统与自然界的许多事物一样,具有发生、形成和发展的过程,具有发育、繁殖、生长和衰亡的特征,表现出鲜明的历史性特点和特有的整体演化规律。能引起生态系统变化的因素很多,有自然的,也有人为的。一般来说,自然因素对生态系统的影响多是缓慢的、渐进的,而人为的影响则多为突发的和毁灭性的。

**2. 生物种群之间的特征**

生物种群之间的关系,可以根据双方的利害得失,分为三种类型:正相互作用(一方得利或双方得利)、负相互作用(至少一方受害)、中性作用(对双方均无明显影响)。

（1）中性作用

两个或两个以上物种经常一起出现,但彼此间不发生任何关系,即相互无利也无害,这种特殊的种间关系称为中性作用。当群落中的一种资源高度集中在某一地点时,常同时吸引很多种动物前来利用,在这些动物之间常表现为中性现象。如一个水源总是同时吸引多种动物前来饮水,这些动物虽然经常一起出现,但彼此无利也无害。

（2）竞争作用

竞争是两个或多个种群争夺同一对象的相互作用。种间竞争的实质是几种生物为利用同一种有限资源所产生的相互抑制作用。竞争的对象可能是食物、空间、光、矿质营养等。竞争的结果可能是两个种群形成协调的平衡状态;或者一个种群取代另一个种群;或者一个种群将另一个种群赶到别的空间去,从而改变原生态系统的生物种群结构。

（3）偏害作用

偏害作用是指两个物种相处一起时,一个物种对另一个物种产生危害但其自身并不因此而获利或受到伤害。抗生现象(antibiosis)即属于偏害的范畴。抗生是一个物种通过分泌化学物质抑制另一个物种的生长和生存的现象,主要发生在细菌和真菌,但在某些高等植物和动物中也有发生。如三芒草,当它侵入一个新群落后便分泌酚酸,抑制土壤中的固氮菌和蓝绿藻的发育,使土壤中可利用的氮素减少,从而阻止其他需要硝酸盐且具有竞争能力的植物侵入。抗生现象也是许多农作物具有抗虫抗病性的基础。

（4）捕食作用

捕食是指某种生物消耗另一种生物的全部或部分身体,直接获得营养以维持自己生命的现象。广义的捕食是指所有高一营养级的生物取食和伤害低一营养级的生物的种间关系。前者称为捕食者（predator）,后者称为猎物（prey）。根据捕食者的食物类型可将其分为:

①以动物为食物的食肉动物;

②以植物为食物的食草动物;

③以动物和植物为食物的杂食动物。

（5）寄生作用

寄生物从宿主的体液、组织或已消化物质中获取营养,通常对宿主有一定的危害,这种关系称为寄生。寄生物与宿主之间的相互作用复杂多样,因此全面分析寄生物与宿主种群的相互状态必须考虑:

①各种寄生物对宿主的影响是不同的,寄生物对一些生物来说是致命性的,而对另一些生物无危害,其程度取决于寄生物的致病力和宿主的抵抗力;

②寄生物致病力和宿主抵抗力随着环境条件改变而变化;

③同一宿主同时会被若干种寄生物所危害,同一寄生物也危害不同宿主;

④宿主和寄生物的相互关系与其他生物、非生物因素有关。

寄生物和宿主之间也存在协同进化,常常使有害的"负作用"减弱,甚至演变成互利共生关系。

（6）偏利作用

偏利作用也称偏利共生,指共生的两种生物一方得利,而对另一方无害。偏利共生可以分长期性的和暂时性的,如某些植物以大树为附着物,借以得到适宜的阳光和其他生活条件,但并不从附着的树上吸取营养（即附生现象）。在一般情况下,附生植物对被附着的植物不会造成伤害,它们之间构成了长期性的偏利共生关系。但若附生植物太多,也会妨碍被附生植物的生长,可见,生物种间相互关系类型的划分并不是绝对的。暂时性的偏利共生是一种生物暂时附着在另一种生物体上以获得好处,但并不使对方受害。如林间的一些动物和鸟类,在植物上筑巢或以植物为掩蔽所等。

（7）互利共生

互利共生是指两个生物种群生活在一超,相互依赖,互相得益。共生的结果使得两个种群都发展得更好,互利共生常出现在生活需要极不相同的生物之间。如豆科植物与根瘤菌共生,豆科植物提供光合作用产物,供给根瘤菌以生活物质和能量,而根瘤菌可以固定空气中游离的氮素,改善豆科植物的氮素营养。

共生互利现象在动物消化道和细胞中也是常见的,如反刍动物的多室胃中具有细菌和原生动物,它们从反刍动物多室胃中获取养料,同时,能够发酵分解纤维素等动物不能直接消化的物质,并合成一些维生素,帮助反刍动物获取食物营养。

（8）原始协作

原始协作又称原始合作，是指两个生物种群生活在一起，彼此都有所得，但二者之间不存在依赖关系。例如，蟹与腔肠动物的结合，腔肠动物覆盖在蟹背上，蟹利用腔肠动物的刺细胞作为自己的武器和掩蔽的伪装，腔肠动物利用蟹为运载工具，借以到处活动，得到更多的食物。

# 2.3　生态系统的功能

地球上一切生命活动的存在完全依赖于生态系统的能量流动和物质循环，二者不可分割，缺一不可，紧密结合成一个整体，成为生态系统的动力核心。与生态系统物流和能流同时存在的是有机体之间的信息传递。信息的传递对生态系统进行即时的控制和调节，把各个组成部分联成一个有机整体。能量的单向流动、物质周而复始的循环、信息的传导与控制是一切生命活动的齿轮。生态系统的功能主要表现在生态系统具有一定的能量流动、物质循环和信息联系。食物链（网）和营养级是实现这些功能的保证。

## 2.3.1　食物链和营养级

### 1. 食物链

食物链（food chain）的概念是 1942 年美国生态学家林德曼首先提出来的，它是指生态系统中生物之间基于取食和被取食关系而形成的链状结构。自养生物将无机物质同化为有机物质，如蛋白质、碳水化合物等。这些有机物又是异养生物，即消费者的食物来源，而每一消费者又依次成为另一消费者的食物来源。消费者摄取食物也是获取能量的过程，因此生物之间存在能量和食物的依存关系。这种生物之间通过吃与被吃的关系联系起来的连锁结构就是食物链。根据能流发端、生物成员取食方式及食性的不同，可将生态系统中的食物链分为以下几种类型。

（1）捕食食物链

捕食食物链也称草牧食物链或活食食物链，是指由植物开始，到草食动物，再到肉食动物这样一条以活有机体为营养源的食物链。以生产者为基础，其构成形式是植物-食草动物-食肉动物，后者可以捕食前者。如在草原上，青草-野兔-狐狸-狼；在湖泊中，藻类-甲壳类-小鱼-大鱼。图 2.3 为某陆地生态系统食物链简图。

（2）腐食食物链

腐食食物链也称残渣食物链、碎屑食物链或分解链。该食物链以死亡的有机体（植物和动物）及其排泄物为营养源，通过腐烂、分解，将有机物质还原为无机物质。以动植物遗体为基础，由细菌、真菌等微生物或某些动物对其进行腐殖质化或矿化，如植物遗体-蚯蚓-线虫类-节肢动物。在这种食物链中，分解者起主要作用，故也称为分解链。一般，初级生产者属生产量高、转化效率低的生态系统，如森林生态系统等即以腐食链为主。在森林生态系统中，90% 的净生产是以腐食食物链消耗掉的。

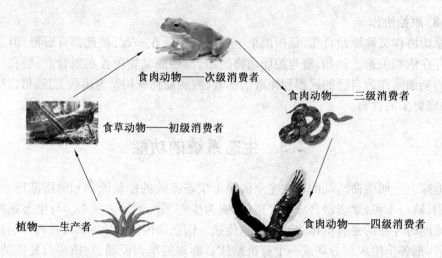

食肉动物——次级消费者

食肉动物——三级消费者

食草动物——初级消费者

植物——生产者

食肉动物——四级消费者

图2.3　某陆地生态系统食物链

（3）寄生食物链

寄生食物链是以活的动植物有机体为营养源，以寄生方式生存的食物链。寄生食物链往往是由较大生物开始，再到较小生物，个体数量也有由少到多的趋势。

（4）混合食物链

混合食物链是指在构成食物链的各链节中，既有活食性生物成员，又有腐食性生物成员。

（5）特殊食物链

世界上约有500种能捕食动物的植物，如瓶子草、猪笼草、捕蛇草等。它们捕捉小甲虫、蛾、蜂等，甚至青蛙。被诱捕的动物被植物分泌物分解，产生氨基酸供植物吸收，这是一种特殊的食物链。

**2. 营养级与生态金字塔**

食物链上的各个环节称为营养级(trophic level)。生产者为第一营养级，一级消费者为第二营养级，依次为第三营养级、第四营养级。食物链的加长不是无限制的，营养级一般只有4~5级。各营养级上的生物不会只有一种，凡在同一层次上的生物都属于同一营养级。由于食物关系的复杂性，同一生物也可能隶属于不同的营养级。

一般来说，食物链中的营养级不会多于5个，这是因为能量沿着食物链的营养级逐级流动时是不断减少的。根据热力学第二定律，当能量流经4~5个营养级之后，所剩下的能量已不足以维持一个营养级的生命了。

如果将生态系统中的每个营养级生物的个体数量、生物量或能量，按营养级的顺序由低到高排列起来，绘成结构图，就会成为一个金字塔形，称为生态金字塔。生态金字塔又可分为数量金字塔、生物量金字塔和能量金字塔。图2.4所示为某食物链生态金字塔。

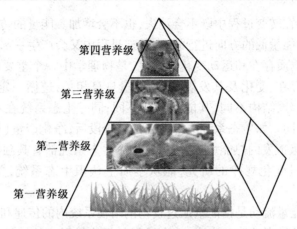

第四营养级

第三营养级

第二营养级

第一营养级

图 2.4　某食物链生态金字塔

### 2.3.2　能量流动

生态系统中全部生命活动所需要的能量最初均来自太阳。太阳能被生物利用,是通过绿色植物的光合作用实现的。光合作用的化学方程式为

$$6CO_2+12H_2O \xrightarrow{\text{叶绿素、光}} C_6H_{12}O_6+6H_2O+6O_2 \qquad (2.5)$$

在合成有机物的同时太阳能也转变为化学能储存在有机物中。通过食物链,在传递营养物质的同时,绿色植物体内储存的能量,依次传递给食草动物和食肉动物。动植物的残体被分解者分解时,又把能量传给了分解者。此外,生产者、消费者和分解者的呼吸作用都会消耗一部分能量,其消耗的能量被释放到环境中去,这就是能量在生态系统中的流动,如图 2.5 所示。

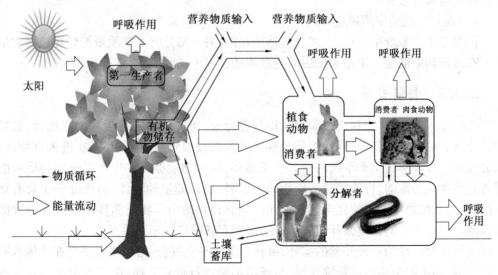

图 2.5　生态系统中的能量流动与物质循环

所有生物的各种生命活动都需要消耗能量,能量在流动过程中也会由一种形式转

变成另一种形式,在转变过程中既不会消失,也不会增加。能量的传递是按照从集中到分散,从能量高到能量低的方向进行的,在传递过程中又会产生一部无用能被释放。

能量是衡量物质存在和运动变化的量度,是物理学中一个重要的基本概念。生态系统中各组分的存在、变化及其发展,都与能量息息相关,遵循一定的能量变化规律。不同生态系统,组分、结构不同,其能量特征不同;同一生态系统在不同的发展演替阶段,能量特征也不同。如生态系统演替达到顶级阶段后,净化产量(固定于系统内的能量)减少,通过呼吸散发的热能增加,所以每一个生态系统都有其独特的能量特征。通过对生态系统能量变化规律的研究,能从本质上认识生态系统,并对其进行合理的调控。

生态系统的能量流动是指能量通过食物网络在系统内的传递和耗散过程。它始于初级生产者止于还原者功能的完成,整个过程包括能量形式的转变、能量的转移、利用和耗散。生态系统中能量流动和转化,严格遵守热力学第一定律和热力学第二定律。

生态系统中的能量流动总是借助于食物链和食物网来实现的,因此食物链和食物网便是生态系统中能流的渠道。生态系统能量流动具有以下三个特点。

(1)能量流动是单向的

太阳辐射能以光能的形式输入生态系统后,通过光合作用被植物所固定,此后不能再以光能的形式返回。自养生物被异养生物摄食后,能量就由自养生物流到异养生物体内,也不能再返回给自养生物。从总的能量流动途径而言,能量只是一次性流经生态系统,是不可逆的。

(2)能量在流动中不断递减

从太阳辐射能到生产者被固定,再经食草动物,到食肉动物再到大型食肉动物,能量是逐级递减的过程。

(3)能量在流动中质量逐渐提高

能量在生态系统中流动,一部分以热能耗散,另一部分将由低质量能转化成高质量能。在太阳辐射能输入生态系统后的能量流动过程中,能的质量是逐步提高的。

### 2.3.3 物质循环

生物从大气圈、水圈和土壤圈中获得营养元素,通过食物链在生物之间流动,最后由于分解者的作用复归于环境,部分元素又可重新被植物吸收利用,再次进入食物链,如此反复的过程称为生态系统的营养物质循环,简称物质循环。生态系统中物质和能量都是生物所必需的,物质是建造生物体的材料,也是能量的载体,物质分子中含有化学能,生态系统将可利用的化学能储存在高能有机物质中。物质循环中同时伴随着能量流动。生态系统的物质循环与能量流动之间有着密切的相互关系。

参与生命活动的各种元素的循环,可在三级水平上进行:第一级水平是在个体水平上进行的,即生物个体通过新陈代谢,与环境不断进行物质交换;第二级水平是在生态系统中进行的,即在生产者、消费者、分解者及环境之间进行的,这种循环也称为营养循环或生物循环;第三级水平是在生物圈中进行的,即在生物圈范围内的各个层圈中进行的,这种循环又称为生物地球化学循环。根据储库性质的不同,地球化学循环又可分为三种类型,即水循环、气态型循环和沉积型循环。气态型循环的主要储库是大气,元素在大气中以气态出现,如碳、氮的循环。沉积型循环的主要储库是土壤、岩石和地壳,元素以固态出现,如磷的循环。

### 2.3.4　信息传递

生态系统的信息传递又称信息流,是指生态系统中各生命成分之间及生命成分与非生命环境之间的信息流动与反馈过程。这些信息把生态系统各部分联系、协调成为一个统一整体。生态系统信息传递过程中同时伴随着一定的物质和能量的消耗,但信息传递不像物质流那样是循环的,也不像能量流那样是单向的,而往往是双向的,有从输入到输出的信息传递,也有从输出向输入的信息反馈。因此可以认为,整个生态系统中的能量流和物质流行为都是由信息决定的,而信息又寓于物质和能量的流动之中,物质流和能量流是信息流的载体。正是由于信息流的存在,自然生态系统的自动调节机制才能得以实现。

**1. 信息类型**

生态系统中生物的种类成千上万,包含的信息量非常庞杂,有来自植物、动物、微生物和人等不同类群的生物信息,也有非生物信息。从生态学角度分类,这些信息可分为营养信息、物理信息、化学信息和行为信息四大类。

（1）营养信息

在生态系统中,环境中的食物及营养状况会引起生物的生理、生化及行为变化,如食物短缺会引起生物迁徙,植物叶色是草食动物取食的信息,被捕食者的体重、肥瘦、数量是捕食者取食的依据。通过营养传递的形式,把信息从一个种群传递给另一个种群,或从一个个体传递给另一个个体,即为营养信息。实际上,食物链就是一个生物的营养信息系统,各种生物通过营养信息关系联系成一个互相依存和相互制约的整体。

（2）物理信息

生态系统中以物理过程为传递形式的信息称为物理信息,如光、色、声、热、电、磁等都是物理信息。这些信息对于生物而言,有的表示吸引,有的表示排斥,有的表示友好,有的表示恐吓。

（3）化学信息

生态系统的各个层次都有生物次生代谢产物参与的化学信息传递,协调各种功能,这种传递信息的化学物质通称为信息素。信息素一般都是分子质量不大、挥发性很强的化学物质,容易释放和传播。信息素以前称为外激素,但与激素的概念在来源和功能上都明显不同。激素是由内分泌器官分泌,在体内起调控作用的微量化学物质;信息素要分泌到体外,通过介质传播到环境中,影响同种其他个体的行为。生物释放的化学物质虽然量不多,但制约着生态系统内各种生物的相互关系。在个体内,通过激素或神经体液系统协调各器官的活动。在种群内部,通过种内信息素(又称外激素)协调个体之间的活动,以调节动物的发育、繁殖、行为,并可提供某些情报储存在记忆中。在群落内部,通过种间信息素(化学感应物质,又称异种外激素)调节种群之间的活动。

(4)行为信息

许多植物的异常表现和动物异常行动传递了某种信息,称为行为信息。这些信息有的表示识别,有的表示威胁、挑战,有的向对方炫耀自己的优势,有的则表示从属。

**2. 信息传递**

生态系统中的生物以不同方式进行信息传递:有的从外形相貌上显示其引诱或驱避作用;有的在内部生理上蕴涵其抑制、毒杀作用;有的从行为方面进行通信联系等。生态系统中的信息流不仅是各基本组分间的流动,而且包括个体、种群、群落等不同水平的信息流动;生态系统所有层次、生物的各分类单元及其各部分都有特殊的信息联系。正是这种信息流,使生态系统产生了自动调节机制,赋予了生态系统以新的特点。

生态系统信息流动是一个复杂的过程:一方面信息流动过程总是包含生产者、消费者和分解者这些亚系统,每个亚系统又包含更多的系统;另一方面,信息在流动过程中不断地发生复杂的信息转换。归纳起来,信息流动有 6 个基本的过程环节,包括信息的产生、获取、传递、处理、再生和施效。

### 2.3.5 生物量生产

生态系统的生产是植物将太阳辐射能转变为化学能,再经过动物的生命活动转化为动物能的过程。生物量生产是生态系统物质循环和能量流动的具体表现,是生态系统的基本特征之一。生物生产常分为个体、种群和群落等不同层次,也可分为植物性生产和动物性生产两大类。

## 2.4 生态平衡

### 2.4.1 生态平衡

如果某生态系统各组成成分在较长时间内保持相对协调,物质和能量的输入输出接近相等,结构与功能长期处于稳定状态,在外来干扰下,能通过自我调节恢复到最初的稳定状态,则这种状态可称为生态平衡(ecological balance)。也就是说,生态平衡应包括三个方面,即结构上的平衡、功能上的平衡以及输入和输出物质数量上的平衡。

生态平衡是动态平衡,不是静态平衡,生态系统的各组成成分会不断地按照一定的规律运动或变化,能量会不断地流动,物质会不断地循环,整个系统都处于动态平衡之中。在自然条件下,生态系统总是朝向种类多样化、结构复杂化和功能完善化的方向发展,直到生态系统达到成熟的最稳定状态为止。

衡量一个生态系统是否处于生态平衡状态,可以从三个方面进行考察:

①时空结构上的有序性。表现在空间有序性上是结构有规则地排列组合,表现在时间有序性上是生命过程和生态系统演替发展的阶段性、功能的延续性和节奏性。

②能流和物流的收支平衡。系统既不是入不敷出,造成亏空;又没有入多出少,导

致污染和浪费。

③系统自我修复、自我调节功能强。

### 2.4.2  保持生态平衡的因素

**1. 生态平衡的基础**

生态系统之所以能够维持相对稳定或动态平衡,是因为生态系统本身具有自动调节的能力,是由生态学的基本规律决定的。但是任何一个生态系统的调节能力都是有限的,外部冲击或内部变化超过了这个限度,生态系统就可能遭到破坏,这个限度称为生态阈值(ecological threshold)。掌握各生态系统的生态阈值,才能更充分更合理地利用自然和自然资源。

(1)相互依存与相互制约规律

相互依存与相互制约反映了生物间的协调关系,是构成生物群落的基础。生物间的这种协调关系主要分为两类。

①普遍的依存与制约,也称"物物相关"规律。有相同生理、生态特性的生物,占据与之相适宜的小生境,构成生物群落或生态系统。系统中不仅同种生物相互依存、相互制约,异种生物(系统内各部分)间也存在相互依存与制约的关系;不同群落或系统之间,也同样存在相互依存与制约关系,即彼此影响。这种影响有些是直接的,有些是间接的,有些是立即表现出来的,有些需滞后一段时间才显现出来。总之,生物间的相互依存与制约关系,无论在动物、植物和微生物中,或在它们之间,都是普遍存在的。

②通过"食物"而相互联系与制约的协调关系,也称"相生相克"规律。具体形式就是食物链与食物网,每一种生物在食物链或食物网中都占据一定的位置,并具有特定的作用。各生物种之间相互依赖、彼此制约、协同进化。生物体间的这种相生相克作用,使生物保持数量上的相对稳定,这是生态平衡的一个重要方面。

(2)物质循环转化与再生规律

生态系统中植物、动物、微生物和非生物成分,借助能量的不停流动,一方面不断地从自然界摄取物质并合成新的物质,另一方面又随时分解为原来的简单物质,即所谓"再生",重新被植物所吸收,进行着不停顿的物质循环。

(3)物质输入输出的动态平衡规律

物质的输入输出平衡涉及生物、环境和生态系统三个方面。当一个自然生态系统不受人类活动干扰时,生物与环境之间的输入与输出是相互对立的关系,生物体进行输入时,环境必然进行输出,反之亦然。生物体一方面从周围环境摄取物质,另一方面又向环境排放物质,以补偿环境的损失。也就是说,对于一个稳定的生态系统,无论对生物、对环境,还是对整个生态系统,物质的输入与输出总是相对平衡的。当生物体的输入不足时,生长就会受到影响,生物量下降。如果输入过量,生物体就会出现奢侈吸收或富集现象,如果摄入的是有害物质(如农药、重金属、难降解有机物等),就会对生物体造成毒害或对食物链造成危害。另外,对环境系统而言,如果营养物质输入过多,超出了环境容纳量,也会打破原有平衡,导致生态系统退化和异化,如水体富营养化现象。

（4）生物与环境的协同进化规律

生物与环境之间存在作用与反作用的过程，或者说，生物给环境以影响，反过来环境也会影响生物。如植物从土壤环境中吸收水分和养分的过程受环境特性的影响，植物的生命活动也会反过来影响土壤环境性质。生物体之间（如捕食者和猎物）的相互影响和相互制约更为突出。生态系统内各因子之间的这种相互作用将最后获得协同进化的结果。

（5）环境资源的有效极限规律

作为生物赖以生存的各种环境资源，在质量、数量、空间和时间等方面，在一定条件下都是有限的，不可能无限制地供给，因而任何生态系统的生物生产力通常都有一个大致的上限。当外界干扰超过生态系统的忍耐极限时，生态系统就会被损伤、破坏，以致瓦解。

**2. 生态系统平衡的调节机制**

当生态系统中某一部分发生改变而引起不平衡，可依靠生态系统的自我调节能力，使其进入新的平衡状态。生态系统平衡的调节主要通过系统的反馈机制、抵抗力和恢复力来实现。

（1）反馈机制

反馈分正反馈和负反馈。正反馈可使系统更加偏离平衡位置，不能维持系统的稳态。生物的生长，种群数量的增加等都属于正反馈。要使系统维持稳态，只有通过负反馈机制，就是系统的输出变成了决定系统未来功能的输入。种群数量调节中，密度制约作用是负反馈机制的体现。负反馈的意义就在于通过自身的功能减缓系统内的压力，以维持系统的稳态。

（2）抵抗力

抵抗力是自然生态系统具有抵抗外来干扰并维持系统结构和功能原状的能力，是维持生态平衡的重要途径之一。抵抗力和自我调节能力与系统发育阶段的状况有关，种类复杂、物流及能流复杂的生态系统，比那些简单生态系统的生物种类，抵抗干扰和自我调节的能力要强得多，因而更稳定。环境容量、自净作用等都是系统抵抗力的表现形式。

生态系统抵抗干扰和自我调节能力是有限度的，当干扰超过某一临界值时，系统的平衡就遭到破坏，甚至会产生不可逆转的解体或崩溃。这一临界值在生态学中被称为生态阈值（ecological equilibrium threshold limit），在环境科学中称为环境容量，其值大小与生态系统的类型有关，还与外来干扰因素的性质、作用方式及作用持续时间等因素密切相关。

（3）恢复力

恢复力是生态系统遭受外界干扰破坏后，系统恢复到原状的能力。一般来说，生态系统中恢复力强的生物其生活世代短，结构比较简单。如杂草生态系统遭受到破坏后恢复速度要比森林生态系统快得多。生物生活世代长、结构复杂的生态系统，一旦遭到破坏长期难以恢复。抵抗力和恢复力是生态系统稳定性的两个方面，两者正好相反，抵抗力强的生态系统其恢复力一般较弱,反之亦然。

**3. 生态平衡的意义**

生态系统平衡反映出生物主体与其环境之间具有良好的综合协调性,具有较强的抗逆性、稳定性、自我修复性和调节能力,这是维持自然生态系统正常功能的基础。当把人类自身作为生态系统(生物圈)的一个部分考虑时,生态平衡则意味着人与自然的和谐统一,社会-经济-生态-环境大系统的协调与可持续发展。然而,如果将生态系统概念限定于自然界,则需要指出的是,生态平衡对人类来说并不总是有利的。例如,自然界的顶极群落是很稳定的生态系统,处于生态平衡状态,但它的净生产量很低,而人类不能从中获取"净产量"。而与自然系统相比较农业生态系统是很不稳定的,但它能给人类提供大量的农畜产品,它的平衡与稳定需靠人类的外部投入来维持。

### 2.4.3　生态平衡失调的特征标志

生态系统的平衡是相对的,不平衡是绝对的。掌握生态平衡失调的特征和标志,对于生态系统平衡的恢复、再建和防止生态系统平衡的严重失调,是至关重要的。下面介绍干扰破坏生态平衡的两个标志:一是损坏生态系统的结构,导致系统的功能降低;二是引起生态系统的功能衰退,导致系统的结构解体。

**1. 结构上的标志**

生态平衡的失调,首先表现在结构上,包括一级结构缺损和二级结构变化。

生态系统的一级结构是指生态系统的各组成成分,即生产者、消费者、分解者和非生物成分组成的生态系统的结构。当组成一级结构的某一种或几种成分缺损时,即表明生态平衡失调。如一个森林生态系统由于毁林开荒,以及由此产生的水土流失,使原有生产者消失,造成各级消费者栖息地被破坏,食物来源枯竭,各级消费者必将被迫转移或消失,分解者也会因生产者和消费者残体大量减少而减少,最终导致该森林生态系统产生崩溃。

生态系统的二级结构是指生产者、消费者、分解者和非生物成分各自的组成结构,如各种植物种类组成生产者的结构,各种动物种类组成消费者的结构等。二级结构变化即指组成二级结构的各种成分发生变化,如一个草原生态系统经长期超载放牧,使嗜口性的优质草类大大减少,有毒的、带刺的劣质草类增加,草原生态系统的生产者种类改变,即二级结构发生变化,并导致该草原生态系统载畜量下降,持续下去,该草原生态系统将会崩溃。

**2. 功能上的标志**

生态平衡失调表现在功能上的标志,是指能量流动受阻和物质循环中断。

能量流动受阻是指能量流动在某一营养级上受到阻碍,如森林生态系统的森林遭到破坏后,生产者对太阳能的利用会大大减少,能量流动在第一营养级上受到阻碍,该系统将因对太阳能利用的减少,导致生态平衡失调。

物质循环中断是指物质循环在某一环节上中断,例如,在草原生态系统中,枯枝落叶和牲畜粪便被微生物等分解者分解后,把营养物质重新归还给土壤,供生产者利用,这是保持草原生态系统物质循环的重要环节,但如果把枯枝落叶和牲畜粪便用做燃料烧掉,就使营养物质不能归还土壤,造成物质循环中断,长期下去,土壤肥力必然下降,草本植物生产力随之降低,生态平衡失调。

### 2.4.4　引起生态平衡失调的因素

生态平衡的破坏有自然因素和人为因素之分。

**1. 自然因素**

自然因素主要是指自然界发生的异常变化或自然界本来就存在的对人类和生物有害的因素,如地壳运动、海陆变迁、冰川活动、火山爆发、山崩、海啸、水旱灾害、地震、台风、雷电火灾及流行病等。自然因素对生态系统的破坏是严重的,甚至可能是毁灭性的,并具有突发性的特点。如果自然灾害是偶发性的,或者是短暂的,尤其是在自然条件比较优越的地区,灾变后靠生态系统的自我恢复、发展,即使是从最低级的生态演替阶段开始,经过相当长时期的繁衍生息,还是可以恢复到破坏前的状态。如果自然灾害持续时间较长,而自然环境又比较恶劣,则可能造成自然生态系统彻底毁灭,甚至不可逆转,如沙漠和荒漠的形成。然而综观全局,自然因素造成生态平衡的破坏,多数是局部的、短暂的、偶发性的,常常是可以恢复的。由这类原因引起的生态平衡的破坏称为第一环境问题。

**2. 人为因素**

人为因素是引起生态平衡失调的主要原因,由人为因素引起生态平衡的破坏又称为第二环境问题。具体表现以下三个方面:

(1)使环境因素发生改变

人为活动使环境因素发生改变,一个重要方面是人们向环境中输入大量的污染物质,使环境质量恶化,产生近期效应或远期效应,使生态平衡失调或破坏。另一方面是对自然和自然资源的不合理利用,如不合理地毁林开荒,不合理地围湖造田等。

(2)使生物种类发生改变

一个生态系统中如果增加一个物种,就有可能使生态平衡遭受破坏。例如,美国在1929年开凿的韦兰运河,把内陆水系与海洋沟通,八目鳗鱼进入内陆水系后,使鳟鱼年产量由$2 \times 10^7 kg$减少到$0.5 \times 10^4 kg$,严重破坏了水产资源。在一个生态系统中减少一个物种,也可能使生态平衡遭受破坏。例如,我国20世纪50年代曾大量捕杀过麻雀,致使有些地区出现了严重的虫害,这就是由于害虫的天敌——麻雀被捕杀所带来的直接后果。

(3)信息系统的破坏

各种生物种群依靠彼此的信息联系,才能保持集群性,才能正常地繁殖。如果我们人为地向环境中施放某种物质,破坏了某种信息,就可能使生态平衡遭受破坏。有些雌性昆虫在繁殖时将一种体外激素——性激素,排放于大气中,有引诱雄性昆虫的作用。

如果人们向大气中排放的污染物与这种激素发生化学反应,性激素失去引诱雄性昆虫的作用,昆虫的繁殖就会受到影响,使种群数量下降,甚至消失。

### 2.4.5　生态学在环境保护中的应用

#### 1. 水体净化

水体污染的生物净化,是利用水生生物对污染物的吸收、同化和降解功能,使水体环境得以净化。例如,利用水生植物和藻类共生的氧化塘处理生活污水和工业废水,可取得较好的效果。水生植物可通过吸附、吸收、积累和降解,净化水体中的有机污染物和重金属。许多水生植物能吸收水中有害物质,如 100 g 鲜芦苇在 24 h 内能将 8 mg 酚代谢为 $CO_2$。凤眼莲、绿萍、菱角等能吸收水中的汞、镉等重金属。另外,利用水生生物吸收氮、磷元素进行代谢活动可去除水中营养物质。利用氧化塘净化污水,实际上就是建立一个人工生态系统。在好氧塘中好氧微生物可以把污水中的有机物分解成 $CO_2$,$H_2O$,$NH_3$ 和 $PO_4^{3-}$ 等,藻类以此作为营养物质大量繁殖,其光合作用释放出的 $O_2$ 提供了好氧微生物生存的必要条件,而其残体又被好氧微生物分解利用。

土壤污染的生物净化主要通过植物根系的吸收、转化、降解和合成,以及土壤中细菌、真菌和放线菌等微生物区系对污染物的降解、转化和生物固定作用来净化。实际上,污染物进入土壤后,土壤的自净作用使其数量和形态发生变化,而使毒性降低甚至消除。土壤自净能力的高低既与土壤的理化性质,如土壤黏粒、有机质含量、土壤温湿度、pH 值、阴阳离子的种类和含量等有关,又受土壤微生物种类和数量的限制。对于一部分种类的污染物,如重金属、某些大分子有机化合物等,其毒害很难被土壤的自净能力所消除,可以通过筛选和培育对污染物有超强吸收能力的超积累植物,或强降解能力的工程微生物来实现污染净化的目标。

#### 2. 为制定环境容量和环境标准提供依据

要切实有效地加强环境保护工作,对已经污染的环境进行治理,对尚未污染的环境加强保护,就必须制定国家和地区的环境标准。环境标准的制定,又必须以环境容量为主要依据之一。所谓环境容量是指环境对污染物的最大允许量,也就是环境在生态和人体健康阈限值以下所能容纳的污染物的总量。从这个意义出发,环境容量的制定是以污染物对生物、生态系统或人体健康阈限值作为依据的。只有通过对生态学的研究,提供污染物质对生物、生态系统或人体健康的阈限值,才能制定出特定污染物质的环境容量,进而制定出该种污染物质的环境标准。

#### 3. 利用人工生态系统开展环境污染防治研究

这里所指的人工生态系统是试验用的一种手段。它是根据自然生态系统的结构和功能设计的,在人工控制条件下的人为生态系统,有时称为模拟生态系统、实验生态系统、微型生态系统或微宇宙等。

人工生态系统的特点是把生态系统复杂的结构和功能加以简化,如只选择某一食物链,或食物链上的某种或某几种代表性环节,构成试验性的生态系统,以便进行科学研究。它一般比所模拟的真实生态系统规模较小,时间较短,以突出环境污染因素的作用。当前,人工生态系统已用于野外观测对比研究、污染对生物群落的影响研究、受干扰环境质量变化的预测预报研究、环境污染物生态毒理研究,以及污染防控理论与技术研究等方面。

## 2.5　复合生态平衡

由于人类活动的深刻影响,当代环境污染、生态失调和自然灾害加重等环境问题不断涌现和加剧,并且越来越多的实践和经验证明,环境问题的解决必须注重预防为主,防患于未然,否则损失巨大,后果严重。环境本身是一个由社会、经济、自然组成的复杂系统,我国著名生态学家马世骏教授于 1981 年提出复合生态系统理论,指出当今人类赖以生存的社会、经济、自然是一个复合大系统的整体。社会是经济的上层建筑;经济是社会的基础,又是社会联系自然的中介;自然则是整个社会、经济的基础,是整个复合生态系统的基础。以人的活动为主体的系统,如农村、城市及区域,实质上是一个由人的活动的社会属性以及自然过程的相互关系构成的自然−经济−社会复合生态系统,如图 2.6 所示。

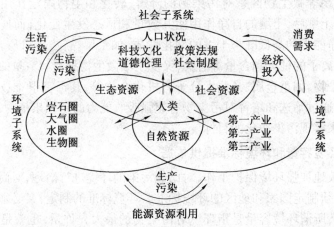

图 2.6　自然−经济−社会复合生态系统

### 2.5.1　复合生态系统的结构与功能

**1. 复合生态系统的结构**

自然、经济、社会三个相互作用相互依赖的子系统共同构成一个庞大的复合生态系统。自然子系统以生物结构及物理结构为主线,以生物环境的协同共生及环境对人类生活的支持、缓冲及净化为特征,它是复合生态系统的自然物质基础。社会子系统以人口为中心,包括年龄结构、智力结构和职业结构等,通过产业系统将其组成高效的社会组织。经济子系统和物质的输入输出,产品的供需平衡以及资金积累速率与利润,是促进社会进步和环境保护的必要条件。这些子系统之间是相互联系相互制约的关系,既构成复合生态系统的结构,又决定着复合生态系统的运行和发展规律。

另一方面,复合生态系统作为一个生态系统也是由无机环境、生产者、消费者和分解者组成的综合体。在各组成部分之间,通过物质循环和能量转化密切地联系在一起,且相互作用,互为条件,互相依存。

**2. 复合生态系统的功能**

系统的结构与功能是相辅相成的,复合生态系统的功能可归纳为:

(1)生产

生产即为社会提供丰富的物质和信息产品。自然为社会提供了原始的物质和物质生产条件,而人类则利用越来越发达的科学技术来丰富和改善它们,提高自然的生产力。但值得注意的是在这个过程中,也生产出了许多对社会、对自然无用甚至有害的物质,充塞本已十分拥挤和脆弱的环境。

(2)生活

生活即为人类提供方便的生活条件和舒适的栖息环境。人类在生存过程中,不断地提高自己的生活水平,从居住洞穴到住高楼大厦,从步行到乘坐汽车、飞机等,都说明生活水平的提高。但由生产而产生的空气污染,资源破坏等环境问题,又阻碍了人类生活质量的提高。

(3)还原

还原即保证城乡自然资源的永续利用和社会、经济、环境的协调持续发展。复合生态系统保证了生产和生活这两个功能的持续,防止地球的"一次性利用"式的发生。但是,随着人类社会的发展,系统还原功能受到了很大的挑战。例如,难降解物质的大量生产和使用,生态系统的破坏等,都是系统还原功能的不利因素。

(4)信息传递

信息传递是人类一方面利用生物与生物,生物与环境的信息传递来为人类服务;另一方面,人类还可以应用现代科学技术,操纵生态系统中生物的活动,按照人类社会需要的方向发展。

## 2.5.2　复合生态系统的特性

复合生态系统具有人工性、脆弱性、可塑性、高产性、地带性和综合性等特性。它们给环境规划的编制和实施提供了可能。组成复合生态系统的三个子系统,均有各自的特性,社会系统受人口政策及社会结构的制约,文化、科学水平和传统习惯都是分析社会组织和人类活动相互关系必须考虑的因素。价值高低通常是衡量经济系统结构与功能适宜与否的指标。自然界为人类生产提供的资源,随着科学技术的进步,在量与质方面都将不断扩大,但是是有限度的。矿产资源属于非再生资源,不可能永续利用。生物资源是再生资源,但在提高周转率和大量繁殖中,也受到时空因素及开发方式的限制。生态学的基本规律要求系统在结构上要协调,功能方面要在平衡基础上进行循环不已的代谢与再生,违背生态规律的生产管理方式将给自然环境造成严重的负担和损害。

复合生态系统的三个子系统之间具有互为因果的制约与互补关系。稳定的经济发展需要有持续的自然资源供给,良好的工作环境和不断的技术更新。大规模的经济活动必须依赖于高效的社会组织、合理的社会政策,方能取得相应的经济效果;反过来,经济的振兴必然促进社会的发展,增加积累,提高人类的物质生活和精神生活,促进社会对自然环境的保护和改善。

人类社会的经济活动,涉及生产加工、运输及供销。生产与加工所需的物质与能源依赖自然环境供给;消费后的剩余物质又返回给自然界,通过自然环境中物理的、化学的与生物的再生过程,再次供给人类生产、生活的需要。人类生产与加工的产品数量受到自然资源可能提供的数量的制约。此类产品数量是否能满足人类社会的需要,做到供需平衡,并且取得一定的经济效益,则决定于生产过程和消费过程的成本、有效性及利用率。并由于在生产和消费过程中,必然存在资源的浪费和各种废物、污染物的产生,影响自然环境进而影响人类的生活质量,迫使人类进行环境治理工作。很显然,在这些循环不已的动态过程中,科学技术将发挥重要作用。因此,在成本核算和产品价值方面通常把科技及环境效益也计算在内。

在复合生态系统中,最活跃的积极因素是人,最强烈的破坏因素也是人。因而它是一类特殊的人工生态系统,兼有复杂的社会属性和自然属性两方面的内容。人是社会经济活动的主人,以其特有的文明和智慧驱使大自然为自己服务,使其物质文化生活水平以正反馈为特征持续上升;另一方面,人毕竟是大自然的一员,其一切宏观性质的活动,都不能违背自然生态系统的规律,都受到自然条件的负反馈约束和调节。因此,人类违背自然规律,破坏自然环境的一切活动,都将受到自然界的报复和惩罚。

环境保护是我国经济生活中的重要组成部分,它与经济活动和社会活动有密切的联系,必须将环境保护纳入国民经济和社会发展计划之中,进行综合平衡,才能得以顺利进行。而环境规划就是环境保护的行动计划,为了便于纳入国民经济和社会发展计划,对环境保护的目标、指标、项目和资金等方面都需要经过科学论证和精心规划;并且在规划过程中必须掌握复合生态系统的特征,并自觉采取相应的措施,使制定的环境规划能达到其目的和发挥其作用。

### 2.5.3　复合生态系统内部的四个主要矛盾

人类活动对复合生态系统的任何一个子系统,任何一个功能造成影响,都将干扰系统的运行机制及状态,进而破坏复合生态系统。当前人类与自然环境之间,即社会-经济-自然复合生态系统内部存在四个主要矛盾。

**1. 生态环境的相对稳定性与急剧变化的矛盾**

生态环境的相对稳定性与急剧变化的矛盾,也就是说,人类生活对自然生态环境条件的相对稳定性的要求与当前自然生态环境急剧变化的矛盾。科学日益发达,人们急剧地开发自然资源,同时也急剧地改变着大气、水体、气候和食物的成分等。如此急剧地变化是人类历史发展过程中从未遇见过的。因此,人类急剧地改变自然环境的活动,很可能会反过来威胁着人类的生存和发展。

**2. 自然环境的快速性与缓慢性的矛盾**

自然环境的快速性与缓慢性的矛盾,也就是说,人类改变自然环境的快速性与自然环境恢复和调节的缓慢性之间的矛盾。人类可以在较短时间内创造高峡出平湖,良田建工厂,荒野起新城。但是,生态环境一经破坏就改变了原来的相对稳定性,就很难预测这种改变会带来什么后果,很难恢复和建立新的平衡。

**3. 资源的有限性与无限性的矛盾**

资源的有限性与无限性的矛盾,也就是说,地球上蕴藏的矿产和地下水资源等的有限性与人类的需要及开采能力的无限性之间的矛盾。地球上有用的矿产资源的形成需要上千万年,而科学技术日益进步的今天,开采和利用的速度是惊人的。如不考虑节约能源,利用太阳能或使能源多次利用和建设再生能源等,有朝一日势必会把这些资源用光。

**4. 地球体积有限性与人口发展无限性的矛盾**

地球的体积是有限的,生产的物质也是有一定限度的,而人口的增长如果是无计划的无限的,这也是一对很大的矛盾。如果任人口急增,人均土地越来越少,生态环境必然急剧变化,人类将如何生存?例如,在全世界范围内,由于大面积破坏森林,大量施用农药、化肥,不合理开垦、随意破坏耕地等,使农业环境恶化,大大破坏生态平衡。农药残毒对环境的污染和在食物链中的积累,也大大威胁人类的安全,影响人们的健康。

由此可见,促进环境与经济、社会的协调发展,把保障环境保护的法律法规纳入经济和社会发展规划中,合理分配和完成排污减污,有效地保障促进各种环境保护的规划落到实处;并且做到规划从社会、经济、自然三个子系统的结构和功能入手,探索各子系统之间相关联的方式、范围及紧密程度,改善复合生态系统的运行机制,保证社会、经济、自然三个子系统之间的良性循环,实现可持续发展。

# 2.6 生态文明

## 2.6.1 生态文明

生态文明是人类文明发展的重要组成部分,即工业文明之后的世界伦理社会化的文明形态;生态文明是人类遵循人、自然、社会和谐发展这一客观规律而取得的物质与精神成果的总和,是人类社会进步的标志;生态文明是以人与自然、人与人、人与社会和谐共生、良性循环、全面发展、持续繁荣为基本宗旨的文化伦理形态。从人与自然和谐的角度,吸收十八大成果的定义是:生态文明是人类为保护和建设美好生态环境而取得的物质成果、精神成果和制度成果的总和,是贯穿于经济建设、政治建设、文化建设、社会建设全过程和各方面的系统工程,反映了一个社会的文明进步状态。它是对人类长期以来主导人类社会的物质文明的反思,是对人与自然关系历史的总结和升华。其内涵具体包括以下几个方面:

**1. 人与自然和谐的文化价值观**

树立符合自然生态法则的文化价值需求,体悟自然是人类生命的依托,自然的消亡必然导致人类生命系统的消亡,尊重生命、爱护生命并不是人类对其他生命存在的施舍,而是人类自身进步的需要,把对自然的爱护提升为一种不同于人类中心主义的宇宙情怀和内在精神信念。

**2. 生态系统可持续前提下的生产观**

遵循生态系统是有限的、有弹性的和不可完全预测的原则,人类的生产劳动要节约和综合利用自然资源,形成生态化的产业体系,使生态产业成为经济增长的主要源泉。物质产品的生产,在原料开采、制造、使用至废弃的整个生命周期中,对资源和能源的消耗最少、对环境影响最小、再生循环利用率最高。

**3. 满足自身需要又不损害自然环境的消费观**

提倡"有限福祉"的生活方式,人们的追求不再是对物质财富的过度享受,而是一种既满足自身需要、又不损害自然,既满足当代人的需要、又不损害后代人需要的生活。这种公平和共享的道德,成为人与自然、人与人之间和谐发展的规范。

300年的工业文明以人类征服自然为主要特征,世界工业化的发展使征服自然的文化达到极致。一系列全球性生态危机说明地球再没能力支持工业文明的继续发展。需要开创一个新的文明形态来延续人类的生存,这就是生态文明。如果说农业文明是"黄色文明",工业文明是"黑色文明",那生态文明就是"绿色文明"。生态指生物之间以及生物与环境之间的相互关系与存在状态,亦即自然生态。自然生态有着自在自为的发展规律,人类社会改变了这种规律,把自然生态纳入到人类可以改造的范围之内,这就形成了文明。

首先是伦理价值观的转变。西方传统哲学认为,只有人是主体,生命和自然界是人的对象;因而只有人有价值,其他生命和自然界没有价值;因此只能对人讲道德,无须对其他生命和自然界讲道德。这是工业文明人统治自然的哲学基础。生态文明认为,不仅人是主体,自然也是主体;不仅人有价值,自然也有价值;不仅人有主动性,自然也有主动性;不仅人依靠自然,所有生命都依靠自然。因而人类要尊重生命和自然,人与其他生命共享一个地球。无论是马克思主义的人道主义,还是中国传统文化的天人合一,还是西方的可持续发展,都说明生态文明是一个人性与生态性全面统一的社会形态。这种统一不是人性服从于生态性,也不是生态性服从于人性,用今天的话说,以人为本的生态和谐原则即是每个人全面发展的前提。

其次是生产和生活方式的转变。工业文明的生产方式,从原料到产品到废弃物,是一个非循环的生产;生活方式以物质主义为原则,以高消费为特征,认为更多地消费资源就是对经济发展的贡献。生态文明却致力于构造一个以环境资源承载力为基础、以自然规律为准则、以可持续社会经济文化政策为手段的环境友好型社会。实现经济、社会、环境的共赢,关键在于人的主动性。人的生活方式就应主动以实用节约为原则,以适度消费为特征,追求基本生活需要的满足,崇尚精神和文化的享受。

## 2.6.2　生态文明与中华文明

中华文明是工业文明的迟到者,绝不能再成为生态文明的迟到者。中华文明的基本精神与生态文明的内在要求基本一致,从政治社会制度到文化哲学艺术,无不闪烁着生态智慧的光芒。生态伦理思想本来就是中国传统文化的主要内涵之一。

中国儒家主张"天人合一",其本质是"主客合一",肯定人与自然界的统一。所谓"天地变化,圣人效之","与天地相似,故不违","知周乎万物,而道济天下,故不过"。儒家肯定天地万物的内在价值,主张以仁爱之心对待自然,体现了以人为本的价值取向和人文精神。正如《中庸》里说:"能尽人之性,则能尽物之性;能尽物之性,则可以赞天地之化育;可以赞天地之化育,则可以与天地参矣。"

中国道家提出"道法自然",强调人要以尊重自然规律为最高准则,以崇尚自然效法天地作为人生行为的基本皈依。强调人必须顺应自然,达到"天地与我并生,而万物与我为一"的境界。庄子把一种物中有我,我中有物,物我合一的境界称为"物化",也是主客体的相融。这与现代环境友好意识相通,与现代生态伦理学相合。

中国佛家认为万物是佛性的统一,众生平等,万物皆有生存的权利。《涅槃经》中说:"一切众生悉有佛性,如来常住无有变异。"佛教正是从善待万物的立场出发,把"勿杀生"奉为"五戒"之首,生态伦理成为佛家慈悲向善的修炼内容。

中国历朝历代都有生态保护的相关律令。如《逸周书》上说:"禹之禁,春三月,山林不登斧斤。"因为春天树木刚刚复苏。什么时候砍伐呢?《周礼》上说:"草木零落,然后入山林。"除保护生态外,还要避免污染。比如"殷之法,弃灰于公道者,断其手。"把灰尘废物抛弃在街上就要斩手,虽然残酷,但重视环境决不含糊。

常有人用《周易》中"自强不息"和"厚德载物"来表述中华文明精神,这与生态文明的内涵一致。中华文明精神是解决生态危机、超越工业文明、建设生态文明的文化基础。一些西方生态学家提出生态伦理应该进行"东方转向"。1988 年,75 位诺贝尔奖得主集会巴黎,会后得出的结论是:"如果人类要在 21 世纪生存下去,必须回到两千五百年前去吸取孔子的智慧。"

生态文明的含义可以从广义和狭义两个角度来理解。从广义角度来看,生态文明是人类社会继原始文明、农业文明、工业文明后的新型文明形态。它以人与自然协调发展作为行为准则,建立健康有序的生态机制,实现经济、社会、自然环境的可持续发展。这种文明形态表现在物质、精神、政治等各个领域,体现人类取得的物质、精神、制度成果的总和。

从狭义角度来看,生态文明是与物质文明、政治文明和精神文明相并列的现实文明形式之一,着重强调人类在处理与自然关系时所达到的文明程度。

生态文明观的核心是从"人统治自然"过渡到"人与自然协调发展"。在政治制度方面,环境问题进入政治结构、法律体系,成为社会的中心议题之一;在物质形态方面,创造了新的物质形式,改造传统的物质生产领域,形成新的产业体系,如循环经济、绿色产业;在精神领域,创造生态文化形式,包括环境教育、环境科技、环境伦理、提高环境保护意识。

# 思考题

1. 何谓生态系统?
2. 简述生态系统的组成。
3. 简述生态系统的功能特性。
4. 何谓生态平衡?试举出所知的破坏生态平衡的例子。
5. 简述生态监测与生物评价的特点。
6. 生态农业与一般农业有哪些区别?
7. 如何科学看待转基因食品?

# 第3章 人口、环境与可持续发展战略

**内容提要** 伴随着人口的激增和环境的破坏,人类越来越渴望健康绿色的生活环境。在人类影响环境的诸多因素中,人口是最重要、最根本的因素。随着人口的增长和人口的高度集中(城市化),人类的生产和生活活动对环境的影响日益严重,突出表现在城市环境恶化、江河湖海污染和自然生态的破坏等方面。人口膨胀和环境恶化正在困扰着我们人类惟一的家园——地球。因此,要从根本上解决环境污染、生态破坏、经济发展等问题,就必须认真地研究人类人口的特点及其变化规律,从而制定出正确的方针、计划和政策,以实现人类的可持续发展。

本章学习的主要内容包括以下几点:

(1)世界与中国的人口现状和发展态势;

(2)人口控制和环境保护的关系;

(3)环境与健康;

(4)可持续发展战略。

## 3.1 人口与环境

### 3.1.1 世界和中国人口发展现状

世界有的地区人口非常稠密,有的地区则人烟稀少。有的即使是一些相邻地区,人口密度往往差别也很大,例如印度尼西亚群岛和南部非洲。总体来说,地球中纬度地区是人口聚居最稠密的地区,而高纬度地区人口稀少,南北回归线之间的地区,各地情况差异很大,一般说来炎热的沙漠地带大都无人居住。表3.1为2008年联合国预测各大洲人口分布。具体的讲,人类主要聚居在地球的四个地区,这些地区的人口密度大,超过100人/km²。这四个地区是:

西部和中部欧洲,特别是英国、法国、比利时、卢森堡、德国和意大利;

北美的东中部,即美国东部和加拿大东南地区;

印度次大陆,包括巴基斯坦、印度、孟加拉和斯里兰卡;

亚洲的远东部分,特别是中国东部、朝鲜、日本等地区。

除此之外,人口集聚比较多、人口密度较大的国家或区域还有埃及、尼日利亚、爪哇、新南威尔士沿海地区、普拉特地区、巴西东南部、墨西哥中部高原和美国的加利福尼亚州等。

表 3.1    2008 年联合国预测各大洲人口分布(亿人)

| 年份 | 世界 | 亚洲 | 非洲 | 欧洲 | 拉丁美洲 | 美国及加拿大 | 大洋洲 |
|------|------|------|------|------|----------|--------------|--------|
| 2015 | 73.02 | 43.91<br>(60.1%) | 11.53<br>(15.8%) | 7.34<br>(10.1%) | 6.18<br>(8.5%) | 3.68<br>(5.0%) | 0.38<br>(0.5%) |
| 2020 | 76.75 | 45.96<br>(59.9%) | 12.76<br>(16.6%) | 7.33<br>(9.6%) | 6.46<br>(8.4%) | 3.83<br>(5.0%) | 0.40<br>(0.5%) |
| 2025 | 80.12 | 47.73<br>(59.6%) | 14.00<br>(17.5%) | 7.29<br>(9.1%) | 6.70<br>(8.4%) | 3.98<br>(5.0%) | 0.43<br>(0.5%) |
| 2030 | 83.09 | 49.17<br>(59.2%) | 15.24<br>(18.3%) | 7.23<br>(8.7%) | 6.90<br>(8.3%) | 4.10<br>(4.9%) | 0.45<br>(0.5%) |
| 2035 | 85.71 | 50.32<br>(58.7%) | 16.47<br>(19.2%) | 7.16<br>(8.4%) | 7.06<br>(8.2%) | 4.21<br>(4.9%) | 0.46<br>(0.5%) |

联合国统计显示,世界人口从 10 亿增长到 20 亿用了一个多世纪,从 20 亿增长到 30 亿用了 32 年,而从 1987 年开始,每 12 年就增长 10 亿,见表 3.2。

表 3.2    世界和中国人口分布态势(亿人)

|  | 1900 年 | 1950 年 | 1968 年 | 1980 年 | 1987 年 | 1999 年 | 2005 年 | 2011 年 |
|------|---------|---------|---------|---------|---------|---------|---------|---------|
| 世界 | 16 | 25 | 35 | 45 | 50 | 60 | 65 | 70 |
| 中国 | 4 | 5.4 | 7 | 8.5 | 12 | 12.5 | 13 | 13.5 |

《2010 年世界人口状况报告》预测,到 2050 年,世界人口将超过 90 亿,人口过亿的国家将增至 17 个,印度将取代中国成为世界人口第一大国。报告显示,到 2050 年世界人口将增至 91.5 亿,增加 22.41 亿。其中非洲地区人口将从 10.33 亿增至 19.85 亿,增幅最大亚洲地区的人口也将有较大幅度的增长,将从 41.67 亿增至 52.32 亿;而欧洲人口将从 7.33 亿减至 6.91 亿,将是唯一人口减少的大洲。报告说,全世界共有 11 个国家人口过亿。其中中国人口最多,达到 13.54 亿,其次为人口 12.15 亿的印度。其他人口过亿的国家依次为美国、印度尼西亚、巴西、巴基斯坦、孟加拉国、尼日利亚、俄罗斯、日本和墨西哥。报告预测,到 2050 年时,刚果(金)、埃及、埃塞俄比亚、坦桑尼亚这 4 个非洲国家以及亚洲的菲律宾和越南也将人口过亿。届时,印度的人口将增至 16.14 亿,成为世界第一人口大国;中国人口将增至 14.17 亿,退居第二。

据世界卫生组织统计,截至 2015 年 3 月 19 日,地球总人口 72 亿 1138 万,中国人口 13 亿 9651 万。世界上约有 200 个国家和地区,人口 1 亿以上的有 12 个国家,它们是中国、印度、美国、印度尼西亚、巴西、巴基斯坦、俄罗斯联邦、尼日利亚、孟加拉、日本和墨西哥、菲律宾。这 12 国人口总数共有 42.4 亿多,占世界总人口的 60%。

截至 2015 年 3 月 19 日,世界人口前 10 国家排名见表 3.3。

表 3.3　世界人口前 10 国家排名(人)

| 中国(不含港澳台) | 印度 | 美国 | 印度尼西亚 | 巴西 |
|---|---|---|---|---|
| 1,355,692,576 | 1,236,344,631 | 318,892,103 | 253,609,643 | 202,656,788 |
| 巴基斯坦 | 尼日利亚 | 孟加拉国 | 俄罗斯 | 日本 |
| 196,174,380 | 177,155,754 | 166,280,712 | 142,470,272 | 127,103,388 |

从中国统计局发布的 2011 年我国人口总量及结构变化情况看,主要呈现以下特点:

**1. 人口总量继续保持低速增长**

2011 年年末,我国大陆总人口(包括 31 个省、自治区、直辖市和中国人民解放军现役军人,不包括香港、澳门特别行政区和台湾省以及海外华侨人数)为 134 735 万人,比上年末增加 644 万人。全年出生人口 1 604 万人,人口出生率为 11.93‰,比上年增加 0.03 个千分点;死亡人口 960 万人,人口死亡率为 7.14‰,比上年增加 0.03 个千分点。

**2. 劳动人口年龄比重出现下降**

图 3.1 所示,2011 年末全国 60 岁及以上人口达到 18 499 万人,占总人口的 13.7%,比上年末增加 0.47 个百分点;65 岁及以上人口达到 12 288 万人,占总人口的 9.1%,增加 0.25 个百分点。由于生育持续保持较低水平和老龄化速度加快,15~64 岁劳动年龄人口的比重自 2002 年以来首次出现下降,2011 年为 74.4%,比上年微降 0.10 个百分点。尽管未来几年会有小幅波动,但对劳动力供给问题需要给予更多关注。

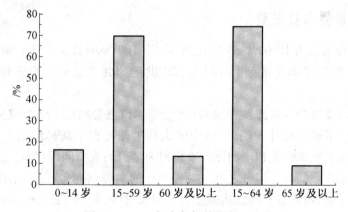

图 3.1　2011 年末各年龄段人口比重

**3. 出生人口性别比呈下降态势**

图 3.2 所示,2011 年我国出生人口性别比为 117.78,比上年下降 0.16,出生人口性别比自 2008 年以来连续三年出现下降,表明出生人口性别比治理显现成效;总人口性别比为 105.18,受出生人口和死亡人口的影响,总人口性别比自 2005 年来一直呈现下

降态势。

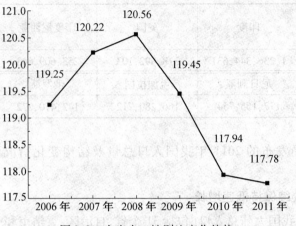

图 3.2　出生人口性别比变化趋势

**4. 城镇人口比重首次超过 50%**

2011 年,城镇人口比重达到 51.27%,与上年相比,上升 1.32 个百分点。城镇人口为 69 079 万人,增加 2 100 万人;乡村人口 65 656 万人,减少 1 456 万人。城镇人口比乡村人口多 3 423 万人。

**5. 流动人口继续增加**

2011 年,全国人户分离的(居住地和户口登记地所在乡镇街道不一致且离开户口登记地半年以上的)人口为 2.71 亿,比上年增加 977 万人;其中,流动人口(人户分离人口中不包括市辖区内人户分离的人口)为 2.30 亿,比上年增加 828 万人。

## 3.1.2　世界人口展望

1900 年全球人口为 15 亿,1999 年达到 60 亿,100 年增长了 3 倍。预计 2050 年大约为 87 亿,21 世纪末不可能超过 120 亿,20 世纪如此迅速的人口爆炸今后不会重演了。

联合国经济及社会事务部发表《2003 年全球人口报告》,对 194 个成员国和非成员国的人口情况作了最新统计表明,发展中国家新生儿死亡率高是最令人担心的,超过80% 的发展中国家把新生儿和产妇死亡率高列为紧迫的人口问题;而对发达国家而言,解决老龄化和生育率低则是当务之急。报告列出的主要问题包括:一半以上的发展中国家人口增长过快,40% 以上的发达国家人口增长过慢,3/5 的发展中国家的生育率过高,3/5 的发达国家的生育率过低,90% 以上的国家支持避孕措施,3/4 的发达国家面临人口老龄化问题,艾滋病是各国普遍面临的问题,1/3 的国家正推行减少移民人口的政策,3/4 的国家认为本国人口分布不够理想。

**1. 人口增长速度将会放慢**

由于出生率持续下降,新出生的孩子越来越少。这主要得益于有些国家主动采取的人口控制政策(中国的计划生育政策和印度的绝育计划)和城市化的发展。城市化使人感到就业没有保障,不愿多养孩子。另外还有经济发展的影响,其中包括教育的普及、婴幼儿死亡率的下降和节育措施的推广。妇女求学时间比以前更长,生的孩子比以前减少。

出生率下降和死亡率越来越低,这两种情况并存,就是人们所说的"人口过渡期"。发达国家早就受到了影响,法国从 18 世纪末就开始进入这个时期。亚洲和拉丁美洲在第二次世界大战后进入过渡期。从 20 纪末开始,大多数发展中国家终于也开始了人口过渡期。目前世界上近一半国家是出生率已经低于人口更新换代的最低界限,今后还会有更多的国家加入这个行列。

**2. 世界人口分布将起变化**

据预测,到 2030 年,非洲人口在世界人口中所占的比例将从现在占全球 13% 增长到 24%,欧洲人口则从现在占全球 12% 降至 7.0%;德国和意大利等欧洲国家将会出现人口负增长。富国与穷国之间的人口不平衡定会加剧。

虽然人们的生活水平会继续提高,但是医学的进步恐怕不会比过去更大。1999年,在艾滋病最为严重的冈比亚,20% 的育龄妇女感染了艾滋病,艾滋病使这个国家的死亡率上升了 50%。由于艾滋病的蔓延,好多国家的平均寿命都在下降。有人以为艾滋病可以解决世界人口过多的问题,其实他们想错了,即使在艾滋病最严重的国家,死亡率照样低于出生率,人口并没有减少。据联合国预测下半个世纪,非洲人口还会剧增,撒哈拉以南非洲地区的人口有可能翻一番,从现在的 6 亿增长到 2050 年的 12 亿。

**3. 整个世界将步入老龄化**

整个世界都将逐步进入人口老龄化时期。在新病不断出现的同时,另外一些疾病将会得到更有效的治疗,人们会更加长寿,这是 21 世纪的最大变化之一。1995 年,60岁以上人口占到世界人口的 10%,到 21 世纪末,这个数字将达到 30%。

到 2050 年,60 岁以上的人将超过 15 岁以下的人,欧洲继续衰老,西班牙和意大利将成为全世界老年人比例最高的国家;日本年逾 8 旬的老人也越来越多;就连相对"年轻"的非洲也将猝不及防地面临人口老化问题。同时,老年人将对青年人更加依赖。2010~2020 年以后,生育高峰期出生的人开始进入退休年龄,他们的养老问题成为大多数富国最敏感的政治话题。退休制度必须进行调整,退休年龄将会提高。

### 3.1.3　人类种群的动态变化

纵观人类社会发展史,人类种群的动态变化经历了四个阶段,呈现出四种状态类型。

第一阶段为原始型阶段,主要出现于原始社会生产方式的前期,即旧石器时代。此时人口再生产表现为高出生、高死亡、极缓慢地低增长状态,具有显著的自然生物属性,人口寿命短,人口总数较低,又趋向于起伏不定的水平。

第二阶段为传统型阶段,起源于新石器时代。伴随土地生产力提高,人口抚育能力增强,人口再生产的社会属性日益明显,人口再生产由原始型过渡到高出生、低死亡和高自然增长率的传统型;人口预期寿命延长,人口总数日趋膨胀。

第三阶段为发展型阶段,起源于18世纪中叶,伴随社会生产力的发展,科学技术、医疗卫生、文教事业均有了长足进步,于是出现人力资源供给过剩,自然资源和生产相对不足的状况。由此,人口自然增长率达到高峰后开始下降,人口再生产由传统型逐步转入低出生、低死亡、自然增长率渐趋递减的发展型。目前,大多数发展中国家正处于这一发展阶段。

第四阶段为现代型阶段,世界上发达国家大多数已进入这一时期,人口趋势表现为低出生、低死亡和波动小而相对稳定的适度增长。

上述四个阶段和四种类型是人口演变的历史规律。近几百年来,人口数量增长曲线突兀而起,人口数量加倍的时间在不断缩短,史前时期需要数百万年,古代需要数千年,现在仅需要40年。

### 3.1.4 环境保护与人口控制

人口问题是人类生态学的一个基本问题,也是一个复杂的社会问题。地球是一个有限的系统,只能容纳有限的人口,过多的人口又会给环境带来不利的影响。

**1. 人口数量与环境的关系及影响人口变化的因素**

科学家们通过大量研究认识到,影响人口规模的因素有几百个,而疾病、战争、饥荒、社会传统、伦理道德、社会习俗、宗教信仰等只是其中的几个,但最终直接影响世界人口规模的只能且仅仅是两个因素,即出生和死亡。

自然增长率的高低,决定人口增长的快慢。而自然增长率则主要由人类自身的生物潜能和环境阻力决定。自人类进化成现代人类后,除上述因素外,人口数量同时受到社会因素的影响,取决于社会经济规律的作用。在旧石器时代,人口增加1倍需3万年,到了新石器时代,人口增加1倍需要的时间大为缩短,在公元初年人口增加1倍需要1 000年,到了19世纪中期,人口增加1倍的时间缩短为150年,1830年世界人口达到10亿,当人口翻一番达到20亿时尚需100年,到1975年世界人口达到40亿时只用了45年。

在过去的100年间,出生率已逐步减少,但死亡率减少得更多导致人口自然增长率日益增大,在发展中国家,因死亡率下降而使自然增长率普遍升高的现象尤为显著,这种现象同世界所有生物种群的情况基本一致。

在自然界生态系统中,生物种群的死亡率主要由四个方面决定:疾病、饥饿、天敌、气候。当人类从动物中分化出来后,真正影响人类死亡率的就只有前两项。另外,影响人类的还有战争、意外、灾害这些额外死亡因素,但相对于自然死亡,这些因素对人类自然增长率影响并不大。早期人类总出生率约为5%,但死亡率也接近这一水平,因此人口增长极其缓慢。直到19世纪,疾病和饥饿仍是人类的主要杀手。19世纪以后,由于卫生状况的迅速改善,人口死亡率急剧下降,世界人口开始急剧上升。另外,随着能源、交通迅速发展,人们通过把食物从主要产区快速运送到缺粮区,足以防止严重的饥荒。

总之,人类通过自己的智慧和能力,有效地防止了自然死亡因素对人类的影响,世界人口死亡率在不断下降,虽然出生率也在下降,但没有达到足以与死亡率的下降相平衡的地步。

当人类在不断努力提高素质,改善生活,降低死亡率的同时,人口自然增长率却不断上升,这并不是现代人类所期望的。现代人类的希望目标是在低死亡率的情况下,保持经济适应人口的增长。要实现这样的目标,就必须降低出生率。对于人类来说,人口出生率除受生理、遗传的影响外,同时也受到社会、经济、伦理、教育、宗教、环境等因素的影响。因此,只有采取合理的计划生育来降低自己的出生率,别无它途。

**2. 地球生态圈的环境容量**

地球是人类栖息的场所,整个地球生态圈究竟能容纳多少人,是人类十分关心的重大课题。由于地球上的陆地有限,可供人类居住的空间也不是无限的。首先就人均占有陆地面积而言,1987 年世界人口为 50 亿,1999 年已达到 60 亿,2002 年已达到 62.15 亿。如按目前全球人口年增长 1.3% 的速度推算,2025 年全球人口将达到 78 亿,2050 年达到 89 亿,2100 年则为 139 亿,……,700 年后世界人口可达到天文数字,人均占有陆地面积约为 1 平方米;1 200 年后,地球上人类的总质量将等于或超过地球的质量,那么地球是漂移还是沉没,不得而知。人类如何生存不能不令人担忧!

其次,从生物学的角度分析,地球能养活多少人呢? 地球植物的总产量,按能量计算每年为 $2\,760 \times 10^{15}$ kJ。人类维持正常生存每人每天需要能量 9 000 kJ,一年为 $33 \times 10^5$ kJ。这样,维持 40 亿人口生存每年需要能量 $13 \times 10^{15}$ kJ,即相当于植物总产量的0.5%。如按此数值计算,地球上植物的总产量可养活 8 000 亿人。不过,由于下述两方面的原因:第一,以植物为食的,不仅仅是人类,其他各种动物也都直接或间接地以植物为食;第二,有许多植物和动物是不能供人类食用的。因此,人类只能获取植物总产量的 1%,即只能养活 80 亿人。应该看到,人总是依靠植物生存是不够的,世界各地的生活标准不一样,发达地区以肉食为主,以 40% 的蛋白质为主要生活来源,按发达地区的标准,地球只能养活 30 亿人。总之,在地球上不可能容纳无限多的人口。

## 3.1.5　人口增长对环境的影响

影响环境的原因主要在于人口的激增。下面从四个方面进行分析:

**1. 人口在增长而耕地在减少**

随着人口的增长,人类对粮食的需求量也日益增加,而土地却逐年减少。据美国国际粮食政策研究所推算,目前世界粮食增长速度赶不上人口增长速度。也就是说人均占有粮食在逐年下降,其主要原因是耕地在不断减少。就全世界来说,全球总面积为 5.1 亿 hm²,约有 70% 被水覆盖,陆地面积仅为 1.5 亿 hm²,其中约 70% 不适合集约耕作,余下的 30% 近 44.5 亿 hm² 为栖息地,是可以居住的土地,世界人均居住土地仅为 0.74 hm²。据统计,全世界的耕地为 14.14 亿 hm²,草原 31.51 亿 hm²,林地为 40.57 亿 hm²,且每年大约减少耕地 800 万 hm²。1950 年全世界人均耕地 0.57 hm²,

1983 年减至 0.29 hm²,2000 年人均耕地已减少到 0.22 hm²。为使粮食供应适应不断增长的人口就得提高粮食单产,施用化肥、农药等,或者扩大耕地面积,毁林开荒,围海造田。这样带来的土质下降、水土流失、环境污染、抗药性害虫增加,最终使农、林、牧、副、渔各业的总产量下降,将危及人类的生存。

我国的情况更为严重,人均耕地少,可提高利用的空间有限。根据最新调查结果显示,截至 2001 年 10 月 31 日,我国有耕地 1.276 亿 hm²,而总人口已达到 12.7 亿,人均占有耕地仅为 0.1 hm²,是世界人均占有耕地的 40%,是美国人均占有耕地的 1/6,是俄罗斯人均占有耕地的 1/8,是加拿大人均占有耕地的 1/15。而且,中国人口分布不均衡,东密西疏,有近 1/3 的省份人均耕地不到 0.067 hm²。特别是北京、天津、上海、浙江、福建和广东等地人均耕地已低于 0.053 hm²(0.8 亩)的警戒线。不仅如此,由于人口增长过快,城乡交通、住房建设等占地现象十分严重,管理不善、土地沙化、水土流失等日益加重。另外,我国的土地复种指数已达 158%,处于世界较高水平,进一步提高耕地资源利用的空间十分有限,且优质耕地少。国土资源部对本世纪初我国耕地资源的状况进行了预测:2001～2010 年,由于各种原因导致的耕地减少量预计将达 587 万 hm²,预期补充耕地 357 万 hm²,耕地将净减少 230 万 hm²;2001～2030 年,由于各种原因导致的耕地减少量将达 1 361 万 hm²,预期补充耕地 1 030 万 hm²,耕地将净减少331 万 hm²。中国以不到世界 7% 的耕地,养活了占世界近 22% 的人口,食物供应形势将越来越严峻。

总之,在人均耕地面积日益减少,人均灌溉量下降和作物产量随过量使用化肥而减少时,世界粮食产量原食物供应正面临着日渐严重的挑战。

### 2. 人口增长与资源消耗

地球上的矿物资源是有限的,如煤、石油、金属矿物等,采一点就少一点,不会再生。随着人口的急剧增长,工业生产规模日益扩大,对自然资源的开发利用能力日益提高。而过度地消耗资源、毫无顾忌地掠夺性地使用矿产资源实质上是在损害、破坏工业发展的基础。人们无视矿产资源的有限性,疯狂地通过提高矿产资源的消耗量来达到提高生活水平的目的。美国是世界上能源消耗最高的国家,只占世界人口 6% 的美国消耗了世界能源的 30%,而且美国的能源消耗量仍在不断增加。据统计,2003 年美国的能源消耗比 1960 年增加 150%,比 1950 年增加 200%。实际上无论是发达国家还是发展中国家,都把美国的生活水平作为自己追求的目标模式。那些落后国家、发展中国家也极力想通过工业化,提高能源消耗以达到美国的生活水准。乔治·伍德韦尔曾经估计,若全球的人都达到美国的耗能标准,那么所需要的能源将是现在实际用量的 6.6 倍。按照这个标准预测,到 2050 年能源消耗将是目前消耗量的 100 倍。即使按现在的消耗量计算,将有 13 种矿产资源在不到 50 年时间内耗尽。根据 2002 年的资料,世界石油和煤的储量也仅能维持 45 年和 51 年。因此,世界在向利用太阳能、核能、地热能、风能、潮汐能等新型能源过渡的同时,必须努力控制人口的过度增长,节约使用资源,使人口增长与自然资源利用协调发展。对于我们这个人口众多的发展中国家,要推进工业化,实现现代化,提高人民的生活水平,处理好人口增长与自然资源利用的关系,意义尤其重要。

　　淡水资源是人类生活和工农业生产中无可替代的宝贵资源,从数量上看,地球生物圈水循环中可供人类使用的淡水资源,仅占全球水体总量的 0.77% 。然而随着人口的增加、生活水平的提高,人均日耗水量也在日益增加。据资料记载,1900 年全球淡水总消耗约为 400 km$^3$,到 2003 年就增加到 6 000 km$^3$,增加了 15 倍。我国 1952 年只有 38 L/(天·人),到 1985 年达 150 L/(天·人);而美国已达 600～800 L/(天·人)。美国经济学家哈里森曾预测,到 2015 年,全球淡水总量消耗量将达到 8 500 km$^3$,其中农业用水将上升 2.2 倍,工业用水上升 4.4 倍。从而导致地球上水资源异常短缺,在一些地方甚至到了阻碍和影响人类生存和发展的地步。

### 3. 人口增长与森林危机

　　森林是保持人类环境质量的主要因素之一,是陆地生态系统的重要组成部分。但是人口增长势必毁林垦田、毁林盖房等,结果使越来越多的森林资源受到破坏。仅热带地区每年就有 750 万公顷原始森林和 380 万公顷成熟林被砍光,造成热带地区每年乱砍滥伐森林达 1 130 多万公顷。有资料记载,地球上原有森林 76 亿公顷,占陆地面积的 51%,从 18 世纪开始,由于人口的激增,现在森林面积仅有 28 亿公顷,比原有森林几乎减少了三分之二。据报道 2002 年,全世界森林覆盖率为 31.3%,我国仅为 14%。森林的损失远远不仅是木材的减少,更重要的是森林功能的衰退和生态失衡带来的危机。这是因为,森林能够涵养水源、保持水土、调节气候、防风固沙、净化空气、杀菌除尘、降低噪声、保护野生动物等。大量砍伐森林虽然能获得短期经济效益,但却会产生破坏生态平衡,带来水土流失土地沙化、生物多样性消失、跨雨旱季蓄水以及气候异常、污染加重等一系列难以消除的生态后果。

　　我国历史上是一个森林资源较丰富的国家,但由于人口增加过快,耕地需求增加,大量森林被砍伐破坏。当前我国森林覆盖率不足 15%,远远低于世界平均水平,人均森林面积仅相当于世界人均的 1/5。1998 年长江发生特大洪水,给长江流域人民的生产和生活带来重大影响。除某些地方因人口增加围滩、河道变窄及不遵循自然规律外,最主要的诱发因素是长江上游地区对森林乱砍乱伐,导致山区森林含水蓄洪能力退化,水土流失,河床增高。值得庆幸的是,我国政府已开始对林区实行封山禁伐,使林区由开采型开发转为种植型开发。

### 4. 环境污染的加剧

　　人口的过快增长,带来经济的快速增长,同时更加迅猛地向生物圈获取资源,向环境大量排放污染物,对环境造成巨大恶化压力。这个问题无论是发达国家还是发展中国家都大量存在,但发展中国家生态环境的破坏程度远比发达国家大。即使在相同的社会经济条件和某种生活水平下,人口增加,食物、水、能源及其他生活资源也必然相应地按比例增加。毫无疑问,排出的污染物也增加,最终均使环境恶化。同时,由于诸如交通拥挤、城市内噪声等污染的出现,人们身心健康等都将显示出极大的恶化。很明显,人口激增带来的环境污染问题将越来越突出。

### 3.1.6 环境与健康

环境与健康是人类永恒的主题。本世纪是生命科学世纪,人的健康素质将成为我们社会发展的重中之重。影响人类健康的因素很复杂,归根到底是由遗传因素及环境因素决定的,或者说是由遗传因素及环境因素共同作用的结果。根据大量的科学研究和调查结果,世界卫生组织指出:人的健康与长寿60%取决于个人的生活方式(身心卫生、饮食结构等),25%取决于环境和社会因素,只有10%取决于遗传因素。实际上随着社会的发展,个人的生活方式也越来越多地受到环境因素的制约和社会因素的影响,因此,环境将成为影响人类健康的主要因素。

生态破坏和环境污染不仅给经济发展和人民生活带来损失,更严重的是危害人们身体健康,并贻害子孙后代,破坏人类赖以持久生存的基本条件。无论是保护环境,还是发展经济,其最终目的都是为了使人们过上身心健康的生活。所以《联合国环境与发展大会宣言》指出"人类处于普受关注的可持续发展问题的中心,他们应享有与自然相和谐的方式过健康而富有生产成果的生活的权利。"

**1. 人与环境的辩证关系**

自然环境是一切生命体赖以生存、繁殖的物质基础,一切生物都脱离不开天地、山水、空气、动植物、阳光等自然环境。自然环境的好坏及其变化,必然对人的生活过程产生重大影响。人是自然环境的一部分,人体通过新陈代谢和周围环境中的物质进行交换,是靠吸收自然环境中的物质和能量而生存和发展的。所以,人类的生存和发展是与自然环境密切联系的,离开了自然环境,人类就无法生存。

人类也是自然环境长期演化的结果。组成人体的各种元素,是人类在漫长的进化中选择了自然界中丰富的、可利用的、有效的和适应生存繁殖的元素。根据科学测定,人体血液中的60多种化学元素的含量和岩石中这些元素的含量有明显的相关性,同地壳各种化学元素的含量十分相似。这表明,在自然界进化过程中,人体总是从内部调节自己的适应性来与不断变化的地壳物质保持平衡关系。如果这种平衡关系被破坏,将会危害人体健康。

人是环境的产物,人与自然环境犹如鱼和水一样,人的生理活动与自然界的变化有着密不可分的深刻联系。人体的许多生理指标,如体温、血压、血糖、脉搏、耗氧量、血红蛋白、血中氨基酸、肾上腺皮质素、脑组织生物化学成分等,都随昼夜交替变化而周期性地变化。在人与环境协调发展的时候,环境中的物质与人体之间保持动态平衡,使人类得以正常地生长发育,从事生产和生活。相反,人类为了满足不断高涨的物质需求和自身的利益,对自然界进行了掠夺性索取,一方面开发地区深层物资,把一些有害物的元素暴露于地表面;另一方面向环境排放有毒物质,使某些化学物质突然增多,甚至出现了原来环境中不曾有的合成化学物质,破坏了人与环境之间的平衡,使人们发生中毒,引起机体疾病,甚至死亡,影响了人类的健康与生存。

人类具有适应自然环境的能力。人们所处的自然环境的不同,受其长期的潜移默化的影响,人们的生理活动、体质、性格、气质、形体等也有差异。例如,生活在高原地区的人,胸腔和肺活量比内地人大,体内每毫升血中红血球的含量要高出内地人 1 倍左右(海拔 4 千米以上的地区),不然就适应不了高山缺氧环境。生活在北极的人,则体形短而粗壮,皮下脂肪较厚,这样的特征可减少热量散失;他们的眼裂较小,可防止强烈的雪地反射光对眼睛的伤害,鼻子高大,且呈鹰钩形,鼻内粘膜面积也大,有利于冷空气在鼻腔内预热,以保护肺。而生活在热带地区的黑种人,皮肤黑色素多,有利于吸收太阳光中的紫外线,保护皮肤结构,其卷曲多孔隙的头发,有良好的绝热作用,宽阔的口裂,较厚的嘴唇,粗短的鼻腔,有利于水分的散失,以适应炎热气候下的生活。至于不同自然环境下人的气质、性格等的差异,已是尽人皆知的了。

同时,人类又可改造自然。自上世纪以来,随着人类认识自然和改造自然的手段及能力的极大提高,人与自然的关系进入一个新阶段。例如,我国在实施西部大开发战略中,把效率低的产粮区退耕还林、退耕还牧、种草种树、建设秀美山川作为一个重要组成部分;在内蒙实施防风固沙、植树种草工程。随着人类对环境认识的加深,在全球进行的协调环境的工程越来越多。

总之,人类要想健康就必须建立和保持与自然环境协调一致的关系,否则,可能引起疾病,甚至死亡。因此,人类不能消极地适应环境,而要积极地适应、保护、利用、改造大气、水、土和食物等环境,以利于人类健康发展。

**2. 环境污染对人体健康的影响**

影响人体健康的环境因素大致可分为三类:化学性因素,如有毒气体、重金属、农药等;物理性因素,如噪声和振动、放射性物质和射频辐射等;生物性因素,如细菌、病毒、寄生虫等。其中以化学性因素影响最大,当这些有害污染物进入大气、水体和土壤时,就能直接或间接地对人体造成伤害。

据报道,世界上每年约有 400 万儿童死于空气污染引发的急性呼吸道疾病,250 万儿童死于水污染导致的腹泻,350 ~ 500 万人患急性农药中毒,23% 的全球疾病与环境因素有关。由于环境污染和生态破坏,每年都有几百万人丧失生命,几千万人生病。

(1) 环境污染对人体健康影响的特征

环境污染是各种污染物相互之间,以及污染物与其他环境因素之间互相作用的结果。影响人体健康的污染物进入大气、水、土壤,并且种类和数量超过了正常变化范围时,就会对人体产生危害。环境污染物在环境中可通过生物的或理化的作用,发生转化、增毒、降解或富集,从而改变其原有的性状和浓度,产生不同的危害作用。环境污染物来源广泛,种类繁多,性质各异,且在环境中所处的时间和空间各不相同。而且往往是多种毒物同时存在,联合作用于人体;所以受影响的对象是整个人群,甚至包括母腹中的胎儿。

从影响人体健康的角度看,环境污染一般具有以下特征。

① 广泛性。环境污染涉及的地区广人口多,污染对象不仅包括老、弱、病、幼及胎儿,也包括青壮年。例如,近年来,跨国、跨行政区的污染纠纷逐渐增多。特别是上下游之间由于水污染造成农作物损害的事件屡有发生。又如,众所周知的温室效应、臭氧空洞、酸雨等,已经影响了全人类的生活与健康,这个问题不是一个地区或一个国家造成

的和能解决的,而是全球性的问题。

② 作用时间长。接触者长时间地生活在被污染的环境中,除急性中毒外,其症状和危害经过数个月、几年,甚至几十年或下一代才能显露出来。很多三致物质不仅影响当代人的生存,而且影响子孙后代的健康。

③ 情况复杂具有综合性。环境污染物作用于人体往往并非单一的,而是多因素、多种类污染物同时作用于人体。污染物进入环境后,受到大气、水体等的稀释,一般浓度较低,但由于环境中存在的污染物种类繁多,它们不但可通过生物或理化作用发生转化、代谢、降解和富集,改变其原有的性状和浓度,产生不同的危害,而且多种污染物可同时作用于人体,产生复杂的联合作用,有的还具有协同作用。即使污染物是独立作用,那么每一污染物对机体作用的途径、方式和部位不同,产生的生物学效应也可能有相加性。据研究表明,噪声污染可以强化大气污染对人体的危害。

④ 多样性。环境污染因素包括物理的、化学的和生物的,例如进入人类生活环境的化学物质有数万种,其中多数对人体产生直接或间接的影响。环境污染物来自自然环境、工作场所、居室、公共场所及衣食住行各个方面。污染物可使人体多部位受害,人体各个部位几乎所有器官都是环境污染的靶器官。环境污染所致疾病也是多种多样的,有的还没有被人类所认识。

⑤ 积累性。污染物进入环境后,除直接伤害人体外,它们还能在生物体内积累,通过食物链的传递使生物体内污染物的浓度越来越高,最终对人类的健康造成危害。另外,污染物也可被土壤等吸收,暂时使环境中污染物活性降低,然而一旦遇到合适的机会,其积累的污染物又重新释放到水、大气或土壤中等环境中,造成二次污染,危害人体健康。

(2) 环境污染物对人体健康的危害

环境污染物对人体健康的危害是一个十分复杂的问题,一般根据环境污染物的浓度及作用时间可将其分为急性危害、慢性危害和远期危害。急性危害是指污染物在短期内浓度很高,或者几种污染物联合进入人体,在短期内造成人群暴发疾病和死亡;慢性危害主要是指小剂量的污染物持续作用于人体,并在人体内转化、积累,经过相当长时间(半年至十几年)才出现受损的症状,如职业病、水俣病、骨痛病和大气污染对呼吸道慢性炎症发病率的影响等;远期危害是指环境污染对人体的危害,经过一段较长的潜伏期(几十年甚至隔代)后才表现出来,如环境中的三致作用等。

① 急性危害。急性危害是在短期内通过空气、水、食物链等多种介质侵入人体,或几种污染物联合起来侵入人体,引起人体中毒、死亡。例如,1952 年 12 月 5 ~ 9 日的伦敦烟雾事件,由于空气中 $SO_2$ 和烟尘的含量太高,对人体呼吸道严重刺激,造成一个月死亡 4 703 人的记录。1984 年印度博帕尔市一家美国经营的农药厂,发生了毒气渗漏事故,致使 2 000 多人丧生,50 000 多人双目失明,10 多万人的健康受到严重影响。

空气污染较轻时会使人心情郁闷,较重时会引起慢性气管炎、慢性咽炎、鼻炎、支气管哮喘、尘肺、肺癌、心肌梗塞、胃癌等病。近年来,世界大城市居民中呼吸道发病率上升,病情亦日趋严重,与空气污染日趋严重有直接关系。环境污染对人体造成的急性危害,近几年来在我国也有发生。例如,2001年1月湖南省郴州市邓家塘村饮用水被郴州砷制品有限责任公司排放的废水和废弃物污染,造成200余人砷中毒。2014年4月,兰州威立雅水务集团公司第二水厂出水口发现严重苯超标(118 μg/L),多个监测点均发现苯超标,相关区域自来水停止供应。由此可见,环境污染对人体健康的急性危害作用发生较快,影响明显,因而容易引起人们的重视。

②慢性危害。环境污染物低于一定的浓度并不影响人体的健康,只有当其浓度超出一定范围才对人体产生有害作用。环境污染物长期小剂量影响人体健康开始并不明显,但经过数年就会发病。各种慢性职业中毒以及中毒造成的远期危害,后果更是无法估算。日本的水俣病就是慢性危害的代表,也是较早引起人们注意的。香烟对人体造成的危害也是一种慢性危害,全世界每13秒就有一个人死于与吸烟有关的疾病。实验证明,一支香烟含的烟碱可使一只白鼠死亡,20支香烟中的烟碱可毒死一头牛。再如,2000年辽宁省灯塔市佟二堡乡正己烷中毒事件,9名病人不同程度地表现出下肢沉重、行走困难、肌肉萎缩、神经反射消失,严重者出现肢体麻痹和瘫痪,其中最严重的5名患者年仅14~16岁,他们将面临丧失劳动和生活自理能力的结果。其病因是他们在毫无防护的简陋作业环境中从事皮革粘接作业,长期接触高浓度有害粘胶剂(含正己烷等有害溶剂)所致。人们若长期生活在遭受污染的大气环境中,呼吸道粘膜表面粘液分泌增加,粘液层变厚、变稠,使纤毛运动受阻,从而导致呼吸道抵抗力减弱而诱发呼吸道的多种疾病。大量资料证明,城市大气污染是慢性支气管炎、肺气肿及支气管哮喘等疾病发生的重要原因之一。另外,铅的慢性有害作用也是常见的,如铅在骨中蓄积之后取代其中的钙而产生危害。

大气污染、水体污染正严重威胁着人的健康,随着其公害事件的指数上升,已经引起了公众的关注。但是,食品污染、光污染等也应该引起足够的重视。据统计,在所有不洁净食品造成的疾病当中,大约2%~3%会导致更严重的慢性病。据测定,一般白粉墙反射系数为0.69~0.80,镜面玻璃的反射系数为0.82~0.88,它们的反射系数要比草地、森林、深色或毛面砖石等高10倍。这个数值大大超过了人体所能承受的生理适应范围,构成了新的污染源。专家指出,光污染可对人的眼睛角膜和虹膜造成伤害,引起视力下降,增加白内障的发病率。体弱者在过于频繁的强光刺激下会引起头昏、头痛、精神紧张烦躁等不适,甚至发生失眠、食欲不振、情绪低落、倦怠乏力等类似神经衰弱的症状。

③远期危害。环境有毒物质长期缓慢地蓄积于人体,导致其生理功能等的改变,是远期危害,也有人称为蓄积性危害。致癌、致突变、致畸等均属于远期危害,它们往往需要数十年甚至下一代才表现出来。科学实验证明,80%的癌症患者是由生物、物理、化学等环境因素所致。所有这些因素中致癌突出的应首推化学因素,包括煤烟、石棉、砷化物、香烟等。

致癌作用:凡能诱发机体发生肿瘤的物质称为致癌物。致癌物诱发机体发生肿瘤的作用称为致癌作用。例如,放射线体外照射或吸入放射性物质引起的白血病、肺癌;由吸血昆虫传播的热带恶性淋巴瘤;由化学因素引起的癌症则更多。根据动物实验证明,有致癌性的化学物质达 1100 余种。据报道,人类 80% ~90% 的癌症是环境中化学致癌物质引起的,而化学致癌物质主要是通过呼吸系统和消化系统进入人体内的。

致癌物只是致癌的外部因素,这些外因大致可以分为化学致癌物、物理致癌物、生物致癌物和食物致癌物。致癌物按照对人类和哺乳动物致癌作用的不同,可分为确定致癌物、怀疑致癌物和潜在致癌物。

国际癌症研究中心是世界卫生组织下属的官方癌症研究机构,自 1971 年以来已经对 900 多个因素进行了评估,其中有 400 多个因素被确定为对人类致癌或可能致癌。这些因素包括辐射、化学品、混合物、物理和生物因子、生活行为和病毒等。表 3.4 为国际癌症研究中心根据致癌程度的不同,将致癌因素分为 5 类 4 级:致癌、可能致癌、未知和可能不致癌。列入第一级的有 111 种,已经有足够的医学证据和动物实验结果,证明这些因素致癌。例如,放射性物质、石棉、苯、黄曲霉素等。第二级的 A 类有 65 种,被认为很可能致癌但实验性证据不足,对动物致癌则有充分的实验数据证明。第二级的B 类为可能致癌,共有 274 种,对人和动物致癌均证据不足,例如黄樟素、汽油发动机排放的废气、人类免疫缺陷病毒 2 型、抗甲状腺药物丙基硫氧嘧啶和干洗业等。第三级为尚不能确定是否对人致癌,有 503 种,如咖啡因等,对这一级还需进行更多的研究。第四级只有己内酰胺 1 种,对人很可能不致癌。

**表 3.4　致癌因素的四级分类**

| 世卫组织下属国际癌症研究中心将致癌因素分为四级 | |
| --- | --- |
| 一级 | 对人体有明确致癌的物质或混合物 |
| | 如黄曲霉素、砒霜、石棉、六价铬、二噁英、甲醛、酒精饮料、烟草、槟榔等 |
| 二级 A | 对人体致癌的可能性较高的物质或混合物,在动物实验中发现充分的致癌性证据;对人体虽有理论上的致癌性,而实验性的证据有限 |
| | 如丙烯酰胺、无机铅化合物、氯霉素等 |
| 二级 B | 对人体致癌的可能性较低的物质或混合物,在动物实验中发现的致癌性证据尚不充分,对人体的致癌性的证据有限 |
| | 如氯仿、DDT、敌敌畏、萘卫生球、镍金属、硝基苯、柴油燃料、汽油等 |
| 三级 | 对人体致癌性尚未归类的物质或混合物如苯胺、苏丹红、咖啡因、二甲苯、糖精及其盐、安定、氧化铁、有机铅化合物、 |
| | 静电磁场、三聚氰胺、汞与其无机化合物等 |
| 四级 | 对人体可能没有致癌性的物质 |
| | 如己内酰胺 |

值得注意的是,2013 年 10 月 17 日,世界卫生组织国际癌症研究中心对外宣布,确定室外空气污染为新的致癌物,致癌级别与吸烟、吃发霉的食物、遭受紫外线辐射、呼吸甲醛等归为一类。在 2010 年,全世界有 320 万人因为暴露在大气污染中而过早死亡,

另有 22.3 万人因为空气污染死于肺癌,其中半数以上的人生活在东亚地区。

另外,砷化物也属于致癌物。砷化物通过废水、废气、废渣排入环境,被人体吸收后,可使皮肤发黑,手掌、脚底皮肤角化,皮肤癌发病率上升等。

致突变作用:一切生物都具有遗传和变异的特征。环境污染物或其他外界因素引起的生物体细胞遗传信息和遗传物质发生突然改变的作用,称为致突变作用。突变包括染色体畸变和基因突变两大类。具有致突变作用的物质称为致突变物。常见的致突变作用的物质有:苯并(a)芘、苯、亚硝铵类、甲醛、砷、铅、DDT、有机汞化合物、六六六、甲基对硫磷、谷硫磷、敌敌畏、黄曲霉素 B1、二噁英等。在一些人工合成的化学品中,最臭名昭著的有:多氯联苯、滴滴涕和二噁英。它们可能通过干扰生殖系统和内分泌系统的激素分泌,造成男性的女性化。目前已发现许多致癌物同时具有致突变作用,一些致突变物也具有致癌作用。

致畸作用:环境中由于某些因素对生殖系统的作用,干扰了正常胚胎的发育过程,致使胚胎的细胞分化和器官形成不能正常进行,而造成器官组织的缺陷,产生畸胎。致畸因素有物理、化学和生物学因素。物理因素,如放射性物质可引起眼白内障、小头症等畸形;化学因素,如环境中的有机汞进入孕妇身体后,可通过胎盘影响胎儿,使其变成先天性麻痹性痴呆;生物学因素,如母体怀孕早期感染风疹等病毒,能引起胎儿畸形等。环境污染物致畸作用还可使胎儿产生兔唇、脖裂、先天性心脏病、脊椎病、脑积水、多指等。由此可见,环境污染,生态失衡,已经严重威胁到人类的健康、生存和繁衍。人类目前正面临着比历史上任何时期所遇到的更具全球性和毁灭性的危机。

# 3.2　可持续发展战略

## 3.2.1　可持续发展战略的由来

现代可持续发展思想的提出源于人们对环境问题的逐步认识和热切关注。其产生背景是人类赖以生存和发展的环境和资源遭到越来越严重的破坏,人类已不同程度地尝到了环境破坏的苦果。

20 世纪以来,许多国家相继走上了以工业化为主要特征的发展道路。随着社会生产力的极大提高和经济规模的不断扩大,人类前所未有的巨大物质财富加速了世界文明的演化进程。但是,人类在创造辉煌的现代工业文明的同时,一味地滥用赖以支撑经济发展的自然资源,使地球资源过度消耗,生态急剧破坏。

**1.《寂静的春天》——对传统行为和观念的早期反思**

20 世纪 50 年代末,身患绝症的美国女海洋生物学家蕾切尔·卡逊(Rachel Karson)在潜心研究美国使用杀虫剂所产生的种种危害之后,于 1962 年发表了环境保护科普著作《寂静的春天》,描述了 DDT 等杀虫剂污染带来严重危害的现象,并通过对污染物迁移、转化的描写,阐明了人类同大气、海洋、河流、土壤、动植物之间的密切关系,初步揭示了污染对生态系统的影响。她告诉人们:"地球上生命的历史一直是生物与其周围相互作用的历史,只有人类出现后,生命才具有改造其周围大自然的异常能力。在人对环境的所有袭击中,最令人震惊的是空气、土地、河流以及大海受到各种致命化学物质的污染。这种污染是难以清除的,因为它们不仅进入了生命赖以生存的世界,而且进入了生物组织内。"

《寂静的春天》1962 年在波士顿出版以后,被译成 12 种文字再版,1980 年出版了中文译本。这部著作对现代环境科学的发展起到积极的推动作用。

1963 年,美国总统科学顾问委员会发布了有关杀虫剂问题的报告,证实了卡逊的论断,人们确实是在不顾后果地大规模使用一些致命的化学品。政府的一些委员会邀请她作证,并且接受了她关于生命是相互联系的观点,从那以后很多杀虫剂得到严格的控制,甚至禁用。

**2.《增长的极限》——引起世界反响的严重忧虑**

1968 年 4 月来自 10 个国家的科学家、教育家、经济学家、人类学家、实业家和国际文职人员近 30 人聚集在罗马山猫科学院,讨论现在和未来的人类困境这个令人震惊的问题。这次会议诞生了一个"无形的学院"——罗马俱乐部,其目的是促进对构成我们生活在其中的全球系统的多样但是相互依赖的各个部分——经济的、政治的、自然的和社会的组成部分的认识,促使全世界制定政策的人和公众都来注意这种新的认识,并通过这种方式,促成具有首创精神的新政策和行动。受罗马俱乐部的委托,以麻省理工学院 D. 梅多斯( Dennis. L. Meadows)为首的研究小组,针对长期流行于西方的高增长理论进行了深刻反思,并于 1972 年提交了俱乐部成立后的第一份研究报告,即《增长的极限》。报告深刻阐明了环境的重要性以及资源与人口之间的基本联系。报告认为:由于世界人口增长、粮食生产、工业发展、资源消耗和环境污染这五项基本因素的运行方式是指数增长而非线性增长,全球的增长将会因为粮食短缺和环境破坏于下世纪某个时段内达到极限。就是说,地球的支撑力将会达到极限,经济增长将发生不可控制的衰退。因此,要避免因超越地球资源极限而导致世界崩溃的最好方法是限制增长,即"零增长"。

《增长的极限》一发表,在国际社会特别是在学术界引起了强烈的反响。由于种种因素的局限,其结论和观点存在十分明显的缺陷。但是,报告所表现出的对人类前途的"严肃的忧虑"以及唤起人类自身的觉醒,其积极意义却是毋庸置疑的。它所阐述的"合理的、持久的均衡发展",为孕育可持续发展的思想萌芽提供了土壤。

在《增长的极限》出版 20 多年后的 1997 年,梅多斯女士在接受美联社记者采访时表示,在该书出版后的这些年里,让她最感到意外的就是:全球对能源和资源的利用效率有了大幅度提高,另外全球人口的低增长率也让她欢欣不已。可以用该书作者的一句话来评价其作用:这本书对人类的极度关切,鼓舞着我们和其他许多人来思考世界的各种长期问题。

**3.《人类环境宣言》——人类对环境问题的正式挑战**

1972 年 6 月 5 日至 16 日,联合国人类环境会议在斯德哥尔摩召开,来自世界 113

个国家和地区的代表汇聚一堂,共同讨论环境对人类的影响问题。大会通过的《人类环境宣言》宣布了 37 个共同观点和 26 项共同原则。它向全球呼吁:现在已经到达历史上这样一个时刻,我们在决定世界各地的行动时,必须更加审慎地考虑它们对环境产生的后果。由于无知或不关心,我们可能给生活和幸福所依靠的地球环境造成巨大的无法挽回的损失。因此,保护和改善人类环境是关系到全世界各国人民的幸福和经济发展的重要问题,是全世界各国人民的迫切希望和各国政府的责任,也是人类的紧迫目标。各国政府和人民必须为着全体人民和自身后代的利益而做出共同的努力。

作为探讨保护全球环境战略的第一次国际会议,本次大会的意义在于唤起了各国政府共同对环境问题,将别是对环境污染的觉醒和关注。尽管大会对整个环境问题认识比较粗浅,对解决环境问题的途径尚未确定,尤其是没能找出问题的根源和责任,但是,它正式吹响了人类共同向环境问题挑战的进军号。各国政府和公众的环境意识,无论是在广度上还是在深度上都向前迈进了一步。

会议建议联合国大会,把联合国人类环境会议开幕日——6 月 5 日,定为“世界环境日”。1972 年,第 27 届联合国大会接受并通过了这项建议。世界环境日的意义在于提醒全世界注意全球环境状况和人类活动对环境的危害,要求联合国系统和各国政府在这一天开展各种活动,来强调保护和改善人类环境的重要性,联合国环境规划署(UNEP)在每年世界环境日发表环境现状的年度报告书。

**4.《我们共同的未来》——环境与发展思想的重要飞跃**

联合国世界环境与发展委员会(WCED)于 1983 年 3 月成立,挪威首相布伦特兰夫人任主席。该组织负责制订长期的环境对策、研究能使国际社会更有效地解决环境问题的途径和方法。经过 3 年多的深入研究和充分论证,该委员会于 1987 年向联合国大会提交了《我们共同的未来》(Our Common Future)的研究报告。该报告分为“共同的问题”、“共同的挑战”和“共同的努力”三个部分。将注意力集中于人口、粮食、物种和遗传、资源、能源、工业和人类居住等方面。在系统探讨了人类面临的一系列重大经济、社会和环境问题之后,第一次提出了“可持续发展”的概念。报告深刻指出,在过去,我们关心的是经济发展对生态环境带来的影响,而现在,我们迫切地感到生态的压力对经济发展所带来的重大影响。因此,我们需要有一条新的发展道路,这条道路不是一条仅能在若干年内在若干地方支持人类进步的道路,而是一直到遥远的未来都能支持全球人类进步的道路,这就是“可持续发展的道路”。

**5.《里约环境与发展宣言》和《21 世纪议程》——环境与发展的里程碑**

联合国环境与发展大会(UNCED)于 1992 年 6 月在巴西里约热内卢召开,共有 183 个国家的代表团和 70 个国际组织的代表出席了会议,102 位国家元首或政府首脑到会讲话。会议通过了《里约环境发展宣言》(又名《地球宪章》)和《21 世纪议程》两个纲领性文件。前者是开展全球环境与发展领域合作的框架性文件,是为了保护地球永恒的活力和整体性,建立一种新的公平的全球伙伴关系的“关于国家和公众行为基本准则”的宣言,它提出了实现可持续发展的 27 条基本原则。后者则是全球范围内可持续发展的行动计划,它旨在建立 21 世纪世界各国在人类活动对环境产生影响的各个方面的行动规则,为保障人类共同的未来提供一个全球性措施的战略框架。以这次大会为标志,人类对环境与发展的认识提高到了一个崭新的阶段。大会为人类高举可持续发展之旗帜,走可持续发展之路发出了总动员,使人类迈出了跨向新的文明时代的关键性一步,为人类的环境与发展矗立了一座重要的里程碑。

### 3.2.2 可持续发展观点

布伦特兰夫人提交的报告《我们共同的未来》中,把可持续发展定义为:"既满足当代人的需要,又不对后代人满足其自身需要的能力构成危害的发展。"1989 年,联合国环境署第 15 届理事会通过《关于可持续发展的声明》接受和认同了这一观点。可持续发展是指既满足当前需要,又不削弱子孙后代满足其需要的能力的发展,而且绝不包含侵犯国家主权的含义。UNEP 理事会指出,可持续发展涉及国内合作和跨越国界的合作。可持续发展意味着国家内和国际间的公平,意味着要有一种互相支援的国际经济环境,从而使各国,特别是发展中国家经济持续增长,这对良好的经济管理也是至关重要的。可持续发展还意味着维护、合理使用并且加强自然资源基础,可持续发展表明在发展计划和政策中加入人们对环境的关注与考虑,而不是在援助和发展资助方面的一种新形式的附加条件。这些论述,涵盖了两种重要的观念。第一,人类要发展,要满足人类发展的需求;第二,不能损害自然界,支持当代人和后代人的生存发展能力。

### 3.2.3 可持续发展的基本原则

**1.公平性原则**

公平是指机会选择的平等性。可持续发展的公平性有两个方面:一个是本代人的公平,也就是同代人之间的横向公平。可持续发展要满足所有人的基本需求,给他们机会去实现过上幸福生活的愿望。当今世界贫富悬殊两极分化的不合理状况是不符合可持续发展的公平性原则的,所以要保障世界各国公平的发展权,公平的资源使用权,在可持续发展的进程中消除贫困。各国拥有按本国的环境和发展政策开发本国自然资源的主权,也负有确保在自己管辖范围内的活动,不损害其他国家的环境。另一个是代际间的公平,也就是世代间的纵向公平。自然资源是有限的,当代人不要因为自己的发展和需求,损害后代人发展和需求的条件——自然资源和环境,要保障后代人公平利用自然资源和环境的权利。

**2.持续性原则**

有许多因素在制约着可持续发展,其中最主要的就是资源和环境。资源的持续利用和生态环境的可持续性是可持续发展的重要保证。人类发展必须不损害养育地球生命的大气,水,土壤,生物等自然条件,必须充分考虑资源的临界性,必须适应资源和环境的承载能力。人类在经济和社会发展中,要根据持续性原则调整自己的生活方式,确定自身的消费标准,不能盲目地过度地生产和消费。

**3. 共同性原则**

可持续发展关系到全球的发展,尽管不同国家的历史、经济、文化和发展水平不同,可持续发展的具体目标、政策和实施步骤也有差异,但是公平性和持续性的原则是一致的。要实现可持续发展的总目标,必须争取全球共同的配合行动。因此,达成既尊重各方的利益,又保护全球环境与发展体系的国际协定是十分重要的。《我们共同的未来》中提出"今天我们最紧迫的任务也许是要说服各国,认识回到多边主义的必要性","进一步发展共同的认识和共同的责任感,是这个分裂的世界十分需要的。"

### 3.2.4　中国与可持续发展

中国是一个拥有世界近 1/4 人口的发展中国家,生态环境脆弱,人均资源不足,在交通闭塞生存环境差的农村还没有完全摆脱贫困的状态,发展与环境的矛盾十分尖锐。从 20 世纪 70 年代后期开始,中国政府通过总结经验、吸取教训,把计划生育和环境保护作为两项基本国策,从妥善处理人口和环境的根本关系上协调社会与经济的共同发展。

1992 年里约联合国环境与发展大会以后,中国政府率先制定了《中国 21 世纪议程》,把可持续发展战略确定为现代化建设必须始终遵循的重大战略。在保持经济持续、快速和健康发展的过程中,可持续发展的理念越来越为社会各界所接受。1994 年和 1996 年,中国政府分别召开了第一次、第二次中国 21 世纪议程高级国家圆桌会议,得到了联合国机构、有关国际组织、许多国家政府以及工商企业界的支持,交流了可持续发展的经验,推动了可持续发展领域的国际合作,促进了中国国内的工作,取得了可喜的成果。

1996 年 3 月,《中华人民共和国国民经济和社会发展"九五"计划》和《2010 年远景目标纲要》,把可持续发展作为重要的指导方针,指导国家的发展规划。这五年中,中国还修订和制定了一系列有关环境、资源方面的法律、法规。在新修订的《刑法》中,增加了"破坏环境资源保护罪"的规定,为强化环境监督执法、制裁环境犯罪行为,提供了强有力的法律依据。1999 年 12 月修订的《海洋环境保护法》,进一步加大了对海上活动的环境保护监督力度。2000 年 4 月修订的《大气污染防治法》,对空气污染防治做出了更为明确的严格的规定。在 2001 年 3 月底九届全国人民代表大会第四次会议上,通过的《关于国民经济和社会发展第十个五年计划纲要》中,提出要"促进人口、资源、环境协调发展,把实施可持续发展战略放在更突出的位置。"就加强生态建设和环境保护制定了明确的政策和目标,其具体内容是:"加强生态建设和环境保护,抓好长江上游、黄河中上游等地区的天然林保护工程建设。继续加强东北、华北、西北和长江中下游等重点防护林体系建设。加强天然草原的保护和建设。推进岩溶地区沙漠化综合治理。抓紧治理京津地区风沙源。搞好城市绿化,使大中城市环境质量明显改善。重视农村污染治理和环境保护。健全环境、气象和地震监测体系,做好防灾减灾工作。"中华人民共和国第十二届全国人民代表大会常务委员会第八次会议,于 2014 年 4 月 24 日修订通过《中华人民共和国环境保护法》,被称为"史上最严厉"的新法。

通过各级政府、企业和社会各界的共同努力,中国可持续发展战略取得了积极的进展并具有新的特点。

### 1. 人口再生产类型实现了历史性转变

我国自 20 世纪 70 年代开始实行计划生育基本国策以来,人口出生率和自然增长率逐年下降。根据 2000 年 11 月 1 日第五次全国人口普查的数据公报,全国总人口为 12.9533 亿人,同第四次全国人口普查 1990 年 7 月 1 日的 11.336 8 亿人相比,年平均增长率为 10.07‰,比 20 世纪 80 年代末下降了 4 个千分点,这标志着我国人口再生产类型实现了从高出生、低死亡、高增长向低出生、低死亡、低增长的历史性转变。在控制人口数量的同时,人口素质有所提高。全国基本实现了普及九年义务教育(2000 年底达到 85%)和基本扫除青壮年文盲的目标,2000 年底我国人口的文盲率(15 岁级以上文盲占总人口的比重)为 6.72%,比 1990 年普查的 15.88% 下降了 9.16%。中等教育有了进一步发展,高等教育的规模显著扩大。同 1990 年第四次人口普查相比,2000 年第五次人口普查中,每 10 万人受教育程度的变化如下:

具有大学程度的由 1 422 人上升为 3 611 人;

具有高中程度的由 8 039 人上升为 11 146 人;

具有初中程度的由 23 344 人上升为 33 961 人。

2010 年第六次人口普查中,每 10 万人受教育程度的变化如下:

具有大学程度的由 3 611 人上升为 8 930 人;

具有高中程度的由 11 146 人上升为 27 564 人;

具有初中程度的由 33 961 人上升为 83 986 人。

### 2. 资源保护、开发和节约有了积极的进展

我国政府实行严格的资源管理制度,制止乱占耕地,实行节约用水和水价改革,治理整顿矿业开采。重新修订的"海洋资源保护法",对重点海域实施污染物排放总量控制制度,对主要污染源排放数量实施配额制。1996 年国家制定了对废弃物实现资源化的鼓励政策,提出了"资源开发与节约并举,把节约放在首位"的指导方针,资源综合利用的水平有了明显的提高。

### 3. 生态建设、环境污染治理和灾害防御进入了新的阶段

我国先后实施了东北、华北、西北地区的防护林、长江中上游防护林、沿海防护林以及天然林保护等一系列林业生态工程。全国建立了 2 000 多个生态农业试验区,建立各类自然保护区近 1 000 处。与此同时,加大了环境保护力度,正在实施的污染源排放单位污染总量配额制,使城市环境质量和污水排放情况有了很大改善。国家确定的重点流域重点地区的污染治理,也取得了阶段性的成果,关闭了一批能耗高、污染重、破坏资源的企业和项目。

# 思考题

1. 我国的计划生育政策是 20 世纪 70 年代初开始的,1980 年开始实行独生子女政策。而江苏如东计划生育开始于上世纪 60 年代初,70 年代就走上正轨,实现了低生育水平,80 年代就走上严格的计划生育道路。因此,江苏如东比全国提前 20 年进入老龄化,104 万人口的县,近 30 万 60 岁以上老人正在寻找"寄托"之所,年轻人出走、生源锐减、劳动力短缺、城镇萧条等系统性问题已经暴露。南京大学社会学院人口学教授陈友华说,发展是最好的避孕药,人们的思想观念改变了,少生优生成为人们的自觉行动,导致人口老龄化。如何有效缓解江苏如东人口老龄化问题?

2. 为什么说人口问题也是环境问题?

3. 中国人口众多,对可持续发展战略有什么深远的影响?

# 第4章　水污染及控制技术

**内容提要**　人类和人类文明诞生于水,水是人类生存的必备条件,水质和水安全一直是决定国家生存和发展的关键因素。除了水资源地区性分布不均外,工业革命和人口激增同样引起了水资源短缺和水污染恶化的局面,因水而生的环境和健康问题不断引起我们的重视。本章将从水资源、水污染和水污染治理技术角度阐明现存的水危机和水问题,探讨解决之道,植根环境保护理念,实现水资源的可持续发展和高效利用。

本章学习的主要内容包括以下几点:

(1)水污染及水体污染;

(2)水体富营养化;

(3)水中污染物种类及特点;

(4)典型水处理技术及工艺、原理。

## 4.1　水资源

### 4.1.1　水资源

水是自然界最普遍存在的物质之一,没有水就没有生命,对于人类来说片刻也不能离开水。地球上约有 $1.4 \times 10^9 \text{ km}^3$ 的水,但绝大部分是海水,能够供人类使用的淡水,只占3%左右,而且淡水中的77%是以冰雪的形式存在于南极与北极,人类实际上能够利用的水只占地球上总水量的0.77%。全球水量分布见表4.1。

**表4.1　全球水量分布表**

| 水的类型 | 河水 | 淡水湖 | 冰川 | 冰帽 | 土壤水 | 地下水 | 生物水 | 大气水 | 咸水湖 | 海水 |
|---|---|---|---|---|---|---|---|---|---|---|
| 水量/$\times 10^{13} \text{ m}^3$ | 0.21 | 12.5 | 20 | 2880 | 6.5 | 800 | 0.11 | 1.3 | 10 | 132000 |
| 比例/% | 0.0002 | 0.009 | 0.015 | 2.121 | 0.005 | 0.589 | 0.0001 | 0.001 | 0.007 | 97 |

水资源具有核心的战略地位,联合国确定了70处与水有关的冲突地区,从中东到西非,从拉丁美洲的干旱地带到印度次大陆,主要的闪燃点包括以色列与阿拉伯国家之间的争执,埃塞俄比亚与埃及对尼罗河的争执,印度与孟加拉国对恒河的争执,土耳其、叙利亚和伊拉克对幼发拉底斯河的争执等。

我国水资源形势也是比较严峻的。尽管我国有许多河流、湖泊和水库,总水面积为 $1.67 \times 10^8 \text{ m}^2$,年均径流量为 $2.8 \times 10^{12} \text{ m}^3$,居世界第6位,但人均仅为 2 163 $\text{m}^3$,不到世界人均值的 1/4,相当于美国的 1/5,加拿大的 1/48,世界排名 110 位,被列为全球 13 个人均水资源贫乏国家之一。特别是我国水资源分布极不均衡,长江以南地区降水充沛,水资源丰富,而北方广大地区降水时间集中,水资源匮乏,在一定程度上已经成为经济建设和人民生活水平提高的制约因素。如北京市的水资源人均已降至 260 m³,若加上流动人口,已经低于世界最缺水的以色列。据有关资料,目前全国有 400 多个城市缺水,年缺水量达 $7 \times 10^9$ m³,严重制约了我国经济发展和生活用水。扩大水资源,节约用水,势在必行。

**案例 4.1　南水北调**

南水北调工程是缓解中国华北和西北地区水资源短缺的国家战略性工程,是把中国长江流域丰盈的水资源抽调一部分送到华北和西北地区。我国南涝北旱,南水北调工程通过跨流域的水资源合理配置,促进南北方经济、社会与人口、资源、环境的协调发展。南水北调工程分东线、中线、西线三条调水线。

南水北调工程的根本目标是改善和修复北方地区的生态环境。由于黄淮海流域的缺水量 80% 分布在黄淮海平原和胶东地区,因而优先实施东线和中线工程势在必行;在黄淮海平原和胶东地区的缺水量中,又有 60% 集中在城市,城市人口和工矿企业较集中,缺水造成经济和社会影响巨大。因此,近期确定的南水北调工程的供水目标为:解决城市缺水为主,兼顾生态和农业用水。

南水北调工程规划最终调水规模为 448 亿立方米,其中东线 148 亿立方米,中线 130 亿立方米,西线 170 亿立方米,建设时间约需 40～50 年。建成后可以解决 700 多万人长期饮用高氟水和苦咸水的问题。

## 4.1.2　水体与天然水的组成

水体(water body)是地表水圈的重要组成部分,指的是以相对稳定的陆地为边界的天然水域,包括有一定流速的沟渠、河流和相对静止的塘堰、水库、冰川、湖泊、沼泽、地下水以及受潮汐影响的三角洲与海洋等。从自然地理角度看,水体是指被水覆盖的自然综合体。

环境科学领域中,水体是地表水圈的重要组成部分,不仅包括水相的水,而且也包括水中的悬浮物质、溶解物质、底泥和水生生物,是一个完整的生态系统或完善的自然综合体。如重金属污染通常是从水中转移到底泥中(沉淀、吸附或螯合),水中重金属的含量一般不高,仅着眼于水似乎未受污染,但从整个水体来看,则很可能受到较严重的污染。底泥中的重金属将成为水体中的一个长期次生污染源,很难治理。

自然界中的水通常不是纯净的,其中含有各种各样物理、化学和生物成分,可以是固态、液态或气态,以分子、离子和胶体颗粒状态存在。由于水中各种成分及其含量不同,如水的色、味、浑浊度等感官性状,温度、pH 值、电导率、氧化还原电势、放射性等物理化学性能,无机物、有机物化学成分,水中生物种类与数量组成,以及水体底泥的状况等,有很大的差别。天然水含有地壳中的大部分元素,其中含量较多、较常见的的主要物质见表 4.2。

表 4.2　天然水中的主要物质

| 溶解气体 | | 溶解物质 | | | 胶体物质(1~100 nm) | | 悬浮物质 |
| --- | --- | --- | --- | --- | --- | --- | --- |
| 主要气体 | 微量气体 | 主要离子 | 生物生成物 | 微量元素 | 无机胶体 | 有机胶体 | |
| $N_2$　$O_2$ $CO_2$ | $H_2$　$CH_4$ $H_2S$ | $Cl^-$　$SO_4^{2-}$ $HCO_3^-$ $CO_3^{2-}$ $Mg^{2+}$ $Na^+$ $Ca^{2+}$ | $NH_4^+$ $NO_3^-$ $NO_2^-$ $HPO_4^{2-}$ $H_2PO_4^-$ $PO_4^{3-}$ $Fe^{2+}$　$Fe^{3+}$ | $Br^-$　$I^-$ $F^-$　$Ni$ $Ti$　$V$ $Au$　$Ba$　$Rn$ | $SiO_3^{2-}$ $Fe(OH)_2$ $Al(OH)_3$ | 腐殖质胶体 | 细菌 藻类 原生物 泥土、黏土 其他不溶物质 |

## 4.1.3　水循环

地球上水的储量是有限的,水是不能新生的,只能通过水的大循环而再生。水的循环分为自然循环和社会循环两种。

水利学上研究的水文,是研究自然界水体的变化运动,相互变换和时空变化规律的自然科学。水文是地理地质学研究的一个重要方面,地理意义上的水文首先是关注自然的表现。在研究其规律的基础上,来为现实服务提供重要决策依据。因此,水文主要是对地球上水现象的表述。针对一个国家来说,是反应其自然资源有效储备的重要指标,是一个国家的水资源、水文化的表现状态。

### 1. 自然循环

自然界中的水在太阳照射和地心引力等的作用下不停地流动和转化,通过降水、径流、渗透和蒸发等方式循环,构成水的自然循环(图 4.1),形成各种不同的水源。全球每年从海、陆蒸发进入大气圈的水量为 57.7 千万立方米,每年也有同样的水量以降水的形式回到陆地和海洋。全球每年海洋蒸发量为 50.5 千万立方米,其中 91% 在海洋上空形成降水,直接回到海洋。全球每年陆地降水量为 11.9 千万立方米,其中 61% 通过陆地上的水面、陆面和植物蒸腾返回大气。有 39% 以地面和地下径流流入海洋。全球每年约有 115.4 千万立方米的水参与水循环,其中蒸发量的 87% 和降水量的 79%,发生在海洋–大气系统中。全球总蒸发量的 13% 和降水量的 21%,发生在陆地–大气系统中。在自然循环中几乎在每个环节都有杂质混入,使水质发生变化。

水是一种随时空变化的自然资源,水体是以相对稳定的陆地为边界的天然水域。全球水体因受体积、运动速度和交换程度的影响,全部更新和交换一次的周期很不相同,其具体周期见表 4.3。

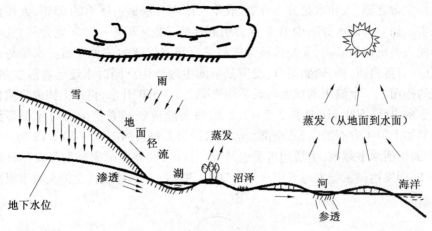

图 4.1 水的自然循环

表 4.3 全球各种水体的更新周期(a:年,d:天,h:小时)

| 水体 | 海洋 | 地下水 | 土壤水 | 极地冰和永久积水 | 山地冰川 | 永久冻土下的冰 | 湖泊 | 沼泽 | 河流 | 大气水 | 生物水 |
|------|------|--------|--------|------------------|----------|----------------|------|------|------|--------|--------|
| 更新周期 | 2500a | 1400a | 1a | 9700a | 1600a | 10000a | 17a | 5a | 16d | 8d | $nh$ |

### 案例 4.2 海绵城市

海绵城市(sponge city),顾名思义是借海绵的物理特性来形容城市的某种功能,使城市在适应环境变化和应对雨水带来的自然灾害等方面具有良好的"弹性",也可称之为"水弹性城市"。具体是指城市能够像海绵一样,在适应环境变化和应对自然灾害等方面具有良好的"弹性",下雨时吸水、蓄水、渗水、净水,需要时将蓄存的水释放出来并加以利用。其深层内涵包括三方面:一是,海绵城市面对洪涝或者干旱时能灵活应对和适应各种水环境的危机,体现出弹性城市应对自然灾害的能力;二是,海绵城市要求基本保持开发前后的水文特征不变,主要通过低影响开发的开发思想和相关技术实现;三是,海绵城市要求保护水生态环境,将雨水作为资源合理储存起来,以解城市出现的缺水之急,体现出对水环境及雨水资源可持续的综合管理思想。

这是我国继园林城市、森林城市、生态城市、低碳城市等一系列政策引导的城市理念后出现的新概念。我国的目标是,到 2020 年,20% 以上的城市建成区实现自然存储 70% 的降雨;2030 年,全国 80% 以上的城市建成区实现这一目标。

### 2. 社会循环

人类社会为了满足生活和生产的需求,要从各种天然水体中获取大量的水。生活用水和工业用水在使用后,就成为生活污水和工业废水被排出,最终又流入天然水体。这样,水在人类社会中构成的局部循环体系,称为社会循环。水的社会循环的前一半称为给水(或供水),后一半称为排水,如图 4.2 所示。给水排水一直作为城市的基础设施的一部分,随着城市和工业的发展而发展。

　　水是生命之源,人和水是分不开的,成年人体内含水量占体重的65%,人体血液中80%是水。如果人体水分减少10%便会引起疾病,减少20%~22%就会死亡。因此,水是构成人类机体的基础,又是传输营养和进行新陈代谢的一种介质。水参与人体的化学反应,与蛋白质、糖、磷脂结合,发生复杂的生理作用。同时水还起着散发热量、调节体温的作用。一个健康的成人每天平均要喝2.2~3.0升水,再加上体内物质代谢产生的内生水300~500 mL,总共2.5~3.5 L,每天经皮肤和粪便排出与此相等数量的水。如果加上卫生方面的需要,全部生活用水量每人每天约需40~50 L以上。一般来说,人们的生活水平越高,生活用水量也越大。目前,发展中国家平均每人每日用水量约为50 L,而发达国家每人每天用水量为200~300 L,在一些现代化的大城市里用水量还要更高。

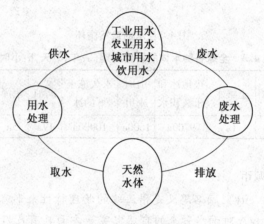

图4.2　水的社会循环

　　(1)工业生产离不开水

　　人类用水量中的25%用于工业耗费,各种工业,无论是电力、冶金、化工、石油,还是纺织、印染、食品、造纸等都需要水。例如造纸业,每生产1吨纸,需消耗水100~150 m³,个别小企业甚至需要消耗300 m³。可以说,几乎没有一种工业不需要水。正如人们所说的,水是工业的血液。

　　(2)水是农业的命脉

　　人类用水量中70%以上用于农业和畜牧业。世界上不少国家尽管工业用水量很大,但用于农田灌溉的水量仍远远超过工业用水量。即使是一些工业发达国家,如日本和美国,其农业用水量也是工业用水量的2~3倍。我国是以农业为基础的国家,农业是主要的用水部门。据统计,长江流域每亩水稻田的需水量为300~500 m³。北方地区主要农作物,如小麦、玉米和棉花每亩的需水量分别为200~300 m³,150~250 m³和80~150 m³。

　　随着世界人口的增长和工农业的发展,用水量也在日益增加。据统计,全世界总用水量由1980年的3 000 km³增加到2000年的6000 km³。另一方面,用水量增加的结果会使污水量也相应增加。未经妥善处理的污水如果任意排入水体就会造成严重的污染。1 m³废水往往要污染数立方米净水,使本来不充裕的水资源更加紧张。因此,在合理开发利用水资源的同时,必须有效地控制水体污染。

**案例 4.3　圆明园铺设防渗膜事件**

圆明园的湖底是砂石质,并且北京地下水超采严重,因此特别容易渗水,测算显示圆明园湖底年渗水量为 250 多万立方米。平水年里,圆明园湖泊缺水 540 多万立方米,偏枯水和枯水年更加严重,圆明园每年都要从玉泉河补 3 次水,总量多达数百万立方米,从玉泉河引水每吨 1.30 元,一年的补水花费就是几百万元,但就是这样,圆明园水面还是经常干涸,这两年干涸的最长时间竟长达 7 个月。于是,有了铺设防渗膜事件,在全部水域防渗处理后,圆明园每年可减少渗漏损失 150.79 万立方米。

2005 年 3 月 28 日兰州大学生命科学学院张正春教授,质疑圆明园湖底防渗工程破坏园林生态。

3 月 31 日,圆明园湖底防渗工程被叫停。国家环境保护总局表示,该工程未进行建设项目环境影响评价,应该立即停止建设,依法补办环评审批手续。

4 月 13 日,环境保护总局举行公众听证会,就圆明园遗址公园湖底防渗工程项目的环境影响问题,听取专家、社会团体、公众和有关部门的意见。

5 月 10 日,环境保护总局正式下发关于"圆明园管理处限期补办环评报告"的通知。这意味着圆明园管理处必须在 40 天内上交环评报告。

5 月 17 日,国家环境保护总局消息,清华大学已承接圆明园整治工程的环评工作,将在环境保护总局限定的时间内提交环境影响报告书。

6 月 30 日环境保护总局环评司于 6 月 30 日正式受理了圆明园管理处按要求提交的《圆明园东部湖底防渗工程环境影响评价报告书》。

7 月 7 日国家环境保护总局副局长潘岳向新闻界通报,环境保护总局于 7 月 5 日组织各方专家对清华大学的环评报告书进行了认真审查,同意该报告书结论,要求圆明园东部湖底防渗工程必须进行全面整改。

圆明园自 2004 年底开始挖掘湖底淤泥,防渗漏工程从 2005 年 2 月 16 日开始。这种白色的防渗层由一层稍厚的塑料膜和一层软膜组合而成。塑料膜是起到防渗漏的作用,而附在上面的白色软膜,是为了在施工时防止塑料膜被石块等硬物破坏。施工时,先用挖掘机将湖底的淤泥挖出,铺好塑料膜后再用大约有 1 米厚的土层掩埋,四周用水泥严密封闭。这种防渗的塑料膜宽 6 米,长 50 米,每卷的价格大约是 3 000 余元,总花费约 1.5 亿元。

市环境保护局对圆明园湖底铺设防渗膜调查后初步认定,圆明园湖底铺设防渗膜工程未按国家相关法律做任何环评报告,也未通过市环境保护局的环境保护审批。据市环境保护局相关负责人介绍,2003 年 9 月 1 日开始实施的《环境影响评价法》明确规定,对环境有影响的建设项目未编写有关环境影响的篇章或者说明的规划草案,审批机关不予审批,未经环境保护审批并获得环境保护许可证的工程将被强制停工或取缔。按照规定,在国家重点文物保护区内的建设且投资额超过 5 000 万元的项目,必须向国家环境保护总局提交环境影响评价报告书,由环境保护总局进行审批。但圆明园湖底防渗项目未报批,4月1日北京市海淀区政府做出决定,圆明园湖底防渗工程停止施工,补办环境影响评价手续,并将于下周组织专家论证会。1日下午4时,圆明园管理处已正式接到环境保护总局的通知,要求其补办《环境评估报告》。事实上施工仍未完全停止,圆明园湖底防渗膜铺设工程已经基本完成,只是在进行最后的河道清淤工作。

对天然湖底进行全部防渗处理,将导致两大严重后果:

一是破坏圆明园的整体生态系统。水是维系整个园体生态系统的命脉,如此大规模地翻土、压实,破坏了湖中的物种多样性;把湖底盖死更会隔断水的自然循环,使之无法与防渗膜下的部分进行物质、能量交换,这样更把本来就不流动的湖水彻底变成了死水,降低了水的自净能力,更容易导致富营养化。

二是会破坏圆明园的古典园林风格。圆明园作为清代的皇家园林,是中国古典园林的集大成者,山水相连、浑然一体、宛若天成是她的精髓所在。防渗处理后,无异于把自然湖、河道变成了人工水池、水渠,把真水变成了"假水";特别是严丝合缝的水泥砌岸,人为地把山水割断,破坏了山水一体、气息相通的整体格局。

从4月1日被叫停开始,历经98天,圆明园防渗工程终于有了定论。时任国家环境保护总局副局长潘岳向新闻界通报,环境保护总局于7月5日组织各方专家对清华大学的环评报告书进行了认真审查,同意该报告书结论,要求圆明园东部湖底防渗工程必须进行全面整改,部分防渗膜必须拆除。

# 4.2　水体自净与水体污染

## 4.2.1　水体自净

### 1. 水体自净

自然环境包括水环境对污染物质都具有一定的承受能力,就是所谓的环境容量。水体在其环境容量范围内,经过自身的物理、化学和生物作用,使受纳水体中的污染物不断降低,可以逐渐恢复原有的水质,即水体自净。因此,水体自净的实质是污染物的迁移、转化和衰减过程。按净化机理的不同可分为物理净化,化学净化和生物净化。

(1)物理净化作用

物理净化作用包括稀释、混合、挥发、扩散、沉淀等过程,使污染物在水中的浓度明显降低。其净化效果主要决定于水体的物理条件如温度、流速、流量和污染物的物理性质如密度、形态、粒度等。

(2)化学净化作用

通过氧化还原、吸附解吸、分解化合、胶溶混凝、酸碱中和等反应进行,使污染物发生化学变化,以降低在水中的浓度。

(3)生物净化作用

通过微生物的代谢活动使有机物转化为无毒无害、性质稳定的无机物,是水体自净过程中最活跃、最积极的因素。影响净化的因素包括水中的溶解氧含量、温度和营养物质等。

以上三个净化过程同时同地产生,且相互影响,通常物理和生物净化过程在自净过程中占主导。

**2. 水环境容量**

一定水体所能容纳污染物的最大负荷,称为水环境容量,即某水域所能承受外加的某种污染物的最大允许负荷量。水体对某些污染物的水环境容量与水体的自净能力、污染物本身的性质以及水体的用途和功能等密切相关,它们之间有如下关系

$$W = V(C_s - C_b) + C$$

式中　$W$—— 某地面水体对某污染物的水环境容量,kg;

　　　$V$—— 地面水体的体积,$m^3$;

　　　$C_s$—— 地面水体中某污染物的环境标准值或水质目标,$g \cdot L^{-1}$;

　　　$C_b$—— 地面水体对某污染物的环境背景值,$g \cdot L^{-1}$;

　　　$C$—— 地面水体对某污染物的自净能力,kg。

### 4.2.2　水体污染

当污染物进入水体后,其含量超过了水体的自然净化能力,使水体的水质和水体底质的物理、化学性质或生物群落组成发生变化,破坏了水中固有的生态系统,从而降低了水体的使用价值和使用功能,这种现象称为水体污染(water pollution)。造成水体污染的原因有自然的和人为的两个方面,前者如火山爆发产生的尘粒落入水体而引起的水体污染;后者如生活废水、工业废水和农村污水、灌溉水未经处理而大量排入水体造成的污染。通常所说的水体污染,均专指人为的污染,其中工业废水是水体的主要污染源,且量大面广,含有的污染物质多,组成复杂,毒性大,不易从水中去除,处理困难。

向水体排放或释放污染物的来源和场所称为水体污染源。按形态分为点源污染和非点源污染,按稳定性分为固定污染源和移动污染源,按排放时间分为连续、间断和瞬时污染源。

点源污染(Point Source pollution)指有固定排放点的污染源,包括工业废水和城市生活污水,通常有固定的排污口集中排放。非点源污染则没有固定污染排放点,是指溶解和固体污染物从非特定的地点,在降水的冲刷作用下,通过径流过程而汇入受纳水体(包括河流、湖泊、水库和海湾等)并引起水体有机污染、水体富营养化或有毒有害等其他形式的污染,如没有排污管网的生活污水的排放。非点源污染(Non-point Source Pollution,NPS),也称面源污染(Diffused Pollution,DP),根据面源污染发生区域和过程的特点,一般将其分为城市面源污染和农业面源污染两大类。城市面源污染主要是由降雨径流的淋浴和冲刷作用产生的,城市降雨径流主要以合流制形式,通过排水管网排放,径流污染初期作用十分明显。特别是在暴雨初期,由于降雨径流将地表的、沉积在下水管网的污染物,在短时间内,突发性冲刷汇入受纳水体,而引起水体污染。据观测,在暴雨初期(降雨前 20 min)污染物浓度一般都超过平时污水浓度,城市面源是引起水

体污染的主要污染源,具有突发性、高流量和重污染等特点。农业面源污染则是指在农业生产活动中,农田中的泥沙、营养盐、农药及其他污染物,在降水或灌溉过程中,通过农田地表径流、土壤中流、农田排水和地下渗漏,进入水体而形成的面源污染。这些污染物主要来源于农田施肥、农药、畜禽及水产养殖和农村居民。农业面源污染是最为重要且分布最为广泛的面源污染,农业生产活动中的氮素和磷素等营养物、农药以及其他有机或无机污染物,通过农田地表径流和农田渗漏形成地表和地下水环境污染。

日趋加剧的水污染,已对人类的生存安全构成重大威胁,成为人类健康、经济和社会可持续发展的重大障碍。据世界权威机构调查,在发展中国家,有8%的各类疾病是因为饮用了不卫生的水而传播的,每年因饮用不卫生水至少造成全球2 000万人死亡。因此,水污染被称为"世界头号杀手"。水体污染主要包括以下来源。

**1. 生活污水**

生活污水主要来源于城市生活污水,是厨房、洗涤、洗浴等排出的污水,特点是N,S,P的含量较高,含有大量的合成洗涤剂、纤维素、淀粉、脂肪蛋白等,还含有多种微生物和细菌。

城市人口每人每天一般需要生活用水40~50 L,有些发达国家高达400~900 L。有几十万、几百万人口的大中城市,每天排放的生活污水数量是相当大的。生活污水主要是各种洗涤水,其中99.6%以上是水,固体物质不到1%,多为无毒物质。其总的特点是氮、硫、磷的含量较高,在厌氧细菌的作用下,容易产生硫化氢、硫醇、氮杂茚(吲哚)和3-甲基氮杂茚(粪臭素)等恶臭的物质。生活污水中还含有大量的合成洗涤剂,对人类构成一定的危害。生活污水中的糖类、各种氨基酸,以及非挥发性和挥发性有机酸、醇、酯、酮和洗涤剂等有机成分,都是可溶性物质,而悬浮物质多为脂肪、碳水化合物和蛋白质。此外,生活污水中还含有多种微生物和细菌,这是其他污水所没有的。生活污水中还含有微量的金属,主要有Zn,Cu,Cr,Mn,Pb等。值得注意的是医院和疗养院的污水中,常含有病原菌和某些有毒物质等。

**2. 农村污水和灌溉水**

农村污水和灌溉水是水体污染的重要来源,其主要污染源包括牲畜粪便、农药、化肥等。农业污水中不但有机质、植物营养物及病原微生物含量高,而且农药、化肥含量高。在污水灌溉区,河流、水库和地下水均受到了污染,其特点为面广、分散、难于收集、难于治理。我国是世界上水土流失最严重的国家之一,每年表土流失量约50亿吨,致使大量农药、化肥随表土流入江、河、湖、库、海洋,随之流失的氮、磷、钾营养元素,使2/3的湖泊、水库和部分近海受到不同程度富营养化污染的危害,造成藻类以及其他生物异常繁殖,引起水体透明度和溶解氧的变化,从而导致水质恶化。

**3. 工业废水**

工业废水是水体的主要污染源,这类水的特点是,量大、面广、含污染物多、组成复杂、毒性大,不易净化,处理比较困难。不同的工业,由于生产过程不同,排出的废水差异很大,就是同一种工业也因工艺流程的不同,废水量和污染物含量也不同。现分类如下：

（1）轻纺工业废水

纺织、印染、制革、食品加工等行业，由于在加工过程中耗水量大，污染物复杂，是造成水质污染的主要原因。以纺织、印染为例，纺织废水主要是原料蒸煮、漂洗、漂白、上浆等过程产生的含天然杂质、脂肪及淀粉等有机物的废水。印染废水是洗染、印花、上浆等多道工序中产生的，含有大量染料、助染药剂、淀粉、纤维素、洗涤剂等有机物及碱、硫化物、各种盐类等无机物，污染性很强。如果印染废水进入水体，会使废水排泄区淤积的沉渣腐化，大量消耗水体中的溶解氧，鱼类无法生存，同时改变了水体的物理特性，使水具有色、味，造成严重的污染。另外，废水中还有一些重金属像 Hg，As，Cd 等对人体也有危害。

（2）冶金工业废水

冶金工业包括钢铁工业和有色金属工业。钢铁工业中的炼铁、炼钢、轧钢等过程需要水冷却，冲浇铸件、轧件等也产生大量污水，但对水的污染不是最厉害的。洗涤水是污染物质最多的废水，如除尘、净化烟气的废水含有大量的悬浮物，需经沉淀后再循环使用。有色金属工业中的如铜、铅、锌、镍以及铝等的冶炼废水，水质同原料和采用工艺有关，一般含有大量的金属离子和盐类，严重污染水体。

资料调查表明，每年我国材料制造业的工业废水排放量达到总工业排放量的31%；工业废气的排放量达到总工业排放量的 44.5%；工业废渣的排放量达到总工业排放量的 66.7%。由于材料制造业量大面广，因而对环境的总体影响很大。可以说，材料制造业一方面是创造人类财富的支柱产业，同时又是环境污染的主要源头之一。

（3）石油工业废水

石油废水主要来自石油的开采和石油的加工、提炼、储存及运输。废水中油的类型可分为轻碳氢化合物、重碳氢化合物、燃油、焦油、润滑油、脂肪油及清洗用化合物等。其主要危害表现在：油面的覆盖隔绝了水体的表面复氧，使水体丧失了自净能力。水体溶解氧的减少又破坏了水中生态平衡。油中一些低沸点芳香烃化合物对水中生物有直接毒害作用，而多环芳香烃的存在还会导致人类癌症发病率的升高。水中的油会使水质变臭，影响人体健康，若有巨浮油的存在还有可能引起火灾。

炼油工业也是一个污染较大的行业，一个生产装置比较齐全的炼油厂的用水量是加工原油量的 30～50 倍，因此在炼油过程中，有大量的含油废水排入水体，如超出水体的自净能力，会造成水体污染。例如，日排含油废水几十万吨的某炼油厂，废水的流量达到河流年平均流量的 1/3，开工时第一次放水，全河流立即出现污染，几十万斤鱼漂浮在河面上。河水中的酸、油均超标，油超过 125 倍，酸超过 249 倍，硫化物超过 22 倍，致使该河流严重污染。

（4）制药工业

医药产品按生产工艺过程分为生物制药和化学制药，按其特点可分为抗生素、有机药物、无机药物和中草药四大类。目前我国生产的常用药物达 2 000 多种，不同种类的药物采用的原料种类、数量、生产工艺及精制各不相同。因此，造成制药生产工艺及废

水的组成十分复杂,其废水水质和水量也存在着较大差异。一般情况下,制药工业废水按医药产品特点和水质特点可分为四大类,即:

①合成药物生产废水。该类废水的水质、水量变化大,含有较多难生物降解物和微生物生长抑制剂。

②生物法制药的发酵废水。根据其生产特点可分为提取废水、洗涤废水和其他废水,其中提取废水的有机物浓度、抑菌物质和酸、碱含量高,为该类废水的主要污染源,属较难处理废水。

③中成药生产废水。中成药废水水质波动很大,天然有机污染物高,COD 可高达 6 000 mg/L,甚至达数万,BOD$_5$ 也较高。

④洗涤水及冲洗水。制剂生产过程中的洗涤水及冲洗水制剂产生的废水,一般污染程度不大,主要来自原料洗涤。

(5)化学工业废水

化学工业是十分复杂的行业,目前化工产品在万种以上。具有排放量大、污染物含量高、污染物毒性大的特点。有的物质不易降解,能在生物体内积蓄,转变为食物污染,如 DDT、多氯联苯等。有些物质是致癌物,如某些芳烃、芳香胺和含氮杂环化合物等。另外还有无机盐和碱类,有很强的刺激性和腐蚀性。各种有机物随废水进入水体中,进行降解,消耗了大量的溶解氧,它们的化学需氧量和生化需氧量均比较高。化工废水中有的是强酸性,有的是强碱性,pH 值不稳定,对构筑物、水生生物和农作物都有危害,同时化工废水中有的含氮、磷均很高,使水体发生富营养化过程。另外化学反应常在高温下进行,往往排出的废水温度很高,还常引起热污染。

总之,工业废水是水体污染的最主要的污染源,其特点为排放量大,污染范围广,排放方式复杂;污染物种类繁多,浓度波动幅度大;污染物质有毒性、刺激性、腐蚀性、酸碱度变化大,悬浮物质和富营养物质多;污染物排放后迁移变化规律差异大;水体的修复比较困难。

**4. 交通运输污染源**

铁路、公路、航空、航海等交通运输部门,除了直接排放各种作业废水(如货车、货舱的清洗废水)外,还有船舶的油类泄漏,汽车尾气中的重金属通过大气、降水而进入水体造成污染。

### 4.2.3　水体中的主要污染物及其危害

使水体的水质、生物质、底泥质量恶化的各种物质为水体污染物,根据其种类和性质,可将水体污染物分为无机无毒物,无机有毒物,有机无毒物,有机有毒物,放射性污染物,生物污染物和热污染物等。

**1. 无机无毒物**

无机无毒物主要有颗粒状污染物,酸碱及一般无机盐类污染物,以及氮磷等植物营养物。

（1）颗粒状污染物

砂粒、矿渣等一类的颗粒状无机性污染物质，属于感官性污染指标，一般是和有机性颗粒状污染物质混在一起统称悬浮物或悬浮固体。它们主要来自水土流失、水力排灰、农田排水及洗煤、选矿、冶金、化肥、化工建筑等形成的一些工业废水、农业污水和生活污水。另外，雨水径流，大气降尘也是其重要来源。粒径大于 0.1 mm 的颗粒，在河道流速减慢的地方容易沉降下来，粒径小于 0.1 mm 的胶体颗粒，在静水中也不易沉降，因此，在水中可以迁移很远的距离。虽然无机颗粒状污染物本身无毒，但它们会吸附一些有毒的物质，使有毒物质扩大了污染范围。

悬浮物质是水体主要污染物之一，它能造成以下主要危害：

①悬浮物是各种污染物的载体，虽然本身无毒，但它能吸附部分水中有毒污染物并随水流动迁移。

②大大降低光的穿透能力，减少光合作用并妨碍水体的自净作用。

③对鱼类产生危害，可能堵塞鱼鳃，导致鱼的死亡，造纸工业中的制浆废水尤为明显。

④妨碍水上交通，缩短水库使用年限，增加挖泥费用等。

（2）酸碱及一般无机盐类污染物

污染水体中的酸主要来自矿山排水及冶金、金属酸洗加工、硫酸、酸法造纸等工厂排出的含酸废水，雨水淋洗含 $SO_2$，$NO_x$ 的空气后，汇入地表水体也能形成酸污染。水体中的碱主要来源于碱法造纸、化学纤维、制碱、制革及炼油等工业废水。而且，酸性废水与碱性废水相互中和并与地表物质相互反应生成无机盐类的污染，也不可忽视。酸碱污染会使水体的 pH 值发生变化，破坏自然缓冲作用，消灭或抑制微生物生长，妨碍水体自净，并能改变土壤性质，危害农、林、渔业生产等。此外，无机盐能增加水的渗透压，对淡水生物和植物生长不利。酸、碱污染物可增加水中无机盐类的浓度和水的硬度。水体硬度的增加对地下水的影响显著，可使工业用水的水处理费用提高。国家规定污水排放 pH 值为 6～9。

（3）氮磷等植物营养物

营养物质是指促使水中植物生长，从而加速水体富营养化的各种物质，主要是指氮和磷。污水中的氮可分为有机氮和无机氮两类，前者是含氮化合物，如蛋白质、多肽、氨基酸和尿素等；后者指氨氮、亚硝酸态氮、硝酸态氮等。城市生活污水中含有丰富的氮和磷，每人每天带到生活污水中有一定数量的氮，粪便是生活污水中氮的主要来源。含磷洗涤剂的使用，则使生活污水中也含有大量磷。在某些工业废水中和城市的雨水径流中也含有大量氮和磷。农田中未被植物吸收利用的化肥绝大部分被农田排水和地表径流带至地下水和地表水中。

植物营养物质污染的危害是水体富营养化，富营养化是水体老化的一种自然现象。在自然界正常循环过程中，湖泊将由贫营养湖发展为富营养湖，进一步又发展为沼泽地和湿地，富营养化将大大促进这一进程。如果氮和磷等营养物质大量而连续地进入湖泊、水库及海湾等缓流水体，将促进各种水生生物的活性，刺激它们异常繁殖（主要是藻类),这样就带来一系列的严重后果。如我国的滇池。

众所周知,硝酸盐对人类健康的危害极大,硝酸盐本身无毒,但硝酸盐在人胃里可能还原为亚硝酸盐,亚硝酸盐与仲胺作用可生成亚硝胺,而亚硝胺则是致癌、致变异和致畸胎的三致物质。因此,国家规定饮用水中硝酸盐浓度不得超过 10 mg/L。

**2. 无机有毒物**

无机有毒物质分为两类:一类是毒性作用快,易为人们所注意;另一类则是通过食物在人体内逐渐富集,达到一定浓度后才显示出症状,不易发现,但危害形成的后果严重。

(1)金属毒性物质

重金属毒性污染物主要是指含有汞、镉、铅、铬、镍、铜等重金属元素的污染物。重金属毒性污染物的最主要污染源来自石化燃料的燃烧、采矿和冶炼过程中向环境排放的废水、废气和废渣。这些重金属污染物在水体中不能被微生物降解,只能在各种形态间相互转化、分散和富集,这个过程称为重金属的迁移。重金属在水体中迁移还会发生沉淀、络合、吸附和氧化还原等作用。从毒性和对生物体的危害方面分析,重金属污染的特点有:

①在天然水体中只要有微量浓度即可产生毒性效应,一般重金属产生毒性的浓度为 1~10 mg/L,毒性较强的重金属如汞、铅等产生毒性的浓度为 0.001~0.01 mg/L。

②金属离子在水体中的迁移与转化与水体的 pH 值有关,其毒性在离子态时最严重,容易被带负电的胶体吸附并发生迁移,因此重金属一般都富集在排污口下游一定范围内的底泥中。

③微生物不能降解重金属,只能在各种形态间相互转化、分散和富集。而某些重金属有可能在微生物作用下转化为金属有机化合物,产生更大的毒性。如无机汞能在微生物的作用下转化为毒性更大的甲基汞。

④地表水中的重金属可以通过生物的食物链富集达到相当高的浓度,这样重金属能够通过多种途径(食物、饮水、呼吸)进入人体,如淡水鱼能将汞富集 1000 倍、镉富集 300 倍、铬富集 200 倍。

⑤重金属进入人体后能够和生理高分子物质,如蛋白质和酶等发生强烈的相互作用,使它们失去活性,也可能累积在人体的某些器官中,造成慢性累积性中毒。如日本的"水俣病"就是氮生产中的催化剂引起的汞中毒,造成 50 多人死亡。"富山骨痛病"是炼锌厂的镉废水引起的。

目前已证实,有 20 多种金属如铍、铬、钴、镉、钛、铁、镍、钪、锰、锆、铅、钯等都有致癌性。已知汞、铌、钽、镁等为特异性致癌物质。

(2)非重金属的无机毒性物质

①氰化物。水体中的氰化物主要来源于电镀废水、焦炉和高炉煤气洗涤冷却水、某些化工厂含氰废水,以及金银选矿废水等。氰化物本身是剧毒物质,急性中毒抑制细胞呼吸,造成人体组织严重缺氧,人只要口服 0.3~0.5 mg 就会致死。氰化物对许多生物有害,只要 0.1 mg/L 就能杀死虫类,只要 0.3 mg/L 就能杀死水体中的微生物。我国饮

用水标准规定,氰化物的浓度不得超过 0.05 mg/L。

②砷 。砷是常见的污染物之一,对人体的毒副作用也比较严重。化工、有色冶金、炼焦、火电、造纸、皮革等工业生产中都排放含砷的废水,其中以冶金、化工排放砷量较高。砷是累积性中毒物,当饮用水中砷浓度大于 0.05 mg/L 时,就会导致累积,已经发现砷是致癌元素。我国饮用水标准规定,砷浓度不应大于 0.01 mg/L。

**3. 有机无毒物**

有机无毒物多指碳水化合物、蛋白质、脂肪等自然生成的有机物,它们易于生物降解,向稳定的无机物转化。在有氧条件下在好氧微生物作用下进行转化,这一转化进程快,产物一般为 $CO_2$,$H_2O$ 等稳定物质。若需分解的有机物太多,氧化作用进行得太快,而水体不能及时从大气中吸收充足的氧来补充消耗时,不仅会造成水中耗氧生物(如鱼类)死亡,还会因水中缺氧而引起厌气性分解。这种分解的产物具有强烈的毒性和恶臭,典型的厌气性分解物有 $NH_3$,$CH_4$,$CO_2$,$H_2S$,$CO_2$,$H_2O$。它们使水色变黑、底泥泛起等水质腐败现象产生,严重污染水环境和大气环境。

这些严重污染的产生主要是好氧微生物起作用,因为好氧微生物呼吸消耗水中的溶解氧,因此这类物质在转化过程中要消耗一定数量的氧。这类物质的污染特征是耗氧,故称为耗氧物质或需氧污染物。我国绝大多数水体的污染都属于这类污染。水体中的需氧污染物主要来自生活污水、牲畜污水及屠宰、肉类加工等食品工业,以及制革、造纸、印染、焦化等工业废水。未经处理的生活污水,$BOD_5$ 值平均为 200 mg/L 左右,牲畜饲养场污水的 $BOD_5$ 值可能高于生活废水的 5 倍。工业废水的 $BOD_5$ 值则差别很大,焦化厂的污水 $BOD_5$ 值为 1 400 ~ 2 000 mg/L。一般以动植物为原料加工生产的企业,如乳品、制革等,废水的 $BOD_5$ 值都在 1 000 mg/L 以上。

**4. 有机有毒物**

有机有毒物多指人工合成的有机物质,如农药、醛、酮、酚以及聚氯联苯、芳香族氨基化合物、高分子合成聚合物、染料等。这类物质主要是通过石油化工的合成生产过程及其产品使用过程中排放出的污水进入水体造成污染的,其主要污染特征:

①这类物质比较稳定,不易被微生物分解,又称难降解有机污染物。

②这类物质有害于人类健康,只是危害程度和作用方式不同。

③这类物质在某些条件下,好氧微生物也能够对其进行分解,但速度较慢。

有机有毒物质种类繁多,其中危害最大的有两类:有机氯化合物和多环有机化合物。有机氯化合物中污染最广泛的是多氯联苯(PCBs)和有机氯农药。它们一般通过水生生物的富集作用,通过食物链进入人体,达到一定浓度后,即显示出对人体的毒害作用。其毒性主要表现为:影响皮肤、神经、肝脏的代谢,导致骨骼、牙齿损害,并有亚急性慢性致癌和致遗传变异的威胁。

酚排入水源后污染水体,严重影响水质及水产品的产量及质量。酚污染物主要来源于焦化、冶金、炼油、合成纤维、农药等企业的含酚废水。除工业含酚废水外,粪便和含氮有机物在分解过程中也产生少量酚类化合物。所以城市排出的大量粪便污水也是水体中酚污染物的重要来源。水体中的酚浓度低时影响鱼类的回游繁殖,浓度高时引起鱼类大量死亡,甚至绝迹。人类长期饮用受酚污染的水源能引起头昏、出疹、贫血和各种神经系统疾病。国家规定城市污水排放挥发酚的最高允许浓度为 0.5 mg/L。

多环有机化合物一般具有很强的毒性,如多环芳烃有致遗传变异性的可能,其中 3,4-苯并芘和 1,2-苯并蒽等有强致癌性。多环芳烃一般存在于石油和煤焦油中,能通过废油、含油废水、煤气站废水、路面排水,以及淋洗了空气中煤烟的雨水等进入水体中,造成污染。这类污染物的主要特征为:

①比较稳定,不易被微生物降解,又称难降解有机污染物。

②有害于人体健康。

③在某些条件下好氧微生物也能够对其进行分解,但速度较慢。

### 5. 油类污染

油类污染主要来自石油化工、冶金、机械加工等行业。这类污染不仅有害于水资源的利用,而且对水生生物有相当大的危害。水中油浓度为 0.01 ~ 0.1 mg/L 时,对鱼类及水生生物就会产生有害影响。每滴石油在水面上能够形成 0.25 m² 的油膜,每吨石油可覆盖 $5 \times 10^6 m^2$ 的水面。油膜使大气与水面隔绝,减少进入水体的氧气数量,从而降低水体的自净能力。各类水体中海洋受到油污染最为严重,石油进入海洋后不仅影响海洋生物的生长、降低海滨环境的使用价值、破坏海岸设施,还影响局部地区的水文气象条件和降低海洋的自净能力,甚至造成海鸟、鱼类死亡。

### 6. 生物污染

生物污染物系指废水中的致病微生物及其他有害的生物体,主要包括病毒、细菌,寄生虫等各种致病体。此外,废水中若生长有铁菌、硫菌、藻类、水草及贝类动物时,会堵塞管道、腐蚀金属及恶化水质,也属于生物污染物。废水主要来自医院污水、生活污水以及生物制品、屠宰、制革、洗毛等废水和牲畜污水。废水污染危害历史最久,至今仍是危害人类健康和生命的主要污染源。通常规定用细菌总数和大肠杆菌指数为病原微生物污染的间接指标,反映水体受到动物粪便污染的情况。病原微生物的特点是数量大、分布广、存活时间较长、繁殖速度快;易产生抗药性,很难消灭;污水经传统处理并消毒后,某些病原微生物、病毒仍能大量存活;传统的给水处理能够去除病原微生物 99% 以上,但出水浊度若大于 0.5 时,仍会伴随有病毒。因此,此类污染物实际上是通过多种途径进入人体的,并在体内生存,一旦条件适合就会引发疾病。

### 7. 放射性污染

水中所含有的放射性核素构成的特殊污染总称为放射性污染。核武器试验是全球放射性污染的主要来源,核试验后的沉降物质带有放射性颗粒,造成对大气、地面、水体及动植物和人体的污染。原子能工业排放或泄漏出含有多种放射性同位素的废物,致使水体放射性物质含量日益增高。铀矿在开采、提炼、纯化、浓缩过程中均产生放射性废水和废物。污染水体最危险的放射性物质为 $^{90}Sr$,$^{137}Cs$ 等,这些物质半衰期长,其化学性能与组成人体的主要元素钙、钾相似,经水和食物链进入人体后,能在一定部位积累,从而增加了对人体的放射性辐照,会引起遗传性变异或癌症。

### 8. 热污染

因能源的消费而引起环境增温效应的污染称为热污染。水体热污染主要来源于工矿企业向江河排放的冷却水,其中以电力工业为主,其次是冶金、化工、石油、造纸、建材和机械等企业。热污染致水体水温升高,水体溶解氧浓度降低,同时导致生物耗氧速度加快,水体中溶解氧更快耗尽,水质迅速恶化,造成鱼类和水生生物因缺氧死亡。同时可提高水体中化学反应速率,会使水体中有毒物质对生物的毒性提高。此外,水温增高可使一些藻类繁殖增快,加速细菌繁殖生长,加速水体"富营养化"的进程。

## 4.2.4　水质指标

水质即水的品质,常用"水质指标"来衡量水质的质量,用来表征水体受到污染的程度。反映水质的重要参数有物理性水质指标、化学性水质指标和生物学水质指标三大类。

为了防止环境污染,保障人体健康,不少国家通过立法颁布了各种水质标准。如我国已颁布的《地面水环境质量标准》、《生活饮用水卫生标准》、《农田灌溉用水水质标准》、《渔业水质标准》、《海水水质标准》等。

### 1. 物理指标

(1)温度

温度过高,水体受到热污染,不仅使水中溶解氧减少,而且加速耗氧反应,最终导致水体缺氧或水质恶化。温度过低,不利于水中生物生长。

(2)色度

色度为感官性指标,纯净天然水为无色透明体。将有色废水用蒸馏水稀释,并与参比水样对照,一直稀释到两水样色差一样,此时废水的稀释倍数即为其色度。另外,色度也可用吸光度来表示。如果水样较浑,则可静置澄清或用离心法除去浑浊物质。

(3)嗅和味

嗅和味为感官性指标,天然水无嗅无味,当水体受到污染后会产生异样气味。

(4)固体物质

固体物质在水中有三种存在形态:溶解态、胶体态和悬浮态。在水质分析中,常用一定孔径的滤膜过滤的方法将固体微粒分为两部分:被滤膜截留的为悬浮物(SS),透过滤膜的为溶解性固体(DS),两者合称为水中所有残渣的总和称为总固体(TS)。这时,一部分胶体包括在悬浮物内,另一部分包括在溶解性固体内。

(5)浑浊度

浑浊度是指水中的不溶解物质对光线通过时所产生的阻碍程度。也就是说由于水中有不溶解物质的存在,使通过水样的一部分光线被吸收或被散射,而不是全部呈直线穿透。因此,浑浊现象是水的一种光学性质。一般来说,水中的不溶解物质越多,浑浊度也越高,但两者之间并没有固定的定量关系。这是因为浑浊度是一种光学效应,它的大小不仅与不溶解物质的数量、浓度有关,而且还与这些不溶解物质的颗粒尺寸、形状和折射指数等性质有关。浑浊度的单位为"度",相当于 1 L 的水中含有 1 mg 的 $SiO_2$(或白陶土、硅藻土)时,所产生的浑浊程度为 1 度(NTU)。

**2. 化学指标**

(1) pH 值

根据水体 pH 值大小,通常将水的性质分成下列几种类型:

强酸性 pH <5.0

微酸性 pH = 5.0 ~ 6.4

中性 pH = 6.5 ~ 8.0

微碱性 pH = 8.1 ~ 10.0

强碱性 pH >10.0

多数天然水的 pH 值为 7.2 ~ 8.0,正常海水的 pH 值为 8.15,淡水的 pH 值为 6.0 ~ 7.5,矿井水地下水的 pH 值为 3.0 ~ 4.0。水体受到酸碱污染后,水中微生物的生长就会受到抑制,使水体的自净能力下降,同时对水下建筑物和船舶的腐蚀速度也加快。

pH 值对水体中污染物的毒性有显著影响,一般来说,pH 值低时会使水体中的污染物毒性增加。pH 值还明显影响水体中污染物的存在状态、水解作用和弱电解质的电离度等,而且对水体底泥和悬浮物中的有毒物质的吸附、溶解、迁移都有较大的影响。测定和控制废水的 pH 值,对维护水处理设施的正常运行,防止水处理和输送设备的腐蚀,保护水生生物的生长和水体自净功能都有重要的意义。

(2) 生化需氧量

生化需氧量(Bio-chemical Oxygen Demand,BOD)表示在有氧条件下,好氧微生物氧化分解单位体积水中有机物所消耗的游离氧的数量,单位为 mg/L。这是一种间接表示水被有机污染物污染程度的指标,废水中有三类物质需氧:

①可用作好氧微生物养料的含碳有机物;

②可为亚硝酸菌、硝酸菌利用的氨、有机氮和亚硝酸盐;

③可被溶解氧氧化的无机还原性物质,如 $Fe^{2+}$,$SO_3^{2-}$,$S^{2-}$ 等。

有机物生物降解的过程可分为两个阶段,第一阶段称碳化阶段,有机物在好氧微生物的作用下被降解,废水中绝大多数有机物被转化为无机的 $CO_2$,$H_2O$ 和 $NH_3$,简单的化学式为

$$有机物+O_2 \xrightarrow{微生物} CO_2+H_2O+NH_3$$

在这一阶段,主要是不含氮有机物的氧化,但也包括含氮有机物的氨化,以及氨化后所生成的不含氮有机物的继续氧化。生化需氧量的反应速度依赖于微生物的种类、数目以及培养温度。与大多数可用于定量测定的化学反应相比,其速度是很慢的。在20 ℃以下,一般有机物全部分解需百日以上,即欲求 BOD 需要 100 天,这实际上是不可能的。实验表明,在 20 天后,第一阶段生化反应已进行得非常缓慢,故以 20 ℃20 天的生化需氧量近似作为第一阶段或完全生化需氧量已足够精确。但 20 天仍过长,故常

以 $BOD_5$ 即 5 天作为衡量污染水有机物浓度的指标，$BOD_5$ 等于 $BOD_{20}$ 的 70% ~ 80%。

第二阶段为硝化阶段。在这一阶段，亚硝酸菌将氨转化为亚硝酸，然后，硝酸菌又将亚硝酸转化为硝酸，简单的化学式为

$$NH_3 + O_2 \xrightarrow{\text{亚硝酸菌}} HNO_2 + H_2O$$

$$HNO_2 + O_2 \xrightarrow{\text{硝酸菌}} HNO_3 + H_2O$$

硝化过程需要的氧量称为硝化需氧量，在被污染的水中，一般也含有一些硝化细菌。但由于硝化作用常在水被污染后的第 5 ~ 7 天，甚至第 10 天以后才能显著开展，因此，在水体污染的最初几天往往觉察不出硝化的干扰，并且由于氨是无机物质，所以作为有机物污染指标可只用第一阶段生化需氧量，而不包括第二阶段生化需氧量。再者，当污水排入水体后，不一定全部的氨都会被氧化为 $NO_3^-$，且在缺氧条件下，反硝化细菌可利用 $NO_2^-$ 和 $NO_3^-$ 作为氮源，所以作为控制水体污染来说，认为碳化需氧量才是氧的真正消耗量。

（3）化学需氧量

在一定严格的条件下，用化学氧化剂（重铬酸钾 $K_2Cr_2O_7$、高锰酸钾 $KMnO_4$ 等）氧化水中有机污染物时所需的溶解氧量称为化学需氧量（Chemical Oxygen Demand，COD），单位为 mg/L。COD 越高，表示水中有机污染物越多。以重铬酸钾为氧化剂时，记为 $COD_{cr}$，以高锰酸钾为氧化剂时，记为 $COD_{Mn}$。由于高锰酸钾对含氮有机物较难分解，因此重铬酸钾体系对有机物的氧化能力明显高于高锰酸钾体系（即 $COD_{cr} > COD_{Mn}$），其氧化程度可达其理论值的 95% ~ 100%（因为有机污染物中的吡啶、苯、氨、硫等物质不能被氧化，因而一般测定的 COD 仅为理论值的 95% 左右），所以多数国家和地区通常以 $COD_{cr}$ 为标准。

$$Cr_2O_7^{2-} + 14H^+ + 6e = 2Cr^{3+} + 7H_2O$$

$$MnO_4^- + 8H^+ + 5e = Mn^{2+} + 4H_2O$$

在我国废水测定主要用重铬酸钾法。高锰酸钾法多用于轻度污染水、天然水、清洁水的测定，或作相对值比较时，但高锰酸钾法测定速度比较快。与 BOD 相比，COD 测定时间短，而且不受水质限制，氧化率高，能较好地反映出废水的污染程度，然而其不具有直接的卫生学意义。当废水中有机物浓度较高时，可用 COD 粗略估计测定 BOD 的稀释倍数。

如果废水中各种成分相对稳定，COD 和 BOD 之间会有一定的比例关系。一般来说，$COD_{cr} > BOD_{20} > BOD_6 > COD_{Mn}$。

（4）总需氧量

有机物主要是由碳（C）、氢（H）、氧（O）、氮（N）、硫（S）等元素所组成，当有机物完全被氧化时，C，H，N，S 分别被氧化为 $CO_2$，$H_2O$，$NO_x$ 和 $SO_2$，此时的需氧量称为总需氧量（Total Oxygen Demand，TOD），单位为 mg/L。其测定方法是将水样注入到一个装有催化剂并保持 900℃ 的燃烧管内，同时导入具有一定氧浓度的载气，使水样立即气化燃烧，其中所含元素因燃烧而生成稳态产物。根据燃烧时载气中氧浓度的降低量，计算出

TOD 值。该方法可在几分钟内完成,且可自动化连续化。

TOD 测定法对有机物的氧化比较彻底,但能被氧化的无机物的耗氧量也包括在 TOD 中。一般仪器测定值为理论计算值的 98% ~ 100%,它比 COD 更接近于理论需氧量。

(5)总有机碳

总有机碳(Total Organic Carbon,TOC)表示污水中有机污染物的总含碳量,其测定结果以碳浓度表示,单位为 mg/L。其测定方法有湿式氧化法和碳分析仪法。湿式氧化法是在 $K_2S_2O_8$,$H_2SO_4$,$KIO_3$ 和 $H_3PO_4$ 体系中氧化试样,使碳的氧化产物 $CO_2$ 通过装有 KOH 的管子,根据吸收管吸收 $CO_2$ 前后的重量差,计算出 TOC 值。

TOC 分析仪法是将水样注入 900 ℃ 的高温炉中,在触媒的催化下,有机碳被氧化为 $CO_2$,用红外线测定仪定量地测定所生成的 $CO_2$,算出废水中有机碳总量。这种方法的突出优点是测定一个水样仅需几分钟。但要做空白实验,需扣除无机碳和溶解 $CO_2$ 的干扰。

(6)溶解氧

溶解氧(Dissolved Oxygen,DO)指溶解于水中的分子氧的浓度,单位为 mg/L。水体中溶解氧含量的多少也可反映出水体受污染的程度。溶解氧越少,表明水体受污染的程度越严重。一般天然河水中的溶解氧为 5 mg/L 左右,当水中溶解氧低至 3 mg/L 时,许多鱼类将不易生存。

**3. 生物学指标**

(1)细菌总数

细菌总数是水中细菌的总量,是反映水体受细菌污染程度的指标,但不能说明污染的来源,必须结合大肠菌群数等来判断水体污染的安全程度。

(2)大肠菌群

大肠菌群数是指单位体积水中所含的大肠菌群的数目,单位为个/升,它是常用的细菌学指标。水中一旦检出大肠菌即说明水已被污染。大肠菌群多来源于动物粪便。大肠菌群的值可表明水体被粪便污染的程度,间接表明有肠道病菌(伤寒、痢疾、霍乱等)存在的可能性。

《生活饮用水卫生标准》(GB 5749—85)中只包括 35 项指标,而《生活饮用水卫生标准》(GB 5749—2006)中包括 106 项。该标准是 1985 年首次发布后的第一次修订,自 2007 年 7 月 1 日起实施。新标准要求,生活饮用水中不得含有病原微生物,其中的化学物质和放射性物质不得危害人体健康,感官性状良好,且必须经过消毒处理等。新标准规定,生活饮用水中,有机化合物指标包括绝大多数农药、环境激素、持久性化合物,是评价饮水与健康关系的重点;同时增加检测甲醛、苯、甲苯和二甲苯的含量。一般理化指标反映水质总体性状,感官指标是人能直接感觉到的水的色、浑浊等,这类指标最容易引起用户不满和投诉。该标准包括微生物指标、毒理指标、感官性状和一般化学指标及放射性指标四类。

### 4.2.5　水质分类及污水排放标准

**1. 水质分类**

根据水环境的现行功能和经济、社会发展的需要,依据地面水环境质量标准进行水环境功能区划,是水源保护和水污染控制的依据。目的是保护人体健康,维护生态平衡,保护水资源,控制水污染,改善地面水质和促进生产。划分原则是:因地制宜、实事求是,集中式饮用水源地优先保护;水体不得降低现状使用功能,兼顾规划功能;有多种功能的水域,依最高功能划类,统筹考虑专业用水标准要求;上下游区域间相互兼顾,适当考虑潜在功能要求;合理利用水体自净能力和环境容量;考虑与陆上工业合理布局相结合;考虑对地下饮用水源地的影响;实用可行,便于管理。按实测定量、经验分析、行政决策进行。

目前我国国家标准 GB3838—2002《地面水环境质量标准》中依据地面水水域使用目的和保护目标,将水域划分为五类:

Ⅰ类水体:为源头水及国家自然保护区;

Ⅱ类水体:为集中生活饮用水水源地一级保护区,珍贵鱼类保护区,鱼虾产卵场等;

Ⅲ类水体:为集中饮用水水源地二级保护区,一般鱼类保护区,游泳区等;

Ⅳ类水体:为工业用水区,人体不直接接触的娱乐用水区;

Ⅴ类水体:为农业用水区,一般景观要求水域。

**2. 污水排放标准**

水污染物排放标准通常被称为污水排放标准,是根据受纳水体的水质要求,结合环境特点和社会、经济、技术条件,对排入环境的废水中的水污染物和产生的有害因子所作的控制标准,或者说是水污染物或有害因子的允许排放量(浓度)或限值,是判定排污活动是否违法的依据。污水排放标准分为,国家排放标准、地方排放标准和行业标准。

国家排放标准,是国家环境保护行政主管部门制定并在全国范围内或特定区域内适用的标准,如《中华人民共和国污水综合排放标准》(GB8978—1996)适用于全国范围。

地方排放标准,是由省、自治区、直辖市人民政府批准颁布的,在特定行政区适用,如《上海市污水综合排放标准》(DB31/199—1997),适用于上海市范围。

行业排放标准,目前我国允许造纸工业、船舶工业、海洋石油开发工业、纺织染整工业、肉类加工工业、钢铁工业、合成氨工业、航天推进剂、兵器工业、磷肥工业、烧碱、聚氯乙烯工业等12 个工业门类,不执行国家污水综合排放标准,可执行相应的行业标准。

国家标准与地方标准的关系:《中华人民共和国环境保护法》第10 条规定:"省、自治区、直辖市人民政府对国家污染物排放标准中没做规定的项目,可以制定地方污染物排放标准,对国家污染物排放标准已做规定的项目,可以制定严于国家污染物排放标准的地方污染物排放标准",两种标准并存的情况下,执行地方标准。

　　污水综合排放标准与水污染物排放的行业标准的关系:污水排放标准按适用范围不同,可以分为污水综合排放标准和水污染物行业排放标准。《中华人民共和国污水综合排放标准》(GB8978—1996)、《上海市污水综合排放标准》(DB31/199—1997)是综合排放标准。《造纸工业水污染物排放标准》(GB3544—1992)是国家行业排放标准。国家污水综合排放标准与国家行业排放标准不交叉执行。

　　2015年4月,国务院印发《水污染防治行动计划》,简称"水十条",涵盖10条35款,主要包括6个方面内容。

　　首先是全面控制污染物排放。依法取缔"十小"企业,专项整治造纸、印染、化工等"十大"重点行业,集中治理工业集聚区污染;对城镇生活、农业农村和船舶港口等污染源,都制定了相应的减排措施。

　　其次,推动经济机构转型升级。加快淘汰落后产能;结合水质目标,严格环境准入;合理确定产业发展布局、结构和规模;以工业水循环利用、再生水和海水利用等推动循环发展。

　　第三,着力节约水资源保护。实施最严格的水资源管理制度,严控超采地下水,控制用水总量;抓好工业、城镇和农业节水,提高用水效率;科学保护水资源,加强水量调度,保护重要河流生态流量。

　　第四,全力保障水生态环境安全。建立从水源到水龙头的全过程监管机制,科学防治地下水,确保饮用水安全;深化重点流域水污染防治,保护江河源头等水质较好的水体;重点整治长江口、珠江口、渤海湾、杭州湾等河口海湾污染,推进近岸海域环境保护;加大城市黑臭水体治理力度,直辖市、省会城市和计划单列市建成区于2017年底前基本消除黑臭水体。

　　同时,充分发挥市场机制作用。加快水价改善,完善污水处理费、排污费和水资源费等收费政策,健全税收政策,加大政府和社会投入,促进多元投资;通过健全"领跑者"制度,推行绿色信贷、实施跨界污染补偿等制度,建立有利于环境污染治理的激励机制。

　　此外,明确和落实各方责任。企业必须持证达标排放,地方政府应对当地环境质量负总责,强化科技支撑,严格执法监督,健全水环境监测网络,建立全国水污染防治工作协作机制,分流域、分区域、分海域逐年考核计划实施情况。定期公布水质最差、最好的10个城市名单和各省(市、区)水环境状况。

　　主要指标为,到2020年,长江、黄河、珠江、松花江、淮河、海河、辽河等七大重点流域水质优良(达到或优于Ⅲ类)比例总体达到70%以上,地级及以上城市建成区黑臭水体均控制在10%以内,地级及以上城市集中式饮用水水源水质达到或优于Ⅲ类比例总体高于93%,全国地下水质量极差的比例控制在15%左右,近岸海域水质优良(Ⅰ、Ⅱ类)比例达到70%左右。京津冀区域丧失使用功能(劣于Ⅴ类)的水体断面比例下降15个百分点左右,长三角、珠三角区域力争消除丧失使用功能的水体。

　　到2030年,全国七大重点流域水质优良比例总体达到75%以上,城市建成区黑臭水体总体得到消除,城市集中式饮用水水源水质达到或优于Ⅲ类比例总体为95%

左右。

# 4.3 水体富营养化

富营养化(eutrophication)一词源于希腊文,意即"富裕"。从字面上看,"富营养化"的意思是喂养状态变好的过程。它意味着水体中植物营养物含量增加,导致水生植物的大量繁殖,致使某些藻类迅速增加。由于藻类繁殖过程的呼吸作用,以及死亡藻类的分解作用,都会消耗大量氧气,使水体在一定时间内严重缺氧,导致水生动物因缺氧死亡。因此,所谓"水体富营养化"是指湖泊、水库、海湾或近岸海域、河流等封闭性或半封闭性水体内的氮磷等营养元素富集,引起藻类和其他水生植物大量繁殖,造成水质恶化和水生生物大量死亡的一种污染现象。

引起水体富营养化的物质主要是浮游生物增殖所必需的 C,P,N,S,Mg,K 等营养盐类。另外,一些微量元素 Fe,Zn,Mn,Cu,B,Mo,Co,I,Ba 等及维生素类也是多种浮游生物生长和繁殖不可缺少的要素。如铁是浮游生物繁殖的激素,铁和锰对促进小球藻、鞭毛藻的繁殖有非常好的作用。但在水体富营养化的过程中,营养元素 C,P,N 最为重要。

## 4.3.1 富营养化的特征

富营养化水体的主要特征是,水面上覆盖着一层厚厚的油绿色藻类漂浮物,使水体失去表面复氧作用,酿成严重的蓝藻等水体污染以及藻毒素对水环境危害。富营养物造成浮游植物或大型水生植物的繁殖,由于过量增长的浮游生物呼吸作用要消耗水体中的溶解氧,造成水体严重缺氧。

**1. 水体中氮磷等营养物质富集**

水体中的氮磷主要来源于农田施肥、农业废弃物、城市生活污水及一些工业废水。施入农田的化肥,只有一小部分被植物吸收,如氮肥,通常被植物利用的氮肥一般在30% ~ 50%,少数情况下低于20%,这些未被植物利用的化肥就又回到水中。其次是大量的城市污水,特别是含磷洗涤剂的污水、屠宰畜产品加工、食品工业、酿造工业等工业废水,这些废水未经处理或处理不达标即行排放,就会导致相当多的营养物质进入水体,为形成水体富营养化提供了物质基础。

**2. 水体生态失衡**

在正常的水体中,食物链是绿藻吸收水中的氮和磷,浮游生物再吃绿藻,小鱼食浮游生物,大鱼吃小鱼,维持了水体的勃勃生机。而在富营养化状态的水体中,绿色植物(尤指藻类)远远超过鱼、虾贝类和一些分解有机物的菌类,就造成生态系统明显的不平衡。所以在富营养化水体中,植物群落占优势地位,而使动物处于极不重要的地位。因而我们常看到水草疯长、鱼虾数量锐减、悬浮物质增多、化学耗养量升高、水体透明度下降、霉臭味和腥味弥漫等现象。

一般认为当氮的浓度大于 0.2 mg/L,磷的浓度大于 0.02 mg/L 时,水体就开始富营养化过程,水体呈弱碱性。对藻类,氮磷比为(10~17):1 时合适,pH 值为 7.24~7.73时,最有利于藻类生长。

$$106CO_2 + 16NO_3^- + PO_4^{3-} + 90H_2O + 微量元素 + 能量 \rightarrow$$
$$C_{106}H_{180}O_{45}N_{16}P(藻类原生质) + 154.5O_2$$

**3. 水底富集的营养物质形成一个沉积层**

以固体径流形式进入水体的营养物质可以机械地沉积在水底,并进行分解,使原本沉积的营养物质慢慢地又一次释放出来,以溶质形式再一次进入水体。这种由营养物质吸附作用与水体中的悬浮物一同沉积在水底的过程,加速了水体进一步恶化并向沼泽化趋势迈进。

### 4.3.2 水体富营养化类型

**1. 天然富营养化**

世界上许多湖泊等水体在数万年前,处于贫营养状态。然而,随着时间的推移和环境变化,水体一方面从天然降水中接纳氮、磷等营养物质,一方面土壤的自然淋溶、渗透,也使大量的营养元素进入水体,逐渐增加水体的肥力,大量的浮游植物和其他水生植物的生长有了可能,这就为草食性的动物、昆虫和鱼类提供了丰富的食料。当这些植物和动物死亡后,它们的机体沉积在水底,积累形成底泥沉积物。残存的植物和动物机体不断分解,由此释放出的营养物质依照食物链的途径进入其他生物机体内。

很显然,按照这样的方式和途径,经过千年甚至万年的天然的演进过程,原来的贫营养湖泊等水体就逐渐地演变成为富营养水体。水体营养物质这种天然富集,水体营养物质浓度逐渐增高而发生水质变化的过程,就是通常所称的天然富营养化。从天然环境中获得的氮、磷营养物质一般数量都非常微少,水质演变的过程极其缓慢,往往需要以地质年代来描述天然富营养化的进程。

**2. 人为富营养化**

随着人类对环境资源开发利用活动日益增加,特别是进入 20 世纪以来,工农业生产大规模地迅速发展和工业化带来的"城市化"现象,使得不断增长的人口,集中在一些水源丰富的特定地区。居住"城市化",使得大量含有氮、磷营养物质的生活污水排入附近的湖泊、水库和河流,增加了这些水体的营养物质的负荷量。同时为了提高农作物产量,施用的化肥和农家肥逐年增加,经过风吹、雨水冲刷和渗透,相对多的营养物质流失而最终排入水体。另外为了提高渔业产量,一些国家和地区采用投放饵料粪便养殖的方法。这样,投放饲料也成为水体接纳氮、磷营养物质的主要渠道。

上面这些人为因素的影响,使得湖泊等水体在一定的时间内,由原来营养物质浓度较低的贫营养状态,逐渐演变成为具有高浓度营养物质的富营养水体。为了区别天然富营养化,我们把这种由于人为活动因素而使水质富营养化的过程叫做人为富营养化。我们通常讲的富营养化主要是指人为富营养化。人为富营养化与天然富营养化不同,它演变的速度非常快,往往只需要几十年、甚至几年时间即可使水体由贫营养状态变为富营养状态。

### 4.3.3 水体富营养化的判断标准

富营养化指标,从测定的项目可分为物理、化学和生物学三种,这些指标是衡量富营养化的标准。但富营养化现象是复杂的,必须把这些因子的复杂性交织在一起才能表示富养化状态。目前对湖泊富营养化评价的基本方法主要有营养状态指数法(卡尔森营养状态指数(TSI)、修正的营养状态指数、综合营养状态指数(TU))、营养度指数法、物元分析法、模糊评判法等。

目前判断水体富营养化采用的指标标准为:氮浓度为 0.2~0.3 mg/L,磷浓度为 0.01~0.02 mg/L,BOD 大于 10 mg/L,pH 值为 7~9 的,淡水中细菌总数超过 10 万个/mL,叶绿素 a 的浓度大于 10 μg/L。

**1. 吉克斯塔特标准**

表 4.4 为吉克斯塔特(Gekstatter)提出的划分水质营养状态的标准,并为美国环境保护局(EPA)在水质富营养化研究中得到采用。

表 4.4 吉克斯塔特划分水质营养状态的主要参数和标准

| 参数项目 | 单位 | 贫营养 | 中营养 | 富营养 |
| --- | --- | --- | --- | --- |
| 总磷浓度 | mg/L | <0.01 | 0.01-0.02 | >0.02 |
| 叶绿素 α 浓度 | μg/L | <0.01 | 4.0-10 | >10 |
| 塞克板透明度 | m | >3.7 | 2.0-3.7 | <2 |
| 溶解氧饱和度 | % | >80 | 10-80 | <10 |

**2. 捷尔吉森营养类型判定标准**

丹麦水质富营养化专家捷尔吉森研究了湖泊水生物学和水化学特征,从湖泊生态学的观点出发,1980 年提出了划分湖泊水质营养类型的判定标准。他把湖泊的水质营养类型细分为 8 种状态,见表 4.5。

表 4.5 捷尔吉森湖泊营养类型判定标准

| 项目<br>营养<br>类型 | 平均初级生产力/<br>(mg/m².d) | 浮游植物密度/<br>(cm³/m³) | 浮游植物量/<br>(mg/m³) | 叶绿素含量/<br>(mg/m³) | 浮游植物优势种群 | 光消减系数/m | 总有机碳/<br>(mg/L) | 总磷/<br>(μg/L) | 总氮/<br>(μg/L) | 总无机固体量/<br>(mg/L) |
| --- | --- | --- | --- | --- | --- | --- | --- | --- | --- | --- |
| 极度贫营养 | <50 | <1 | <50 | 0.01~0.5 | | 0.03~0.8 | | <1~5 | 1~250 | 2~15 |
| 贫营养 | 50~300 | | 50~100 | 0.3~3.0 | | 0.05~0.1 | | | | |
| 贫-中营养 | | 1~3 | | | 隐藻纲 | | | 5~10 | 250~1000 | 10~200 |
| 中营养 | 250~1000 | | 100~300 | 2~15 | 甲藻纲 | 0.1~20 | | <1~5 | | |

续表4.5

| 项目营养类型 | 平均初级生产力/(mg/m².d) | 浮游植物密度/(cm³/m³) | 浮游植物量/(mg/m³) | 叶绿素含量/(mg/m³) | 浮游植物优势种群 | 光消减系数/m | 总有机碳/(mg/L) | 总磷/(μg/L) | 总氮/(μg/L) | 总无机固体量/(mg/L) |
|---|---|---|---|---|---|---|---|---|---|---|
| 中-富营养 | 3~5 | | | | 硅藻纲 | | 5~30 | 10~30 | 500~1000 | 100~500 |
| 富营养 | >1000 | | >300 | 10~500 | 硅藻、蓝藻纲 | 5.0~4.0 | | | | |
| 极度富营养 | | | >10 | | 绿藻纲 | | 30~500 | 500~1500 | 400~1000 | |
| 异常营养 | <50~500 | | <50~200 | 0.1~10 | 异常性生物 | 0.~4.0 | 3~30 | <1~10 | | 5~200 |

### 3. 综合营养指数法(TLI)

按照相关性、可操作性、简洁性和科学性相结合的原则,从影响湖泊富营养化的众多因子中选取叶绿素a、总磷(TP)、总氮(TN)、透明度(SD)、高锰酸盐指数(COD_Mn)等五项指标作为湖泊富营养化评价的统一指标。采用0~100的一系列连续数字对湖泊营养状态进行分级,见表4.6。

表4.6 综合营养指数法

| 营养程度 | 贫营养 | 中营养 | 富营养 | 轻度富营养 | 中度富营养 | 中度富营养 |
|---|---|---|---|---|---|---|
| 更新周期 | 2500a | 1400a | 1a | 9700a | 1600a | 10000a |

### 4. 我国湖泊水库富营养化评分和分类标准

我国的湖泊水库水体富营养化的分类标准见表4.7。

表4.7 我国湖泊水库富营养化评分和分类标准

| 营养程度 | 评分值 | 叶绿素/(mg/m³) | 总磷/(mg/m³) | 总氮/(mg/m³) | COD_Mn/(mg/L) | 透明度/m |
|---|---|---|---|---|---|---|
| 贫营养 | 10 | 0.5 | 1 | 20 | 0.15 | 10 |
| | 20 | 1 | 4 | 50 | 0.4 | 5 |
| 中营养 | 30 | 2 | 10 | 100 | 1 | 3 |
| | 40 | 4 | 25 | 300 | 2 | 1.5 |
| | 50 | 10 | 50 | 500 | 4 | 1 |
| 富营养 | 60 | 26 | 100 | 1000 | 8 | 0.5 |
| | 70 | 64 | 200 | 2000 | 10 | 0.4 |
| | 80 | 160 | 600 | 6000 | 26 | 0.3 |
| | 90 | 400 | 900 | 9000 | 40 | 0.2 |
| | 100 | 1000 | 1300 | 16000 | 60 | 0.1 |

### 4.3.4　水体富营养化的危害

**1. 藻类异常繁殖影响水质和环境**

富营养化水体中藻类异常增殖,使鱼类的活动空间越来越小。同时,藻类种类逐渐减少,从以硅藻和绿藻为主转为以迅速繁殖的蓝藻为主,而蓝藻不是鱼类的良好饲料,还会产生藻毒素。藻类散发出这种腥臭,向四周的空气扩散,直接影响人们的正常生活和日常工作。同时,这种腥臭味也使水味难闻,大大降低水体质量。另外,富营养化水体由于缺氧而产生硫化氢、甲烷和氨等有毒有害气体,也会大大降低水体质量。

如果用富营养化水体作为供给水源时,危害水源,藻类、硝酸盐和亚硝酸盐对人畜有害,会给自来水厂带来一系列问题。首先是过量的藻类会给制水厂在过滤过程中带来障碍,需要改善或增加过滤装置。其次,由于富营养化水体含有腥臭和水藻产生的某些有毒的物质,在制水过程中,更增加了水处理的技术难度,既影响制水厂的出水量,又加大了制水成本。

**2. 降低水体的溶解氧**

富营养水体的表层,藻类可以获得充足的阳光,从空气中获得足够的二氧化碳进行光合作用而放出氧气,因此表层水体有充足的溶解氧。但是,在富营养水体深层,情况就不同,首先是表层的密集藻类使阳光难以透射入水体深层,而且阳光在穿射过程中被藻类吸收而衰减,所以深层水体的光合作用明显受到限制而减弱,使溶解氧来源减少。其次,藻类死亡后不断向湖底沉积,不断地腐烂分解,也会消耗深层水体大量的溶解氧,严重时可能使深层水体的溶解氧消耗殆尽而呈厌氧状态,使得需氧生物因缺氧而大量死亡。在厌氧状态下,那些死亡的藻类尸体和底生植物又腐烂分解,又将氮、磷等植物营养素重新释放进水中,再供给藻类利用。这样周而复始,形成了植物营养素在水体中的物质循环,使植物营养素长期保存在水中,形成富营养水体的恶性循环。同时由于大量藻类尸体沉积底部,使水深逐渐变浅,严重时能使这些水体变成沼泽。

**3. 破坏水体生态系统**

在正常情况下,水体中各种生物都处于相对平衡的状态,但是一旦水体受到污染而呈现富营养化状态时,某些种类的生物明显减少,而另外一些生物种类则显著增加。这种生物种类演替会导致水生生物的稳定性和多样性降低,破坏了水体生态平衡。例如我国的滇池,由于大规模的围海造田、防浪堤的建设及大量放养草鱼等人为活动的影响,严重破坏了滇池原有生态系统的平衡。使得一些对污染较为敏感的水生植物如轮藻、金藻及海菜花等相继灭绝,土著鱼类及大型底栖动物基本消失,生物多样性丧失,水体自净和抑藻能力大幅度下降,蓝藻和水葫芦疯长。目前不少海域已经出现了富营养化,造成"赤潮"频繁发生,如 1998 年渤海湾形成大片"赤潮",引起鱼虾大批死亡,并造成食用鱼虾污染。

### 4.3.5 水体富营养化的状况

水中的营养物,特别是氮磷富集,就会造成水体富营养化。直到 20 世纪 40 年代人们才开始对富营养化问题有了一定的认识,当时许多湖泊都因城市的迅速增长和农业的密集发展而受到了影响。第一次产生富营养化的症状是在 1970 年,当时日本的琵琶湖和濑户内海等封闭水域出现水草茂盛、鱼类死亡、饮用水发臭等现象,起因是由于水中磷酸盐超过正常值而产生的过肥化。在这种条件下,水生植物疯长,使水中溶解氧过度消耗。在 1979 年的调查中,北美洲仅有 8 条河流符合饮用水标准,亚洲、欧洲和大洋洲各有一条,而中南美洲没有一条河流符合饮用水标准。根据 1982 年的报告,印度亚穆纳河水在流过新德里前每 100 mL 水中含大肠杆菌 7 500 个,流过这个城市后即含有 2 400 万个,这种惊人的增加是由于每天有 2 亿吨未处理的城市污水直接流入这条河流所致。目前全世界已超过三分之一的湖泊、水库都是富营养水体。

在我国,人们对于富营养化的分析研究是从七五期间开始的,目前许多水体都受到富营养化的危害。2002 年,全国七大水系 741 个重点监测断面中,29.1% 的断面为 I ~ III 类水质,30.0% 的断面属 IV、V 类水质,40.9% 的断面属劣 V 类水质。其中七大水系干流及主要一级支流的 199 个国控断面中,I ~ III 类水质断面占 46.3%,IV、V 类水质断面占 26.1%,劣 V 类水质断面占 27.6%。日前,全国污水排放量达到 400 多亿立方米,大部分污水未经处理或处理不达标就直接排入江河湖海。

统计情况表明,在我国 50 个代表性湖泊中,富营养化程度十分严重,中富营养水平以上的湖泊共有 36 个,占调查湖泊总数的 72%,占调查湖泊总面积的 46.6%。也就是说,我国目前大约有 2/3 的湖泊,受到不同程度的富营养化的污染。如滇池草海为重度富营养状态,太湖和巢湖为轻度富营养状态,洞庭湖和镜泊湖水质达到 IV 类水质标准;达赉湖、博斯腾湖、洱海和洪泽湖水质为 V 类。10 座大型水库中,密云水库、石门水库和千岛湖水库水质较好,达到 III 类水质标准;抚顺大伙房水库、天津于桥水库、湖北丹江口水库和合肥董铺水库水质为 IV 类;吉林松花湖水质为 V 类;青岛崂山水库和烟台门楼水库污染较重,水质为劣 V 类。

全国 84 个代表性湖泊营养化状况表明,44 个湖泊呈富营养化,40 个湖泊为中营养。滇池为重度富营养化,太湖、巢湖为轻度富营养化。2012 年,我国十大流域国控断面中,劣 V 类水质的比例仍有 10.2%,主要污染指标为化学需氧量、生化需氧量和高锰酸盐指数等;而 62 个国控重点湖泊(水库)中,劣 V 类水质的湖泊(水库)比例为 11.3%,主要污染指标为总磷、化学需氧量和高锰酸盐指数等。

昆明滇池是我国乃至全世界有代表性的富营养化水体。在 20 世纪 60 年代水生维管植物有 28 科,45 种;原生动物 61 种,隶属于 29 个科,8 个属;水质均为 II 类水。80 年代水生维管植物只有 12 科,20 种,草海为 V 类水质,而外海为 IV 类水质;其水域的原生动物的种类明显减少,只有 33 种。至 90 年代草海和外海水质分别为超 V 类和 V 类水质,2001 年,已全部超过 V 类水质,呈重富营养化状态。一些对污染较为敏感的水生植物和鱼类(如小鲤、云南光唇鱼、黑尾缺、黑斑条鳅等 12 种鱼类已绝迹)及大型底栖动物基本消失,生物多样性丧失,蓝藻和水葫芦疯长,湖泊生态系统从大型水生生物占优势的状态转变为以浮游植物占绝对优势的状态。特别在 8～9 月份,灰湾湖面上形成密集的藻类,厚度达 2 cm,如同地毯,延伸 2～3 km,一直向西南方向的观音山伸展,出现典型的"水华"现象,生态功能极其脆弱。

## 4.3.6 水体富营养化的防治

### 1. 加强流域管理和立法管理

建立国家级和地区级行政机构,负责协调全流域的管理工作,重点是保障湖泊的主要功能。因为,全流域内的各项治理措施尚需优化,其实施进程和行政执法也需给予协调。颁布实施一系列保护水体政策、法规和法律。如在全流域范围内禁止销售和使用含磷洗涤剂,禁止新建污染企业及有害于环境的活动,禁止向河水体倾倒垃圾、砍伐林木、围水造田和建房,合理控制水体养殖和沿岸畜禽养殖,禁止外来物种引进等。加大执法力度,杜绝污染水体的现象发生。

### 2. 控制外源性营养物质输入

绝大多数水体富营养化主要是外界输入的营养物质在水体中富集造成的。如果减少或截断外部输入的营养物质,就使水体失去了营养物质富集的可能性。从长远观点来看,要想从根本上控制水体富营养化,首先应该着重减少或者截断外部营养物质的输入。

①制订营养物质排放标准、水质标准和相应的水质氮磷浓度的允许标准;
②根据水环境中氮磷浓度,实施总量控制;
③实施截污工程或者引排污染源;
④合理使用土地,最大限制地减少土壤侵蚀、水土流失与肥料流失。

### 3. 减少内源性营养物质负荷

(1)生态防治

生态学方法是从生态系统结构和功能进行调整,从营养环节控制富营养化,使营养物改变为人类需要的终产品(如鱼等水产品)而不是藻类。它的最大特点是投资省,有利于建立合理的水生生态循环。例如,在浅水型的富营养湖泊种植莲藕、蒲草等高等植物,随着这些水生植物收获,氮磷营养物也就随着水生植物体一道离开了水体。再如,利用养鱼去除氮磷,各种不同的鱼类有着不同的食性,利用鱼类的食性不同,放养以浮游藻类为食的鱼种,就能够达到去除水体氮磷的目的。如白鲫摄食藻类和有机腐屑;鲴鱼能摄食固着藻类及丝状藻类;鲢鳙能直接利用铜绿微囊藻和螺旋鱼腥藻等浮游植物。

(2)工程性措施

工程性措施主要包括挖掘底泥沉积物、进行水体曝气、注水稀释等。挖掘底泥对那些底泥营养物质含量高的水体是一种有效的改善手段。因为挖掘底泥可减少已经积累在表层底泥中的总氮、磷量,减少或消除了潜在性内部污染源。深层曝气适用于水体较深而出现厌氧层水体。磷容易在厌氧条件下从底泥中释放出来,采取人为水底深层曝气充氧,使水与底泥之间不出现厌氧层,有利于抑制底泥磷释放,改善水质。注水稀释是在一些有条件的地方,用含磷、氮浓度低的水注入富营养的水体,起到稀释营养物质浓度的作用,但营养物绝对量并未减少,因此不能从根本上解决问题,而且局限较多。

（3）化学方法

化学方法包括凝聚沉降和用化学药剂杀藻等。对那些溶解性营养物质如正磷酸盐等,可往水中投加化学物质使其生成沉淀物而沉降。而使用杀藻剂可杀死藻类,藻类被杀死后应及时捞出死藻。另外还可用机械方式去除藻类。

（4）生物处理法

生物处理是利用微生物的作用改善水质。微生物是降解废物、废水的主力军,利用经过遗传工程改造的微生物将成为治理环境污染、保持生态平衡的最有效的方法。如硝化细菌可去碳去氮、杀灭病毒、降解农药、絮凝水体重金属及有机碎屑,能将硝酸盐反硝化成 $NO_2$ 和 $N_2$,它在消解碳系、氮系等有机污染时,也可消解有机污泥。光合细菌能够利用水中残留的有机物作为氢的供体进行光合作用,减少分解水中的有害物质,起到改善水质,相对提高溶氧量的作用。

（5）物理化学方法

城市生活污水及某些工业废水中含有较高浓度的氮、磷营养物质,通过生化处理仅有 30% ~ 50% 的氮磷能被去除,可以再利用物理化学方法去除污水中剩余的 50% ~ 70% 的氮磷营养物质。例如,离子交换法、石灰凝聚法、氨气提法等都属于物理化学方法。

**4. 制定长期的污染防治规划,加大水体保护宣传和教育力度**

制定长期的污染防治规划,进一步削减污染负荷,优先解决监测计划所确定的主要污染源;且规划需要定期修改和更新,即应建立“环境监测系统”;还应意识到要达到预期的水质目标需要长期的努力。加大水体保护与公众参与信息宣传和教育的力度,及时公布水体污染及恢复的有关信息、提高公众意识;鼓励政府机构、非政府组织、私人团体和公民开展水体保护和修复行动,规范各利益相关者的行为。

# 4.4 重金属污染

重金属元素没有统一的定义,在化学中主要是指比重等于或大于 4.5 $g/cm^3$ 的金属,在环境污染研究中多指汞、镉、铅、铬以及类金属砷等生物毒性显著的元素,其次是指有一定毒性的一般元素,如锌、铜、镍、钴、锡等。目前最引入关注的是汞、镉、铅、铬和砷等。

重金属是造成水体污染的一类有毒物质,微量的重金属即可产生毒性效应,某些重金属还可以在微生物的作用下转化为毒性更强的难以被生物降解的金属化合物,在食物链的生物放大作用下,大量富集,最后进入人体。重金属对人体健康的危害是多方面、多层次的,其毒理作用主要表现在影响胎儿正常发育、造成生殖障碍、降低人体素质等方面。

### 4.4.1　重金属污染的现状

在没有人为污染的情况下,水体中的重金属含量取决于水与土壤、岩石的相互作用,一般不会对人体健康造成危害。然而,随着城市化进程的加快和工农业的迅猛发展,大量未经处理的垃圾、污染的土壤、工业废水和生活污水,以及大气沉降物不断排入水中,使水体悬浮物和沉积物中的重金属含量急剧升高。虽然河流沉降物对排入水中的污染物特别是金属类污染物有强烈的吸附作用,但是当水体 pH 值、氧化还原电位等条件发生变化时,吸附的污染物又会释放出来,导致水环境重金属的进一步污染。近些年来,几乎所有的河流、湖泊和海洋都遭受了不同程度的重金属污染。如北美的伊利湖和安大略湖,大面积区域湖泊沉积物 Pb 的浓度为 100 ~ 150 mg/kg。澳大利亚的 Jackson 港,海水沉降颗粒物中 Pb 的浓度为 365 ~ 750 mg/kg,Zn 的浓度为 700 ~ 1 100 mg/kg,Cu 的浓度为 170 ~ 280 mg/kg。流经新德里等都市的河段沉积物中,重金属的浓度与大自然环境标准值相比,Cr 和 Ni 的富集超过 1.5 倍;Cu,Zn,Pb 的富集超过 3 倍;Cd 的富集超过 14 倍。

根据对我国七大水系中水质最好的长江的调查,其近岸水域已受到不同程度的重金属污染,Zn,Pb,Cd,Cu,Cr 等元素污染严重,如攀枝花、宜昌、南京、武汉、上海、重庆 6 个城市的重金属累积污染率已达到 65%。水体中的重金属通过直接饮水、食用被污水灌溉过的蔬菜和粮食等途径进入人体,威胁着城市人群的健康。

### 4.4.2　重金属污染的原因分析

水体重金属污染主要来源于燃烧燃料、土壤、采矿、冶炼、颜料、油漆、电镀、石油精炼等工业的废水。

**1. 土壤流失**

因受工业三废和农用化学品的污染,全球有相当数量的土地受到重金属污染,这些土壤中的重金属随着风吹、灌溉及水土流失等渠道,有相当一部分进入水体。

**2. 工业污染源排放**

采矿、冶炼、电镀、化工、电子、制革、染料等工业三废是重金属污染的主要来源。

**3. 医院废水和火力发电厂**

医院中经常使用的体温计的破碎和红汞消毒,均产生汞污染。1 克汞(一支水银温度计的含量)就足以使一个面积 8 万立方米水体中的所有鱼类受到污染。

火力发电厂的污染途径主要是洗煤水、废煤渣与烟道气。根据《参考消息》报道,据美国环境保护局的估计,全美火力发电厂每年向大气排放汞 41 吨。

**4. 城市化带来的问题**

城市化的夜景缤纷灿烂,然而损坏的高压汞灯、各种霓虹灯、日光灯管等未能很好地处置,成为重金属污染的一大来源。

**5. 汽车工业带来的问题**

汽车修理废弃蓄电池与电池液造成铅严重污染,含 Pb 汽油虽已停止使用,但铅对环境的污染危害仍有一个相当长的滞后效应。另外,废电池随便丢弃也是一个污染源。据报道上海市每年产生废干电池 1.6 亿节,重 3 200 t。1 节 1 号废干电池可使 1 $m^2$ 土地失去利用价值,1 粒纽扣电池可污染 600 $m^3$ 的水。

### 4.4.3  重金属污染的危害

重金属在农业和工业中有多种用途,但也是工业垃圾中常见的一种污染物。一经排放,可在环境中驻留数百年甚至更久。人为地质作用改变了原生自然环境中元素的平衡,这种不平衡表现在某些元素含量在环境中大幅度增加,并由食物链转移到生物和人体内。通过一段时间的积累,生物和人体内这些元素含量也大幅度增加。当其含量超越生物和人体所能忍受的临界值时,生物和人体某些组织和系统就产生病变,这就是生态地质病,如泰国东南部和我国台湾省的黑脚病(皮肤癌)等。

**1. 汞**

汞及其化合物对温血动物的毒性很大,有机汞的毒性更是大大超过无机汞。天然水体中汞的浓度很低,一般不超过 1.0 μg/L,水体汞的污染主要来自生产汞的厂矿、有色金属冶炼以及使用汞的生产部门排出的工业废水。由消化道进入人体的汞将迅速地被吸收并随血液转移到全身各个器官和组织中,进而引起全身性的中毒。汞为积蓄性毒物,除慢性和急性中毒外,还有致癌和致突变作用。例如,日本水俣病即是由于甲基汞在人畜脑中积累所致。1998 年 11 月柬埔寨西哈诺港因"进口"台湾 3 000 吨含汞污泥废料,没几天就使一些人得了水俣病,其中 2 人死亡,引起该港人民巨大恐慌,造成 5 万多人(该港人口 15 万人)冒着倾盆大雨,仓惶逃离该港。此外,汞对水生生物也有严重危害,并可在沉积物、食物链中积累。鉴于汞及有机汞的严重危害,世界各国都严格控制汞污染,我国将其作为一类污染物中首选控制对象。

**2. 镉**

镉不是生命活动所必需的元素,但是高等海洋脊椎动物体内易积累镉,并且在肾组织中含量较高,哺乳动物体内含镉量随年龄的增加更明显。镉污染曾使日本富土山县神通川流域发生震惊世界的骨痛病。污染严重地区的发病率最高可达 20% 以上。此病始发于 1931 年,爆发于 20 世纪 40 ~ 50 年代,至 1968 年 5 月日本厚生省才认定为镉中毒。依据国外最新研究,镉中毒还会引发心血管病和糖尿病与癌症(如骨癌、胃肠癌、食道癌、直肠癌、肝癌、前列腺癌)等高危病种。镉污染会通过母体传给婴儿。另外,镉对鱼类和其他水生生物的毒性比对人毒性更大,并且在水生生物体内有积累作用。

**3. 铅**

铅是生命活动非必需元素,海洋脊椎动物体内铅浓度一般较低,常在检测限以下。但一些证据显示,体内浓度随着人类的工业活动而增加。矿山开采、金属冶炼、汽车废气、燃煤、油漆涂料等都是环境中铅的主要来源。淡水中铅的浓度为 $0.06 \sim 120$ μg/L，中值为 3 μg/L。铅主要损害骨髓造血系统和神经系统，对男性生殖腺也有一定的损害。其主要毒性效应表现在：贫血症、神经机能失调及肾损伤，对儿童造成大脑损害。一些研究表明，铅中毒会严重降低儿童的智商。我国北京、上海、太原等城市的部分儿童有轻度铅中毒现象。

**4. 砷**

砷是生命活动需要元素，但是砷污染会导致皮肤和其他癌症。砷的致毒作用主要是与细胞酶结合，使细胞代谢失调，营养发生障碍，其中以 $As^{3+}$ 对神经细胞的危害最大。急性砷中毒将严重损害消化系统和呼吸系统，引起腹部剧痛、呕吐、腹泻、血尿，如不及时治疗，一天内可能死亡。慢性砷中毒症状有：消化系统食欲不振、胃痛、恶心、肝肿大；神经系统神经衰弱、多发性神经炎；此外还有皮肤病变等。

**5. 铬**

铬对人和温血动物、水生物的危害主要体现为致毒作用、刺激作用、累积作用、变态反应、致癌作用和致突变作用。电镀、染色、制革、颜料等工业废水的排放，均会使水体受到污染。天然水中铬的浓度在 $1 \sim 40$ μg/L 之间，对人体而言，通常 $Cr^{6+}$ 的毒性比 $Cr^{3+}$ 大 100 倍。

**6. 锌**

锌是一些金属蛋白特别是一些酶的配位体，是生命活动必需元素，动物之间锌浓度变化很小，且不随物种和地理位置而改变。天然水中锌浓度为 $2 \sim 330$ μg/L，但不同地区和不同水源的水体，锌浓度有很大差异，但水生生物对锌有很强的吸收能力，因而可使锌向生物体内迁移，富集倍数达 $10^{3} \sim 10^{5}$ 倍。

各种工业废水的排放是引起水体锌污染的主要原因。过量摄入锌会破坏身体内元素平衡，促使体内铜元素降低，从而引发胃癌和食道癌。

铜与多种金属酶和金属蛋白结合，因而是脊椎动物体内的一种必需元素。铜在化学上常被作为催化剂。当它们的浓度较低时，则显示出"有利"的剂量反应，随着浓度的增加，将逐渐变为抑制因子，最终将变成毒物。

总之，重金属对人的危害，一是直接毒性作用，二是通过食物链富集产生长期慢性毒害作用。重金属中毒的急性表现为呕吐、乏力、嗜睡、昏迷乃至死亡。慢性症状则是免疫力抵抗力长期低下，各种恶性肿瘤、慢性病多发。人体的自我保护能力与屏障，一是防御病菌的白血球，二是防御病毒的免疫蛋白。重金属对蛋白质有凝固变性的不可逆作用，损坏人的免疫防护能力，这是重金属长期慢性的毒性危害所在。

## 4.4.4　防治对策与措施

随着经济和社会的发展，重金属污染呈上升趋势，重金属中毒事件时有发生。因此，人们应该对重金属污染高度重视，积极开展防治工作。

①推广应用清洁生产工艺和清洁产品，将污染消除在生产过程中，从源头消减污

染,尽量不排或少排三废;

②加强舆论宣传,增强全民环境保护意识;

③各级政府、环境保护部门切实负起主管责任,加强监测,掌握污染变化情况;

④加强对废电池、废灯管、废电视机、废电脑等废物的处理与处置管理;

⑤采取有效措施和综合技术治理修复重金属造成的污染;

⑥对重金属进行资源回收再利用,是解决其污染的根本途径和有效措施。

# 4.5　水污染治理原则和技术

随着工农业生产的发展,城镇化规模的扩大,废水排放量愈来愈大,水体污染日益严重。特别是工业废水进入水体,不仅严重影响水生生态系统,还直接或间接地危害人体的健康。因此必须对污水采取以防为主、防治结合、综合治理的原则。实行人工处理与自然净化相结合,无害化处理和综合利用相结合的原则,推行用水的闭路循环、区域循环和节约用水,发展少废水或无废水工艺。

## 4.5.1　水污染治理原则

### 1. 改革工艺,控制污染源,减少废水排放量

第一,通过改革工艺过程,使废水的数量和污染物的浓度消除或减少,尽可能在生产过程中杜绝有毒有害废水的产生,是控制水污染的根本措施。如以无毒原料或产品取代有毒原料或产品(在油漆中的颜料,用钛白代替铅白,以铁红代替铅丹,就可防止铅污染)。

第二,改革生产设备,提高原料转化率。例如,采用表面冷凝器代替大气冷凝器,去除蒸汽喷射器排气所携带的有机物蒸汽,可减少废水排污量,废水经简单处理后就可再次利用。

第三,发展无水、少水工艺或清洁生产工艺,从源头控制污染。

### 2. 循环回用,一水多用

通过工艺改革,做到生产过程管道化、密闭化及连续化,防止工业用水泄漏。使水在用水系统内重复使用或连续使用,减少新水补充,节约用水,降低成本,减少排污。例如,化肥厂的含氰废水,经生物滤池净化处理后可在煤气冷却,净化系统内实行闭路循环。一些流量大而污染轻的废水,如冷却废水,经适当处理后循环使用;城市废水净化后可直接用作环卫用水。

### 3. 严格管理,控制污染

加强管理,防止跑、冒、滴、漏,制定用水规章制度,确定岗位用水定额,减少水耗。各工序排放污水应实行合理规划,严格控制各污染物浓度的限量。做到先净化后排放,防止不同污染相互混杂,造成相互干扰,扩大污染面,增大处理废水的难度。对含有剧毒物质的废水,一些重金属、放射性物质、高浓度酚、氰化物等废水应与其他废水分流,

以便处理和回收有用物质。

**4.综合利用,变废为宝**

事物都是一分为二的,工业上所排出的废水,其中不少成分都是在生产过程中进入水中的原材料、半成品、成品、工作介质和能源,如果能够加以回收,综合利用,可减少或消除污染物,化害为利,变废为宝。例如,从洗毛废水中回收羊毛脂,从高浓度含酚废水中回收酚等。另外在自然沉淀的基础上,根据情况选用电解法、离子交换法、金属还原法、微生物法等回收有关成分。

**5.利用环境的自净能力与人为措施相结合,综合治理**

排海工程、排江工程、优化排污口的分布都是合理利用水环境自净能力的措施,但要从整体出发进行系统分析。土地处理系统,排江、排海工程,一级或二级污水处理,氧化塘等各种措施要优化组合。对污染较重的污染源分散治理,达标排放;对于其他的污染物应以集中控制为主,提高污染治理效益。

### 4.5.2　废水处理的分类及基本方法

废水处理方法可以根据污染物质在处理过程中的变化特征、处理程度、处理原理等进行分类。

**1.根据污染物质的变化特征分类**

根据污染物质在水处理过程中的变化特征,可将废水处理分为分离、转化和稀释三种方法。

(1)分离法

分离法是通过各种外力作用,把有害物从废水中分离出来。由于废水污染物存在形式的多样性(离子态、分子态、胶体和悬浮物)和污染物特性的各异性,决定了分离方法的多样性,见表4.8。

①离子态分离法包括离子交换法、离子吸附法、离子浮选法、电解法、电渗析法等。

②分子态分离法包括吹脱法、汽提法、萃取法、蒸馏法、吸附法、浮选法、结晶法、蒸发法、冷却法、反渗透法等。

③胶体分离法包括混凝法、气浮法、过滤法和胶粒浮选法等。

④悬浮物分离法包括重力分离法、离心分离法、磁力分离法、筛滤法等。

表4.8　分离法分类

| 污染物存在形式 | 分离方法 |
|---|---|
| 离子态 | 离子交换法、电解法、电渗析法、离子吸附法、离子浮选法 |
| 分子态 | 萃取法、结晶法、精馏法、吸附法、浮选法、反渗透法、蒸发法 |
| 胶体 | 混凝法、气浮法、吸附法、过滤法 |
| 悬浮物 | 重力分离法、离心分离法、磁力分离法、筛滤法、气浮法 |

（2）转化法

转化法处理是通过化学或生化的作用,改变污染物的性质,使其转化为无害的物质或可分离的物质,然后再进行分离处理的过程。转化处理又分为化学转化和生物化学转化两大类,见表4.9。

①化学转化法:中和法、氧化还原法、电化学法、沉淀法、水质稳定法、自然衰变法等。

②生化转化法:好氧处理法、厌氧处理法生物膜法、生物塘法及土地处理系统等。

表4.9 转化法分类

| 方法原理 | 转化方法 |
| --- | --- |
| 化学转化 | 中和法、氧化还原法、化学沉淀法、电化学法 |
| 生化转化 | 活性污泥法、生物膜法、厌氧生物处理法、生物塘等 |

（3）稀释法

稀释法是既不能把污染物分离,也不能改变污染物的化学性质,而是通过高浓度废水和低浓度废水或天然水体的混合来降低污染物的浓度,使其达到允许排放的浓度范围,以减轻对水体的污染。

**2. 根据废水处理程度分类**

废水处理技术按处理程度划分,可分为一级、二级和三级处理。图4.3为市政污水处理工艺流程。

一级处理:主要去除废水中悬浮固体、胶体和漂浮物质,同时还通过中和或均衡等预处理对废水进行调节以便排入受纳水体或二级处理装置。主要通过格栅、沉砂池、初次沉淀池等,采取筛滤、沉淀等物理处理方法。经过一级处理后,废水的 BOD 只去除30%左右,尚需进行二级处理,一级处理是二级处理的预处理阶段。

二级处理:去除废水中呈胶体和溶解状态的有机污染物质,主要采用较为经济的生物处理方法,BOD 去除率可达90%以上,它往往是废水处理的主体部分。经过二级沉淀池处理之后,一般均可达到排放标准,但可能会残存有微生物以及不能降解的有机物和氮、磷等无机盐类,它们数量不多,对水体的危害不大。

三级处理:是在一级、二级处理的基础上,对难降解的有机物、磷、氮等营养性物质及无机物等进一步处理,使其处理后达到工业用水和生活用水标准。常采用的方法有吸附、离子交换、反渗透、超滤、氧化还原、消毒等。

废水中的污染物组成相当复杂,往往需要采用几种方法的组合流程,才能达到处理要求。对于某种废水,采用哪几种处理方法组合,要根据废水的水质、水量,回收其中有用物质的可能性、需要达到的排放标准等,经过技术和经济的比较及必要试验后才能决定,才能达到预定的处理要求。

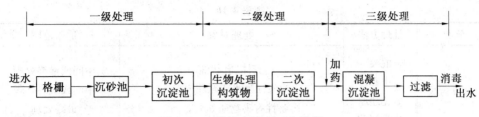

图 4.3　市政污水处理工艺流程

### 3. 根据废水处理原理分类

根据废水的处理原理,习惯上常将废水处理方法分为:物理处理法、化学处理法、生物处理法和物理化学处理法,见表 4.10。

**表 4.10 废水处理基本方法**

| 分类 | | 处理方法 | 处理对象 | 适用范围 |
|---|---|---|---|---|
| 生物法 | 天然生物处理 | 氧化塘法 | 胶体状和溶解性有机物 | 最终处理 |
| | | 土地处理法 | 胶体状和溶解性有机物、N、P 等 | 最终处理 |
| | 人工生物处理 | 生物膜法 | 胶体状和溶解性有机物 | 最终或中间处理 |
| | | 生物滤池 | 水量大,水质波动小,连续排水 | 最终或中间处理 |
| | | 生物转盘 | 水量小,水质波动大,间隔排水 | 最终或中间处理 |
| | | 活性污泥法 | 胶体状和溶解性有机物 | 最终或中间处理 |
| | | 生物接触氧化 | 胶体状和溶解性有机物 | 最终或中间处理 |
| | | 厌氧消化 | 高浓度有机废水或有机污泥 | 最终或中间处理 |
| 物理法 | | 稀释法 | 污染浓度小,毒性低或浓度高 | 最终处理、预处理 |
| | | 调节法 | 水质、水量波动大 | 预处理 |
| | 重力分离法 | 沉淀 | 可沉固体悬浮物 | 预处理 |
| | | 隔油 | 大颗粒油粒 | 预处理 |
| | | 气浮(浮选) | 乳化油及比重近于 1 的悬浮物 | 中间处理 |
| | 离心分离法 | 水利旋流 | 比重大的悬浮物如铁皮、砂等 | 预处理 |
| | | 离心机 | 乳状油、纤维、纸浆、晶体等 | 预处理或中间处理 |
| | 过滤法 | 隔栅 | $d>15$ nm 粗大悬浮物 | 预处理 |
| | | 筛网 | 较小的悬浮物、纤维类悬浮物 | 预处理 |
| | | 砂滤 | 细小悬浮物、乳油状物质 | 中间处理或最终处理 |
| | | 布滤 | 细小悬浮物、沉渣脱水 | 中间处理成最终处理 |
| | | 微孔管 | 极细小悬浮物 | 最终处理 |
| | | 微滤机 | 细小悬浮物 | 最终处理 |
| | 热处理法 | 蒸发 | 高浓度废液 | 中间处理(回收) |
| | | 结晶 | 有回收价值的可结晶物质 | 中间处理(回收) |
| | | 冷凝 | 吹脱、汽提后回收高沸点物质 | 中间处理(回收) |
| | | 冷却、冷冻 | 高浓度有机或无急废液 | 中间处理(回收) |
| | | 磁分离法 | 可磁化物质 | 中间或最终处理 |

续表 4.10

| 分类 | 处理方法 | 处理对象 | 适用范围 |
|---|---|---|---|
| 化学法 | 投药法<br>混凝<br>中和<br>氧化还原<br>化学沉淀 | 胶体、乳状油 | 中间或最终处理 |
| | | 稀酸性废水或碱性废水 | 中间或最终处理 |
| | | 溶解性有害物质如 $CN^-$,$S^{2-}$ | 最终处理 |
| | | 重金属离子如 $Cr^{3+}$,$Hg^{2+}$,$Zn^{2+}$ 等 | 中间或最终处理 |
| | 电解法<br>水质稳定法<br>自然衰变法<br>消毒法 | 重金属离子 | 最终处理 |
| | | 循环冷却水 | 中间处理 |
| | | 放射性物质 | 最终处理 |
| | | 含细菌、微生物废水 | 最终处理 |
| 物理化学法 | 传质法<br>蒸馏<br>汽提<br>吹脱<br>萃取<br>吸附<br>离子交换 | 溶解性挥发物质如酚 | 中间处理 |
| | | 溶解性挥发物质如酚、苯胺、甲醛 | 中间处理 |
| | | 溶解性气体如 $H_2S$,$CO_2$ 等 | 中间处理 |
| | | 溶解性物质,如酚 | 中间处理 |
| | | 溶解性物质如汞盐、有机物 | 中间处理 |
| | | 可离解物质,如金属盐类 | 中间或最终处理 |
| | 膜分离法<br>电渗法<br>反渗透<br>超滤<br>扩散渗析 | 可离解物质,如金属盐类 | 中间或最终处理 |
| | | 盐类、有机物油类 | 中间或最终处理 |
| | | 分子量较大的有机物 | 中间或最终处理 |
| | | 酸碱废液 | 中间或最终处理 |

物理处理法利用物理作用使悬浮态污染物质与废水分离,在处理过程中不改变污染物的性质,主要将 0.1 或 1 mm 以上的大颗粒物去除。包括过滤、沉降、气浮、离心分离等。

化学处理法利用化学反应去除水中的杂质或回收某些物质。

物理化学处理法利用物理化学的原理和化工单元操作去除水中杂质的方法,常用的方法有萃取、吸附、离子交换、膜分离和气提等。

## 4.6  物理处理法

物理处理法的基本原理是利用物理作用使悬浮状态的污染物质与废水分离,在处理过程中不改变污染物的性质。既可使废水得到一定程度的澄清,又可回收分离下来的物质加以利用,其目的是将粗大颗粒物去除,它们的大小约在 0.1 或 1 mm 以上。该法的优点是简单、易行、经济、效果好。常用的有过滤法、沉淀法、气浮法、离心分离等。

### 4.6.1　过滤法

**1. 格栅、筛网与微滤机**

在废水排放过程中,废水通过下水道流入污水处理厂,应首先经过斜置在渠道内的格栅、穿孔板、筛网或微滤机,使漂浮物或悬浮物不能通过而被阻留在格栅、筛网或微滤机上。此步是废水的预处理,其目的在于回收有用物质;初步澄清废水,减轻处理设备的负荷;以免抽水机械发生故障和管道受到颗粒物堵塞。

**2. 粒状滤料过滤**

废水通过粒状滤料(如石英砂)层时,其中细小的悬浮物和部分胶体就被截留在滤料的表面和内部空隙中。这种通过粒状介质层分离不溶性污染物的方法称为粒状滤料过滤。其过滤机理有:

(1)阻力截留

当废水自上而下流过粒状滤料层时,粒径较大的颗粒首先被截留在表层滤料上或空隙中,从而使此层滤料空隙越来越小,截污能力也变得越来越高,逐渐形成一层主要由被截留的固体颗粒构成的滤层,由它起主要的过滤作用。

(2)重力沉降

废水通过滤料层时,众多的滤料表面提供了巨大的比表面积。据估计,$1\ m^3$ 粒径为 $0.5\ mm$ 的滤料中就有大约 $400\ m^2$ 不受水力冲刷影响而可供悬浮物沉降的有效面积,形成无数的小沉淀池,悬浮物比较容易地在此沉降下来。

(3)接触絮凝

由于滤料具有巨大的表面积,它与悬浮物之间有明显的物理吸附作用。此外,砂粒、煤渣、碎石、粒煤或其他滤料在水中常带有表面负电荷,能吸附带正电荷的铁、铝、硅等胶体,从而在滤料表面形成带正电荷的薄膜,并进而吸附带负电荷的粘土和有机物等胶体,在滤料上发生接触絮凝。

### 4.6.2　沉淀法

沉淀法是利用废水中悬浮颗粒和水的比重不同,借助重力沉降作用将悬浮颗粒从水中分离出来的水处理方法。沉淀法可以去除水中的砂粒、化学沉淀物、混凝处理所形成的絮体和生物处理的污泥,也可用于浓缩沉淀污泥。图 4.4 为水中悬浮颗粒浓度和颗粒特性区分的四种沉淀现象。

根据水中悬浮颗粒的浓度和絮凝特性可分为:

**1. 自由沉淀**

颗粒之间互不聚合,悬浮物浓度不高且无絮凝性,颗粒单独进行沉淀。在沉淀过程中,颗粒呈离散状态,只受到本身在水中的重力、水的浮力和水流阻力的作用,其大小、形状、质量均不改变,下降速度也不受其他颗粒的影响。例如少量砂粒在水中的沉淀。

### 2. 絮凝沉淀

絮凝沉淀是指当水中悬浮物浓度不高时,在混凝剂的作用下,使废水中的胶体和细微悬浮物凝聚为絮凝体,然后再靠重力沉淀予以去除。常用的无机混凝剂有明矾、硫酸铁、三氯化铁、聚铁系列、聚铝系列、聚合硅酸铝铁系列;常用的有机絮凝剂有聚丙烯酰胺系列、聚丙烯酸钠、聚二甲基二烯丙基氯化铵、聚胺、木质素、改性淀粉、改性田菁胶和微生物絮凝剂等。

### 3. 拥挤沉淀

当废水中悬浮物含量较大时,颗粒间的距离较小,其间的聚合力能使其集合成为一个整体,并一同下沉。因此澄清水和浑浊水间有一明显的界面(即浑液面),逐渐向下移动,此类沉淀称为拥挤沉淀或称区域沉淀。据资料介绍,当悬浮物的体积分数为液体体积的1%时,就会出现拥挤沉淀现象。

### 4. 压缩沉淀

压缩沉淀也是污泥层压缩,当悬浮液中的悬浮固体浓度很高时,颗粒互相接触、挤压,在上层颗粒的重力作用下,下层颗粒间隙中的水因压力增加而被挤出,颗粒群体被压缩,使污泥浓度升高。压缩沉淀经常发生在沉淀池的污泥斗或污泥浓缩池中,进行得很缓慢。

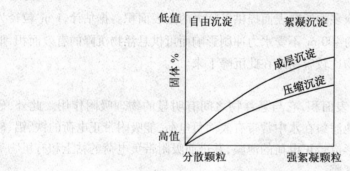

图4.4　水中悬浮颗粒的浓度和颗粒特性区分的四种沉淀现象

## 4.6.3　气浮法

气浮法就是在废水中产生大量的微小气泡作为载体去黏附废水中微细的疏水性悬浮固体和乳化油,使其随气泡上浮到水面,形成泡沫层,然后用机械方法撇除,从而实现固液或液液分离,使污染物从废水中分离出来。气浮过程包括气泡产生、气泡与颗粒(固体或液滴)附着以及上浮分离等连续步骤。要实现气浮法分离必须:

第一,必须向水中提供足够数量的微细气泡,气泡为15～30 μm较理想;

第二,必须使目标物呈悬浮状态或具有疏水性,从而附着于气泡上浮。

产生微气泡的方法主要有电解法、机械法和压力溶气法三种:

①电解。向水中通入5～10 V的直流电,废水电解产生$H_2$和$O_2$等气体,气泡微细,密度小,直径小,浮升过程中不会引起水流紊动,浮载能力大,特别适用于脆弱絮凝体的

分离。若采用铝、钢板作阳极,则电解溶蚀产生的 $Fe^{2+}$ 和 $Al^{3+}$ 离子经过水解、聚合及氧化,生成具有凝聚、吸附及共沉作用的多核羟基络合物和胶状氢氧化物,有利于水中悬浮物的去除。但由于电极板易结垢、电耗较高等,目前该法还未大规模使用。

②机械法。使空气通过微孔管、微孔板、带孔转盘等生成微小气泡。

③压力溶气法。将空气在一定的压力下溶于水中,并达到饱和状态,然后突然减压,过饱和的空气便以微小气泡的形式从水中逸出。目前废水处理中的气浮工艺多采用压力溶气法。

气浮法的特点是:

①由于气浮池的表面负荷较高,水在池中停留时间短(10 ~20 min),故占地较少,节省基建投资。

②气浮池具有预曝气作用,出水和浮渣都含有一定量的氧,有利于后续氧化处理或再利用。

③气浮法处理效率高,甚至还可去除原水中的浮游生物,出水水质好。

④浮渣含水率低,这对污泥的后续处理有利,而且表面刮渣也比池底排泥方便。

⑤可以回收利用有用物质。

⑥气浮法的主要缺点是耗电量较大;设备维修及管理工作量较大;浮渣露出水面,易受风、雨等气候因素影响。

在水处理中,气浮法广泛应用于:

①分离地面水中的细小悬浮物、藻类及微絮体。

②回收工业废水中的有用物质,如造纸厂废水中的纸浆纤维及填料等。

③代替二次沉淀池,分离和浓缩剩余活性污泥,特别适用于那些易于产生污泥膨胀的生化处理工艺中。

④分离回收含油废水中的悬浮油和乳化油。

⑤分离回收以分子或离子状态存在的目标物,如表面活性物质和金属离子。

### 4.6.4　离心分离

物体作高速旋转时会产生离心力。含悬浮颗粒或乳化油的废水在高速旋转时,由于颗粒和水分子的质量不同,因此受到的离心力大小也不同,质量较大的颗粒被甩到外围,质量较小的油粒则留在内部。通过不同的出口,就可使颗粒物与水分开,从而使水质得到净化。用这种离心力分离废水中悬浮颗粒或乳化油的办法称为离心分离法。

根据离心力产生的原理设计的离心分离设备有,水力漩流器和器旋分离器(如离心机)。离心分离法具有体积小、用料少、单位容积处理能力高等优点,但设备易受磨损、电耗较大。

## 4.7　化学处理法

化学法是利用化学反应去除水中的杂质或回收某些物质,主要处理对象是污水中溶解态和胶态的污染物质。它既可去除废水中无机的或有机的污染物,改变污染物的性质或存在状态,降低废水负荷,还可回收某些有用物质。常用的方法有混凝法、中和法、化学沉淀法、电解法和氧化还原法等。

### 4.7.1 混凝法

混凝法是向水中投加混凝剂,使污水中的胶体粒子(粒度为 1 ~ 100 nm)以及微小悬浮物(粒度为 100 ~ 10 000 nm)污染物失去稳定性而聚集、下沉的水处理方法。

胶体因为电位降低或消除,从而失去稳定性的过程称为脱稳。脱稳的胶粒相互聚集为较大颗粒的过程称为凝聚。未经脱稳的胶粒也可形成较大的颗粒,这种想象称为凝聚。不同的化学药剂能使胶体以不同的方式脱稳、凝聚或絮凝。依机理的不同,混凝可分为压缩双电层、吸附电中和、吸附架桥和沉淀网捕四种。

凝聚、混凝和絮凝三个词容易引起混淆,凝聚(coagulation)是指胶体被压缩双电层而脱稳的过程。同时,凝聚是瞬时的,只需将化学药剂扩散到全部水中的时间即可。絮凝(flocculation)是指胶体由于高分子聚合物的吸附架桥作用而聚结成大颗粒絮体的过程。絮凝需要一定的时间让絮体长大,但一般情况下和凝聚难以截然分开。习惯上,将低分子电解质称为凝聚剂,将高分子药剂称为絮凝剂。混凝则包括凝聚和絮凝两种过程。当单用混凝剂不能取得良好效果时,可投加某类辅助药剂来提高混凝效果,这种辅助药剂称为助凝剂。

水中的胶体和微细粒子表面通常都带有电荷,若向水中投加带有相反电荷混凝剂,可使污水中的胶粒和微粒表面电性改变,呈现电中性或接近电中性,从而失稳凝聚成大颗粒而沉降去除。它是现代城市给水和工业废水处理工艺中的关键环节之一,它既可以去除水的浊度和色度及多种高分子物质、有机物、某种重金属毒物和放射性物质等,又可以去除导致富营养化的物质. 如磷等可溶性无机物,同时还能够改善污泥的脱水性能。它既可以自成独立的处理系统,又可以与其他单元过程组合,用于预处理、中间处理和终处理。由于混凝法具有经济效率高、处理效果好、管理简单的特点,所以在污水处理中使用得非常广泛。

混凝剂的种类繁多,主要有无机混凝剂、有机型絮凝剂和微生物絮凝剂三大类。

**1. 常用的无机混凝剂有**

①铝系混凝剂,如硫酸铝、氧化铝和明矾、聚合氯化铝、聚合硫酸铝、聚硫酸氯化铝、聚磷酸氯化铝等。

②铁系混凝剂,主要是氯化铁、硫酸亚铁、聚合硫酸铁、聚磷酸铁等。

③复合型混凝剂,聚氯化铝铁、聚硫酸铝铁、聚硅酸铝铁、聚合硅酸氯化铝铁、聚合硅酸硫酸铝、聚硫氯化铝、聚磷酸氯化铝、聚硅氯化铝铁、聚磷氯化铝铁、聚硫酸氯化铁、聚硅硫酸铁、聚合硫酸氯化铝铁、聚合硫基硅酸铝铁、硅钙复合型聚合氯化铝铁、钙型聚合氯化铝硅等。

**2. 常用的有机型混凝剂有**

①合成高分子混凝剂,如聚丙烯酰胺和聚磺基苯乙烯等。

②天然高分子混凝剂,主要品种有淀粉及改性淀粉类、半乳甘露聚糖类、纤维素衍生物类、微生物多糖类及动物骨胶类等。

③微生物高分子混凝剂。

**3. 微生物絮凝剂**

微生物絮凝剂(microbial flocculants,MBF)是利用生物技术,通过微生物发酵、抽取、精制而得到的一种新型水处理剂,具有高效、无毒、可生物降解和无二次污染等特性。可产生 MBF 的微生物有细菌、放线菌、酵母菌和霉菌等,不同种类的微生物所产生的 MBF 的成分一般各不相同,其主要成分为高分子有机物,包括蛋白、多糖、蛋白质、纤维素和 DNA 等,分子量多在 10 000 以上,其微观结构有纤维状和球状。MBF 具有广谱絮凝活性,适用范围较广,可用于给水处理、污水的除浊和脱色。

助凝剂和混凝剂一起使用,可分为三种:

①pH 调整剂。在废水 pH 值不符合工艺要求,需投加 pH 调整剂。常用的 pH 调整剂包括石灰、硫酸、氢氧化钠等。

②絮体结构改良剂。当生成的絮体小、松散易碎时,可投加絮体结构改良剂以改善絮体的结构,增加其粒径、密度和强度。如活性硅酸、黏土等。

③氧化剂。当废水中有机物含量高时,易起泡沫,使絮凝体不易沉降。此时可投加氯气、次氯酸钠、臭氧等氧化剂破坏有机物,以提高混凝效果。

## 4.7.2　化学沉淀法

化学沉淀法是指向水中投加某些化学物质,使其与水中的溶解性污染物发生反应,生成难溶于水的沉淀,以降低或除去水中污染物的方法。根据使用的沉淀剂不同可将化学沉淀法分为石灰法、硫化物法、钡盐法等,也可根据互换反应生成的难溶沉淀物分为氢氧化物法、硫化物法等。化学沉淀法常用于含重金属、有毒物(如氰化物)等工业废水的处理。如去除水中的锌、铜、汞等重金属离子的化学反应式为

$$ZnSO_4 + Na_2CO_3 \rightarrow ZnCO_3 \downarrow + Na_2SO_4$$

$$Cu^{2+} + S^{2-} \rightarrow CuS \downarrow$$

$$Hg^{2+} + S^{2-} \rightarrow HgS \downarrow$$

化学沉淀法具有经济、简便等优点,但管道易结垢堵塞与腐蚀、沉淀体积大、脱水困难。

## 4.7.3　氧化还原法

在化学中发生电子转移的反应,称为氧化还原反应,失去电子的过程称为氧化,失去电子的物质(还原剂)被氧化。与此同时,得到电子的过程称为还原,得到电子的物质(氧化剂)称为被还原。因此,利用液氯、臭氧、高锰酸钾等强氧化剂或利用电解时的阳极反应,将废水中的有害物质氧化分解为无害或毒性小的物质;利用还原剂(铁屑、锌粉、硫酸亚铁、亚硫酸氢钠等)或电解时的阴极反应,将废水中的有害物还原为无害

或毒性小的物质,上面这些方法统称为氧化还原法。此法几乎可以处理各种工业废水以及脱色、除臭,特别是对废水中难以生物降解的有机物处理效果较好,但成本大多偏高。目前常用的氧化还原法有:

①氯化处理法。在水中加入氯气、氯水、液氯、漂白粉、次氯酸钠和二氧化氯等药剂,可氧化废水中许多污染物(如氰化物、硫化物、酚等),降低废水的负荷,同时还可消毒杀菌。

②臭氧氧化。臭氧是一种强氧化剂,其氧化能力在天然元素中仅次于氟。它对各种有机基团均有较强的氧化能力,如蛋白质、胺、不饱和脂肪烃、芳香烃和杂环化合物、木质素、腐殖质等都能被臭氧氧化。去除有机物和无机物都有显著的效果,且不会产生二次污染。同时,制备臭氧用的电和空气不必储存和运输,操作管理简单,但臭氧发生器耗电量大。

③铁屑还原处理含铬、含汞废水。

### 4.7.4　中和法

中和法是利用酸碱中和以调整废水中的 pH 值,使废水达到中性的水处理方法。其反应原理是降低废水中的酸性($H^+$)或碱性($OH^-$)。处理酸性废水以碱为中和剂,处理碱性废水以酸作中和剂。被处理的酸与碱主要是无机酸、碱,其工艺过程比较简单,主要是混合或接触反应。酸性废水的中和法常用的有投药中和法、过滤中和法和碱性废水中和法。

① 投药中和法是向酸性废水中投加碱性药剂,如石灰、氢氧化钠、石灰石、碳酸钠、氨水等。

② 过滤中和法是用耐酸材料制成滤池,内装碱性滤料,如石灰石、大理石和白云石等。

③ 碱性废水中和法是向酸性废水中加入碱性废水,节约资源。

碱性废水的中和处理常采用废酸、酸性废水、烟道气(含有 $CO_2$,$SO_2$,$H_2S$ 等及酸性废气)进行中和处理。

### 4.7.5　电解法

电解质溶液在电流的作用下,发生电化学反应的过程称为电解。废水中的污染物在阳极被氧化,在阴极被还原,或者与电极反应产物作用,转化为无害成分而分离除去。电解法是一个复杂的氧化、分解及混凝沉淀相结合而连续进行的过程。电解槽中的废水在电解过程中,实际上常包括氧化反应、还原反应、浮选、混凝等复杂过程。按照污染物净化的原理可将电解法分为电解氧化法、电解还原法、电解絮凝法和电解气浮法。也可以直接分为直接电解法和间接电解法。按照阳极材料溶解特性可分为不溶性阳极电解法和可溶性阳极电解法。

利用电解可以处理以下三类污染物:

①各种离子状态的污染物,如 $CN^-$,$AsO_2^-$,$Cr^{6+}$,$Cd^{2+}$,$Pb^{2+}$,$Hg^{2+}$ 等;

②各种无机和有机的耗氧物质,如硫化物、氨、酚、油和有色物质等;

③致病微生物。

对于电催化氧化过程,其氧化作用则较为复杂,如图 4. 所示。在析氧反应发生前,对应于电极的析氧电势(oxygen evolution potential,OEP)之下,有机物和电极之间发生直接电子转移(direct electron transfer)反应,但这种反应在动力学上不可持久,因为电极为初级氧化产物所覆盖,尽管在热力学上是允许的。在析氧反应发生后,除了直接电子转移过程,像 $RuO_2$ 等尚未达到最高氧化态的活性电极组分所生成的高级氧化态 $MO_{(x+1)}$ 对有机物的氧化起到了关键作用,对于有机物的芳环开环反应具有较高的活性,该过程称为电化学转换(electrochemical conversion);对于达到最高氧化态的 $PbO_2$ 等非活性电极组分则生成羟基自由基,羟基自由基具有较 $MO_{(x+1)}$ 强的氧化性,不仅可以破坏有机物的芳香环结构,对脂肪酸等有机物的完全矿化也具有较高的活性。同时,以 ·OH 的产生为基础,通过一系列的平行反应可以产生如 $O_3$,$H_2O_2$ 和 $Cl_2$ 等多种氧化性物种。

与常规的化学催化反应相比,电催化反应有本质的区别,在它们各自的反应界面上电子的传递过程有着根本的不同。在常规的化学催化反应中,反应物和催化剂之间的电子传递在限定区域内进行。而在电催化反应中,电极同时具有催化化学反应和使电子迁移的双重功能,通过改变电极电位就可以控制氧化反应和还原反应进行的方向。常规的化学催化反应主要以反应的熵变为特点,而电催化反应则以自由能的变化为特点。

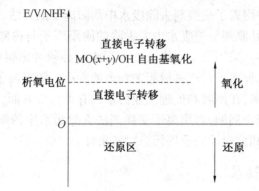

图 4.5　有机物的电催化氧化机理

# 4.8　物理化学处理法

利用物理化学的原理和化工单元操作除去水中杂质的方法称为物理化学法。常用的方法有萃取、吸附、离子交换、膜分离技术、气提等方法。

## 4.8.1　萃取法

萃取法是利用某些污染物在水中和特定溶剂中的溶解度不同,分离混合物的方法称。该方法是使废水中的溶质转入另一与水不互溶的溶剂中,而后使溶剂与废水分层分离,并且溶剂可再生反复利用。萃取法处理废水时,一般经过四个步骤:

①混合传质,把萃取剂加入废水并充分混合接触,污染物作为萃取物从废水中转移到萃取剂中。

②分离,利用萃取剂与溶质(污染物)的沸点、酸碱性、密度等性质的不同,将萃取剂和水分离。

③回收,把萃取物从萃取剂中分离出来,把污染物进行再处理。

④萃取剂纯化,以便循环利用。

### 4.8.2　吸附法

吸附法是利用多孔性的固体物质,使污水中的一种或多种物质(通过范德华力、化学键力和静电引力)吸附在固体表面再去除。常用的吸附剂有活性炭、磺化煤、焦炭、木炭、泥煤、高岭土、硅藻土、硅胶、炉渣、木屑、金属屑(铁粉、锌粉、活性铝)、吸附树脂、腐殖酸等。此法多用于吸附污水中的酚、汞、铬、氰等有毒物质及废水的除色、脱臭。

吸附操作可分为静态和动态两种,动态吸附是在废水流动的条件下进行的操作,静态吸附则是在废水静止的条件下进行的操作。目前常用的吸附形式有固定床、移动床和流化床三种。

### 4.8.3　离子交换法

离子交换法是一种用离子交换剂去除废水中阴阳离子的方法。目前使用的交换剂主要是离子交换树脂,其原理是把废水中需去除的阴阳离子与树脂中的氢、钠、氢氧根以及其他离子进行交换。采用离子交换法处理污水时必须考虑树脂的选择性,交换能力的大小主要取决于各种离子对该种树脂亲和力的大小。随着离子交换树脂的生产和使用技术的发展,近年来,在回收和处理工业污水的有毒物质方面,由于效果良好、操作方便而得到广泛的应用。例如,利用离子交换剂法去除污水中的铜、镍、镉、锌、汞、金、铬、酚、无机酸、有机物和放射性物质等污染物效果好。

### 4.8.4　膜分离技术

膜分离技术是利用薄膜分离水溶液中某些物质的统称,是指在一种流体相内或是在两种流体相之间用一层薄层凝聚相物质(膜)把流体相分隔为互不相通的两部分,并能使这两部分之间产生传质作用。在分离过程中,一般不消耗热能,没有相的变化,设备简单,易于操作,适用性较广,但处理能力较小。

以压力为推动力的膜分离技术又称为膜过滤技术,是深度水处理的一种高级手段。根据膜选择性的不同,可分为微滤(micro-filtration,MF)、超滤(ultra-filtration, UF)、纳滤(nano-filtration,NF)和反渗透(reverse osmosis,RO)等。膜过滤是一种与膜孔径大小相关的筛分过程,以膜两侧的压力差为驱动力,以膜为过滤介质,在一定的压力下,当原液流过膜表面时,膜表面密布的许多细小的微孔只允许水及小分子物质通过而成为透过液,而原液中体积大于膜表面微孔径的物质则被截留在膜的进液侧,成为浓缩液,因而实现对原液的分离和浓缩的目的。

①微滤是一种以静压差作为推动力,利用膜的筛分作用进行过滤分离的膜技术之一。微滤膜的特点是其中整齐、均匀的多孔结构设计,在静压差的作用之下小于膜孔的粒子将会通过滤膜,比膜孔大的粒子则被拦截在滤膜的表面,从而实现有效的分离。另外,微滤膜是均匀的多孔薄膜,厚度为 $90 \sim 150~\mu m$,过滤的粒径为 $0.025 \sim 10~\mu m$,操作压力为 $0.01 \sim 0.2~MPa$。

②超滤是在一定的压力下,含有小分子的溶液经过被支撑的膜表面时,其中的溶剂和小分子溶质会透过膜,而大分子被拦截,作为浓缩液被回收。海德能超滤膜过滤粒径为 $5 \sim 10~nm$,操作压力为 $0.1 \sim 0.25~MPa$。

③纳滤是一种在反渗透基础上发展起来的膜分离技术,纳滤膜的拦截粒径一般为 $0.1 \sim 1~nm$,操作的压力为 $0.5 \sim 1~MPa$,拦截的分子量为 $200 \sim 1000$,对水中的分子量为数百万的有机小分子具有很好的分离性能。

④反渗透也称为高滤,是渗透的一种逆过程,通过在待过滤的液体一侧加上比渗透压更高的压力,使得原溶液中的溶剂压缩到半透膜的另一边。反渗透膜的过滤粒径为 $0.2 \sim 1.0~nm$,操作压力为 $1 \sim 10~MPa$。

除了上述方法之外,目前常用的膜处理技术还有渗析法、电渗析法和离子交换膜法等。

(1)渗析法

渗析法是利用一种渗透膜把浓度不同的溶液隔开,溶质(污染物)从浓度高的一侧透过膜而扩散到膜的另一侧,当膜两侧浓度达到平衡时,渗析过程停止。渗析法主要用于酸碱物质的去除,如选用阴离子膜(只允许阴离子通过),可以从废酸液中回收酸。

(2)电渗析法

电渗析法是在直流电场的作用下,利用阴阳离子交换膜对溶液中阴阳离子进行选择性地透过(即阳膜只允许阳离子通过,阴膜只允许阴离子通过),使溶液中的电解质(污染物)与水分离,以达到浓缩、纯化、分离目的的一种水处理方法。电渗析法是在离子交换技术基础上发展起来的一项新技术,与普通离子交换法不同,该方法省去了用再生剂再生树脂的过程,因此具有设备简单、操作方便等优点。该方法可用于海水淡化,去离子水制备,分离或浓缩回收造纸等工业废水中的某些有用成分,电镀等工业废水的处理等。

(3)离子交换膜法

离子交换膜是一种由高分子材料制成的具有离子交换基团的薄膜,具有迁移传递阴阳离子的功能,如电渗析和隔膜电解所用的膜。按照膜的构造分为均相膜和异相膜,按照膜的功能分为阴膜、阳膜和复合膜。

## 4.9 生物处理法

生物处理法是利用自然环境中微生物的生物化学作用氧化分解废水中呈溶解和胶体状态的有机物和某些无机毒物(如氰化物、硫化物),并将其转化为稳定无害的无机物的一种废水处理方法,具有投资少、效果好、运行费用低等优点,在城市污水和工业废水的处理中得到最广泛的应用。根据参与作用的微生物种类和供氧情况分为好氧生物处理和厌氧生物处理两大类。一般废水中有机物浓度若低于 1 000 mg/L,比较适合于好氧生物处理。厌氧生物处理主要用于处理高浓度有机废水。按照微生物的生长方式,可分为悬浮生物法和固着生物法两类。表4.11 为生物处理法分类。

表 4.11 生物处理法分类

| | | | | |
|---|---|---|---|---|
| 生物处理法 | 好氧处理 | 自然条件 | 水体自净 | 天然水体及氧化塘 |
| | | | 土壤净化 | 污水灌溉 |
| | | 人工条件 | 悬浮生物法 | 活性污泥法及其变形、氧化塘、氧化沟 |
| | | | 固着生物法 | 生物滤池、生物转盘、接触氧化、好氧性生物流化床 |
| | 厌氧处理 | 自然条件 | | 高温堆肥 |
| | | | | 厌氧塘 |
| | | 人工条件 | 悬浮生物法 | 厌氧消化、上流式厌氧污泥床、化粪池 |
| | | | 固着生物法 | 厌氧滤池、厌氧流化床 |

同时,废水是否适合用生物法处理也需要进行评价。废水可生化性是指废水中的污染物分子结构能否在微生物作用下分解为环境允许的结构形式,以及是否有足够快的分解速度。可生化性的评价方法有 $BOD_5/COD$ 值法、$BOD_5/TOD$ 值法、耗氧速率法、脱氢酶活性法等,其中 $BOD_5/COD$ 值法是广泛采用的一种最简易的方法,其评价方法见表4.12。

表 4.12 废水可生化性评价参考数据

| $BOD_5/COD$ | >0.45 | 0.3~0.45 | 0.2~0.3 | <0.2 |
|---|---|---|---|---|
| 可生化性 | 好 | 较好 | 较难 | 不宜 |

### 4.9.1　废水生物处理法的产生与发展

**1. 好氧生物处理法**

好氧生物处理法主要包括活性污泥法和生物膜法两大类。

活性污泥法最早于 1914 年首先在英国投入应用。当时受到理论水平和运行、管理等技术条件的限制,应用和推广缓慢。近 30 年,活性污泥法在生产应用技术上不断改进完善得到迅速发展,已成为城市污水、有机工业废水的有效处理方法和污水生物处理的主流方法。近 10 年以来,为了强化提高活性污泥法的净化效能,又开发了两段活性污泥法、粉末炭−活性污泥法、加压曝气法多种形式的氧化沟、SBR 法等处理工艺;开展了生物脱氮、除磷等方面的研究与实践;对采用化学法与活性污泥法相结合的处理方法,净化含难降解有机废水方面也进行了探索。活性污泥法正朝着快速、高效、低碳等多功能方面发展。

生物膜法与活性污泥法同样属于好氧生物处理技术。第一个生物膜法处理设施,生物滤池于 1893 年在英国试验成功,1900 年进行实际污水处理,并迅速在欧洲和北美得到广泛运用。但早期的生物滤池负荷低,占地面积大,易堵塞。于是人们将处理后的水回流,提高其水力负荷和 BOD 负荷。20 世纪 50 年代,德国建造了塔式生物滤池,具有通风好、净化效能高、占地面积小等优点。60 年代,出现的生物转盘,由于净化功能好、效果稳定、能耗低等优点,在国际上得到了广泛应用。70 年代中期,一些国家将化工领域的流化床技术应用于污水生物处理中,出现了生物流化床,具有 BOD 容积负荷大、处理效率高、占地面积小、投资省等优点,缺点是运行不够稳定,操作困难,而近年发展起来的生物活性炭法非常成功,实践证明,生物活性炭的吸附容量是单纯活性炭吸附容量的 20～30 倍,生物活性炭具有微生物和活性炭的叠加和协同作用,已在许多国家采用,尤其是西欧更为广泛。近年还出现了生物接触氧化法和投料活性污泥法等,兼具活性污泥法和生物膜法的特点。

**2. 厌氧生物处理法**

由于厌氧生物处理法既节能又产能,适应了 20 世纪 70 年代世界性能源紧张的要求,使污水处理厂向节能和实现能源化方向发展。一些新的厌氧处理工艺或设备,如上流式厌氧污泥床、上流式厌氧滤池、厌氧接触法、厌氧流化床及两相厌氧消化工艺相继出现,充分体现了厌氧生物法具有能耗小并可回收能源,生育污泥量少,生成的污泥稳定易处理,对高浓度有机污水处理效率高等优点,不但可以用于处理高浓度和中低浓度的有机污水,还可以处理好氧生物法中产生的污泥和低浓度有机污水。

**3. 好氧−厌氧组合工艺**

20 世纪 60 年代以来,由于水体富营养化和脱氮除磷的要求,生物处理法已不仅满足于去除 BOD,COD 和 SS,先后开发了厌氧−好氧($A_1$−O)和缺氧−好氧($A_2$−O),组合工艺,前者可去除污水中的磷,后者可去除污水中的氮。后又开发了厌氧−缺氧−好氧($A_1$−$A_2$−O)工艺,又叫 $A^2$/O 工艺,效率高,污泥沉淀性能好,电耗和药耗少,可达到三级处理出水标准,对难降解有机物也有较高的去除效果。从 80 年代以来,我国已在广州、桂林等地建成多个采用 $A^2/O$ 工艺的废水处理厂。

### 4.9.2 好氧生物处理

好氧生物处理法是在有氧的条件下,借助于好氧微生物(主要是好氧菌)和兼性菌的作用进行的。其中一部分有机物被分解转化或氧化为 $CO_2$、$NH_4$、亚硝酸盐、硝酸盐、磷酸盐、硫酸盐等代谢产物,同时释放出能量作为好氧菌自身生命活动的能源。另一部分(约三分之二)有机物则作为其生长繁殖所需要的构造物质,合成为新的原生质(细胞质),实现自身增殖。其生物化学方程式为:

有机物的氧化

$$C_xH_yON_n + O_2 \xrightarrow{\text{微生物}} CO_2 + H_2O + \text{能量}$$

原生质的合成

$$C_xH_yON_n + O_2 + NH_3 + \text{能量} \xrightarrow{\text{微生物}} C_5H_7NO_2 + CO_2 + H_2O$$

废水的生物处理过程实际上可以看做是一种微生物的连续培养过程,微生物生长动力学是了解好氧生物处理法的基础。如将活性污泥微生物在污水中接种,并在温度适宜、溶解氧充足的条件下进行培养,按时取样计量,可得到微生物数量与培养时间关系的增殖曲线,如图 4.6 所示。

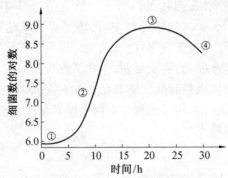

图 4.6 微生物增殖曲线
①适应期; ②对数增殖期; ③平衡期; ④内源呼吸期

微生物增长曲线分为四个阶段,适应期、对数增殖期、平衡期和内源呼吸(代谢)期。

适应期又称延迟期或调整期,是微生物细胞内各种酶系统对新培养环境的适应过程,微生物不裂殖,数量不增加,但个体增大。对数增殖期内微生物按几何级数增加,增殖速度与时间呈直线关系。平衡期又称减速增殖期或稳定期,微生物大量增殖,营养物质大量耗用,微生物数量达到最大值,趋于稳定。内源呼吸期又称衰亡期,水中营养物质继续下降,达到近乎耗尽的程度,微生物开始利用自身储存的物质。通过内源代谢反应,80%的细胞物质分解为无机物质并产生能量,20%为不分解的残留物,主要是由多糖、脂蛋白组成的细胞壁的某些组分和壁外的粘液层。

128

依据好氧微生物在处理系统中所呈的状态不同,又可分为活性污泥法和生物膜法两大类。

**1. 活性污泥法**

活性污泥法(activated sludge process)是水体自净的人工强化方法,是一种依靠在曝气池内呈悬浮、流动状态的微生物群体的凝聚、吸附、氧化分解等作用去除污水中有机物的方法。活性污泥是一种以细菌、真菌、原生动物、后生动物和金属氢氧化物为主的污泥状褐色絮凝物。向曝气池的活性污泥和废水混合液中连续地鼓入空气,微生物将水中有机物氧化分解,同时不断生长繁殖。停止曝气后,活性污泥沉降与水分离而使废水得以净化。图 4.7 为活性污泥法处理流程示意图。

经过二级处理的废水一般可达到农灌标准和废水排放标准。

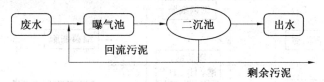

图 4.7　活性污泥法处理流程示意图

**2. 生物膜法**

生物膜(bio-membrane)法是通过土壤(如灌溉田、湿地)实现水质净化的人工强化方法,使微生物附着在某些载体的表面上呈膜状,通过与污水接触,生物膜上的微生物摄取水中的有机物作为营养并加以代谢,从而实现污水净化的方法。它与活性污泥法的不同之处在于微生物是固着生长在介质滤料表面,又称为"固着生长法"。即在废水与生物膜接触时,进行固、液相的物质交换,膜内微生物将有机物氧化,使废水获得净化,同时生物膜内微生物不断生长和繁殖。从填料上脱落下来的衰老生物膜随处理后的污水流入沉淀池,经沉淀泥水分离。常用的生物膜法主要有:

①填充式(或称润壁式)。废水和空气沿固定的或转动的接触介质表面的生物膜流过,典型的有生物滤池和生物转盘等。

②浸渍式(或称浸没式)。生物膜载体完全浸没在水中,采用鼓风曝气。若载体固定,则称接触氧化法;若载体流化,则称为生物流化床。

### 4.9.3　厌氧生物处理

厌氧生物处理过程又称厌氧消化,是在厌氧条件(隔绝氧气)下由多种微生物(厌氧菌和兼性菌)共同作用,使有机物分解并生成 $CH_4$,$CO_2$ 和少量 $H_2S$,$H_2$ 等无机物的过程。这种过程广泛地存在于自然界,人类在 100 年前就开始了利用厌氧消化处理废水,农村的沼气池也是厌氧生物化学反应的原理。整个消化过程分为酸性发酵和碱性发酵两个阶段,如图 4.8 所示。

第一阶段是酸性发酵阶段。在微生物作用下,复杂的有机物进行水解和发酵,分解产物为有机酸(如甲酸、乙酸、丙酸、丁酸脂肪酸、乳酸),醇,$NH_3$,$CO_2$,$H_2S$,$H_2$ 等以及其他一些硫化物,这时废水发出臭气。由于此阶段内有机酸大量生成,pH 值随即下降,故称作酸性发酵阶段。

第二阶段是碱性发酵阶段,又称甲烷发酵阶段。随着发酵阶段的进行,由于所产生的 $NH_3$ 的中和作用及有机酸的进一步降解,废水的 pH 值逐渐上升,产物主要为甲烷和 $CO_2$,所以此阶段又称作碱性发酵阶段。

厌氧生物处理的特点是:能耗低,应用范围广,负荷高,通常好氧生物处理法的有机容积负荷为 $2 \sim 4$ kg BOD/($m^3 \cdot d$),而厌氧生物处理法为 $2 \sim 10$ kg COD/($m^3 \cdot d$),有时高达 50 kg BOD/($m^3 \cdot d$)。也就是说,厌氧生物法适合于高浓度有机废水的处理,剩余污泥少。但厌氧生物增殖缓慢,启动和处理时间较长;出水常不能达到排放标准,且系统控制因素较复杂。

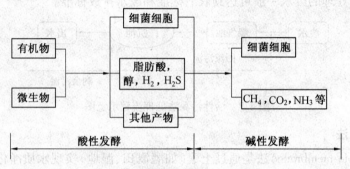

图 4.8　厌氧处理的两级生化过程

# 思考题

1. 饮用自来水安全吗?
2. 如何去除水中典型的有机污染物? 如人工合成的农药、染料、个人护理品、表面活性剂等。

# 第5章　大气污染与控制技术

**内容提要**　和水资源一样,大气(或空气)是人类和一切生命体赖以生存的基本条件之一。如果没有空气,人类就无法生存,植物就无法进行光合作用。近一个世纪以来,随着工业、农业和交通运输业的迅猛发展,向大气中大量排放有害气体、烟尘、使某些物质的浓度超过它们的本底值并对人及动植物产生有害影响,这就是大气污染。目前控制大气污染已成为最迫切的全球环境问题之一。

本章学习的主要内容包括以下几点:

(1)大气环境特点;

(2)大气污染源和污染物及特点;

(3)空气质量指数 AQI;

(4)大气污染控制技术。

## 5.1　大气环境概述

### 5.1.1　大气的结构

人们把由于地球引力而随之旋转的大气层叫做大气圈,大气圈与宇宙空间很难确切地划分,一般认为,从地球表面到高空 1 200 ~ 1 400 km,看作是大气层厚度,超出 1 400 km 以外,气体非常稀薄,就是宇宙空间了。大气在垂直方向上的温度、组成与物理性质有显著的差异。根据大气温度垂直分布的特点,大气层大体划分为五层,俗称五层楼结构,如图 5.1 所示。

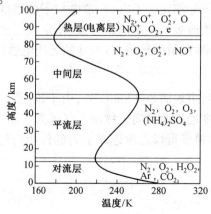

图 5.1　大气圈的构造

**1. 对流层**

对流层是大气圈的最下面一层,其平均厚度约为 12 km(该层厚度随地球纬度不同有所差别,两极薄、赤道厚),整个大气层质量的 3/4 和几乎所有的水气都在这一层。对流层温度分布的特点是下部气温高,上部气温低,气温的垂直递减率平均为 0.6 ℃/100 m。这一层大气无论是垂直或水平方向的对流都是很充分的,风、雪、雨、霜、雾和雷电等复杂的气象现象也都出现在这一层。伴随着这种对流运动,由污染源排放到大气中的污染物便可被输送到远方,并且由于分散和稀释作用而降低了污染物的浓度,所以一般并不造成危害。但当污染物量大,尤其是当近地 1 km 以下的边界流动层,出现上热下冷的逆温层时,由于暖气团位于冷气团之上,使得人为排放的污染物混入低层冷气团中无法向上扩散,就有可能发生严重的大气污染。

**2. 平流层**

平流层位于对流层以上,其温度随高度的增加而上升,并且经常保持稳定。在平流层顶,气温可升至-3 ~ 0 ℃,比对流层的气温高出 60 ~ 70 ℃。这是因为在 25 km 上下的平流层存在一厚度约为 20 km 的臭氧层,该臭氧层能强烈吸收 200 ~ 300 nm 的太阳紫外线,致使平流层上部的气层发生明显的增温。

在平流层中,很少发生大气的垂直对流,只能随地球自转而产生平流运动。该层很少有水气和灰尘,没有对流层中那种云、雨、风暴等天气现象,是一个静悄悄的世界。大气透明度好,是现代超音速飞机飞行的理想空间。污染物一旦进入平流层(氟利昂等可扩散进入平流层),就会在此层停留较长时间,有时可达数年之久,并遍布全球。

**3. 中间层**

离地表 55 ~ 85 km,由于该层中没有臭氧这一类可直接吸收太阳辐射能量的组分,因此其气温随高度增加而下降,上部气温可降至-83 ℃。这种温度分布呈下高上低的特点,使得中间层空气再次出现强热的垂直对流运动。

**4. 暖层**

暖层位于 85 ~ 800 km 范围的高度之间,这一层空气稀薄,由于太阳和宇宙射线的作用,该层空气的分子大部分都发生了电离,带电粒子的密度较高,故此层又称为电离层,由于电离后的氧能强烈地吸收太阳的紫外线,使空气迅速升温,并随高度的增加不断上升。电离层能将电磁波反射回地球,对全球的无线电通信具有重大意义。

**5. 逸散层**

位于大气圈的最外层,距地面 800 km 以外,由于该层大气直接吸收太阳紫外线的热量,所以该层气温随高度增加而升高。该层大气极为稀薄,气温高,分子运动速度快,以致一个高速运动的气体粒子可以克服地球引力的作用而逃逸到宇宙空间去,所以称其为逸散层。

## 5.1.2 大气的组成

众所周知,大气是多种气体的混合物,而干燥洁净空气的主要成分是,氮为

78.09%,氧为 20.95%,氩为 0.93%,三者合计占空气总量的 99. 97%,其他气体不足 0.1%。干燥洁净空气的组成见表 5.1。

干燥洁净空气中的氮气和惰性气体性质不活泼,固氮作用所耗去的氮素基本上被反消化作用形成的氮素所补充,自然界中由于燃烧、氧化、呼吸、有机物分解所消耗的氧,基本上由植物光合作用释放出的氧分子来补充,所以干燥洁净空气的组成相对稳定。

空气中可变组分是二氧化碳和水蒸气。二氧化碳的含量随季节和气象条件而改变,跟人类的活动关系密切。水蒸气主要来自海水、江河、湖泊的蒸发以及土壤、植物的蒸腾作用,又可以通过降水回到生物圈和水圈,因此水气含量也依空间位置和季节变化而改变,在热带地区达 4 %,而在南北极则不到 0.1 %。

表 5.1　干燥清洁空气的组成

| 气体类别 | 体积分数/% | 气体类别 | 体积分数/% |
|---|---|---|---|
| 氮($N_2$) | 78.09 | 氦(He) | $5.24×10^{-4}$ |
| 氧($O_2$) | 20.95 | 甲烷($CH_4$) | $1.0×10^{-4} ~ 1.2×10^{-4}$ |
| 氩(Ar) | 0.93 | 氢($H_2$) | $0.5×10^{-4}$ |
| 二氧化碳($CO_2$) | 0.02 ~ 0.04 | 氙(Xe) | $0.08×10^{-4}$ |
| 氖(Ne) | $18×10^{-4}$ | 臭氧($O_3$) | $0.01×10^{-4}$ |

空气中的不定组分有时是由于火山爆发、森林火灾、海啸、地震等暂时性灾难产生的大量尘埃、硫化氢、硫氧化物、氮氧化物等,有时是由于人类生产、工业化、人口密集、城市工业布局不合理等人为因素造成的,煤烟、粉尘、硫氧化物、氮氧化物等污染性气体。

# 5.2　大气污染源及污染物

## 5.2.1　大气污染源

一般来说,大气污染源分为自然源和人为源。由森林火灾造成的烟尘,火山爆发产生的火山灰和二氧化硫,干燥地区的沙尘暴等引起的污染称之为自然源污染。自然源污染多是暂时的局部的,而由人类活动造成的大气污染,其污染源可分为以下四个方面:

**1. 工业污染源**

一些火力发电厂、工业和民用炉窑的燃料燃烧,产生了大量的一氧化碳、二氧化硫和氮氧化合物,这是包括我国在内的部分发展中国家的主要大气污染源。在我国,工业及民用燃料以煤为主,所以煤炭燃烧所排放的烟尘是大气污染的主要来源。我国许多城市的大气首要污染物是可吸入颗粒物,就是这个原因。

其他如钢铁厂、有色金属冶炼厂,以及石油、化工、造船等各种类型的企业也产生污染物。有色金属冶炼厂排出二氧化硫、氮氧化合物,以及含重金属的烟尘等;石油化工企业排放碳氢化合物、二氧化碳等。

**2. 生活污染源**

生活污染源指家庭炉灶、取暖设备等,多以燃烧燃料产生的污染。在我国的一些中小城镇,居民密集,燃煤质量差,燃烧不完全,排放出大量的烟尘和有害气体。另外,生活垃圾在堆放过程中由于厌氧分解排出的二次污染物和垃圾焚烧中产生的废气都将污染大气。

**3. 交通运输污染源**

交通工具如汽车、火车、轮船、飞机等排放的尾气,主要有碳氢化合物、一氧化碳、氮氧化合物、含铅的污染物等。在一些发达国家的城市中,汽车是十分重要的大气污染源。汽车尾气的排放量与车况、行驶状态、燃料的成分以及空燃比等都有较大关系。

**4. 农业活动污染源**

农业机械排放的尾气,施用化学农药、化肥、有机肥时有害物质直接排放,或在土壤中经分解之后排入大气,产生有害污染物。

### 5.2.2 大气污染物

根据污染物的存在形态可将大气污染物分为颗粒污染物(particulate matter)和气态污染物。

**1. 颗粒污染物**

进入大气的固体粒子和液体粒子均属于颗粒污染物,分为尘粒、粉尘、飘尘、烟尘、雾尘和煤尘。各种固体和液体微粒均匀分散在大气中。空气动力学认为,当量直径小于 $100\ \mu m$ 的颗粒物,称为总悬浮颗粒物(total suspended particle, TSP)。依据颗粒物粒径可分为降尘(粒径大于 $10\ \mu m$)和飘尘。

在固体物料的输送、粉碎、分级、研磨、装卸等机械过程中产生的颗粒物,或者由于岩石、土壤的风化作用等自然过程产生的颗粒物,悬浮于大气中称为粉尘,粒径小于 $75\ \mu m$。在这类颗粒物中粒径大于 $10\ \mu m$ 的颗粒物,靠重力作用能在短时间内沉降到地面,称为降尘。

能长期漂浮的悬浮物质称为飘尘,粒径小于 $10\ \mu m$ 的微粒称为可吸入颗粒物,简称为 $PM_{10}$,其中粒径 $\leqslant 2.5\ \mu m$ 的可吸入颗粒物,简称 $PM_{2.5}$。$PM_{2.5}$ 颗粒小,含有大量有毒有害物质,能穿透肺泡溶入血液,而且不易沉降,能长期在大气中存在,传送距离较远,导致污染范围扩大,同时还能为化学反应提供载体,又有极强的消光性,能影响大气能见度,因而对人的健康和大气环境质量影响很大。

在燃料的燃烧、高温熔融和化学反应等过程中所形成的颗粒物,漂浮于大气中称为烟尘。烟尘的粒子粒径一般小于 $1\ \mu m$,包括了因升华、焙烧、氧化等过程形成的烟气,也包括了燃料不完全燃烧所造成的黑烟,以及由于水蒸气的凝结所形成的烟雾。

134

雾尘是小液体粒子悬浮于大气中的悬浮体的总称,小液体粒子一般是由于蒸气的凝结、液体的喷雾、雾化以及化学过程形成的,粒子粒径小于 $100\ \mu m$。水雾、酸雾、碱雾、油雾等属于雾尘。

**2. 气态污染物**

以气体形态进入大气的污染物种类极多,下面介绍五种类型。

(1)含硫化合物

含硫化合物主要指 $SO_2$,$SO_3$,$H_2S$ 等,其中以 $SO_2$ 的数量最多,危害最大,是影响大气质量的主要气态污染物。主要来自发电厂和供热厂中含硫化燃料(80 % 是燃煤)的燃烧,其次是冶炼厂、硫酸厂的排放气,有机物的分解和燃烧,海洋及火山活动等。自 20 世纪 70 年代以来,全球 $SO_2$ 排放总量平均每年递增5%,1980 年达到 2 亿吨,但自 90 年代前后期 $SO_2$ 的排放在欧洲及北美发达国家进行了有效控制,全球总排放量可能有所下降。2000 年我国 $SO_2$ 的排放量已居世界第一。

(2)含氮化合物

含氮化合物主要指 $NO$,$NO_2$,$NH_3$ 等化合物。氮氧化物的种类很多,是造成大气污染的主要来源之一。它们主要来自矿物燃料的高温燃烧,如汽车、飞机、内燃机的排放及工业窑炉的燃烧,也有来自生产和使用 $HNO_3$ 工厂的排放气,还有氮肥厂、有机中间体厂、有色及黑色金属冶炼厂的某些生产过程。现在每年向大气排放的 $NO_x$ 已超过5000 万吨。氮氧化物浓度高的气体呈棕黄色,从工厂高大烟囱排出的含 $NO_x$ 的气体,人们称它为“黄龙”。20 世纪五六十年代以前常把它作为大企业的象征,而现代则是环境治理不良的反面典型。

$NO$ 会刺激呼吸系统,还能与血红素结合成亚硝基血红素而使人中毒。$NO_2$ 能严重刺激呼吸系统,并能使血红素硝基化,危害比 $NO$ 更大。另外,$NO_2$ 还会毁坏棉花、尼龙等织物,使柑橘落叶和发生萎黄病等。然而,大气中 $NO_2$ 更严重的危害是在形成光化学烟雾的过程中起了关键作用。另外,还是形成硝酸酸雨主要来源。

(3)碳氧化合物

碳氧化物主要是指一氧化碳($CO$)和二氧化碳($CO_2$)两种物质。$CO$ 是无色、无臭的有毒气体,大气中的 $CO$ 产生于含碳物质的不完全燃烧,主要来源于燃料的燃烧和加工、汽车排气。$CO$ 是人类向大气排放量最大的污染物,1970 年全球排入大气中的 $CO$ 约 3.59 亿吨。它化学性质稳定,在大气中不易与其他物质发生化学反应,虽然 $CO$ 可转化为 $CO_2$,但速度很慢,而大气中的 $CO$ 多年来始终保持在平均浓度大约为 $1\times10^{-6}$ 的水平。高浓度的 $CO$ 能与人体中的血红蛋白化合,使血液降低甚至失去输氧能力,导致人体缺氧,轻度中毒有头痛、恶心的症状,严重时则昏迷甚至死亡。

$CO_2$ 本身无毒,但近一个世纪以来,随着工业、交通、能源的高速发展,世界人口急剧增加,使大气中的 $CO_2$ 浓度逐渐增高,造成全球性的气候变暖,即温室效应。

(4)碳氢化合物

碳氢化合物主要指有机废气,包括烷烃、烯烃和芳香烃类和醇、酮、酯、胺等,主要来自石油的不完全燃烧和石油类物质的蒸发。车辆是主要的排放源,石化企业、油漆、干洗都会把碳氢化合物排入大气,参与形成光化学烟雾。油炸食品、抽烟产生的多环芳烃,如3,4-苯并芘是一种强致癌物质,已引起人们的密切关注。

(5)卤素化合物

对大气构成污染的卤素化合物主要指含氯化合物及含氟化合物,如 HCl,HF,$SiF_4$ 等。

### 3. 二次污染物

人为排放的大气污染物有数十种之多,依照与污染源的关系,可分为一次污染物与二次污染物:若大气污染物是从污染源直接排出的原始物质,进入大气后其性态没有变化,则称为一次污染物,如颗粒物、硫氧化物($SO_x$)、氮氧化物($NO_x$)、碳氧化物等;若排出的一次污染物与大气中原有成分发生一系列的变化,形成了与原污染物性质不同的新污染物,则称为二次污染物,如洛杉矶光化学烟雾。气体状态污染物的种类见表5.2。

表5.2 气体状态污染物的种类

| 污染物 | 一次污染物 | 二次污染物 |
|---|---|---|
| 含硫化合物 | $SO_2$,$SO_3$,$H_2S$ | $SO_3$,$H_2SO_4$,$MeSO_4$ |
| 含氮化合物 | $NO$,$NO_2$,$NH_3$ | $NO_2$,$HNO_3$,$MeNO_3$,$O_3$ |
| 碳氧化合物 | $CO$,$CO_2$ | 无 |
| 碳氢化合物 | $C_mH_n$ | 醛、酮、过氧乙酰硝酸酯等 |
| 卤素化合物 | $HF$,$HCl$ | 无 |
| 颗粒污染物 | 重金属元素,多环芳烃 | $H_2SO_4$,$SO_4^{2-}$,$NO_3^-$ |

注:Me = Metal

(1)光化学烟雾

大气中氮氧化物、碳氢化合物等一次污染物在紫外线的作用下发生光化学反应,生成浅蓝色的烟雾型混合物,称为光化学烟雾,也称为洛杉矶烟雾。光化学烟雾的危害非常大,它能刺激人眼和上呼吸道,诱发各种炎症,导致哮喘发作;伤害植物,使叶片上出现褐色斑点而病变坏死。由于光化学烟雾中含有过氧乙酰硝酸酯(peroxy acetyl nitrate,PAN),$O_3$ 等强氧化剂,能使橡胶制品老化,染料褪色,织物强度降低等。

形成光化学烟雾的主要原因是大气中的 $NO_2$ 的光化学作用。$NO_2$ 在太阳紫外线照射下吸收波长为 290 ~ 430 nm 的光后分解生成活性很强的新生态氧原子[O],该原子与空气中的氧分子结合生成臭氧,然后再与烯烃作用生成过氧乙酰硝酸酯类,即

$$NO_2 \rightarrow [NO] + [O] \quad (生成新生态氧原子)$$
$$[O] + O_2 \rightarrow O_3$$
$$[O] + 2O_3 + 2NO_2 + 2CH_2=CH_2 \rightarrow 2CH_3OCOONO_2(PAN) + H_2O$$

光化学烟雾一般发生在大气相对湿度较低,气温为 24 ~ 32 ℃ 的夏季晴天,同时与大气中 NO、CO、碳氢化合物等污染物的存在分不开。所以以石油为动力燃料的工厂、汽车排气等污染源的存在是光化学烟雾形成的前提条件。20 世纪 40 年代首先在美国

洛杉矶市发现,所以又称洛杉矶型烟雾(1946 年,造成 400 多人死亡)。50 年代以后相继在世界各大城市发生过。70 年代我国兰州西固石油化工区也出现了光化学烟雾。

（2）伦敦型烟雾

伦敦型烟雾是大气中 $SO_2$ 在相对湿度较高、气温较低、并有颗粒气溶胶存在时发生的。大气中的气溶胶凝聚大气中的水分,并吸收 $SO_2$ 和氧气,在颗粒气溶胶表面发生 $SO_2$ 的催化氧化反应,生成亚硫酸

$$SO_2 + H_2O \rightarrow H^+ + HSO_3^-$$

生成的亚硫酸在颗粒气溶胶中 Fe、Mn 等的催化作用下继续被氧化生成硫酸

$$2HSO_3^- + 2H^+ + O_2 \rightarrow 2H_2SO_4（雾）$$

硫酸烟雾是强氧化剂,对人和动植物有极大的危害。英国从 19 ~ 20 世纪中叶多次发生这类烟雾事件,最严重的一次发生在伦敦,从 1962 年 12 月 5 日起,历时 5 天,死亡 4000 多人。

### 5.2.3　气象因素对大气污染的影响

污染物在大气中停留、聚积,进行化学反应等,都会使该地区的污染加剧,以致形成污染事件,显然它也与当地的气象条件有关。实践证明,风向、风速、大气稳定度、降水情况和雾天,对空气污染有重要的影响。

**1. 风向和风速的影响**

风向影响着污染物的扩散方向。对于特定的地区,尽管风向一年四季都在变化,但是也有它自己的主风向。风速大小决定着污染物的扩散和稀释状况。通常,当其他条件一样时,下风向任一点上污染物的浓度与平均风速成反比。若风速增大一倍,则下风方向污染物的浓度将降低一半。由于地面对风的摩擦阻碍作用,所以风速随高度的上升而增加。例如,100 m 高处的风速约为 1 m 高处的 3 倍。风向频率小、风速大的地区,有利于污染物的扩散。在研究某地区大气污染物扩散模式时,常采用风向频率玫瑰图来形象描述。如果从一个原点出发,画许多根辐射线,每一条辐射线的方向就是某个地区的一种风向;而线段的长短则表示该方向风的风向频率,将这些线段的末端逐一连接起来就是该地区的风向频率玫瑰图。它能直接反映一个地区的风向、或风向与风速联合作用对空气污染物扩散的影响。

**2. 大气稳定度与污染物扩散**

大气稳定度是空气团在垂直方向稳定程度的度量。当气层中气团受到对流冲击的作用时,将产生向上或向下的运动。而当冲击作用消失后,气团继续运动的趋势与大气的稳定状态有关。在对流层中,气温垂直变化的总趋势是随着高度的增加气温逐渐降低。气温随高度的变化通常以气温垂直递减率表示,指在垂直方向上每升高 100 m 气温的变化值。整个对流层中的气温垂直递减率平均值为 0.6 ℃/100 m。但在近地面的低层大气中,气温的垂直变化是相当复杂的,可分为三种情况:

①气温随高度递减（$\gamma > 0$）。大气温度的垂直递减率越大,大气越不稳定,有利于大

气污染物的扩散、稀释。在近地面的大气层中,下部气温比上部气温高,因而下部空气密度小,空气会产生强烈的上下对流,一般出现在风速不大的晴朗白天,地面受太阳照射,贴近地面的空气增温。

②气温基本不随高度变化($\gamma = 0$)。一般出现在阴天,风速较大的情况下,下层空气混合较好,气温分布较均匀。$\gamma = 0$ 的气层称为等温层。

③气温随高度递增($\gamma < 0$)。其温度垂直分布与标准大气的分布相反,这种现象称为逆温,出现逆温的气层叫逆温层。这种情况易出现在风速较小的晴朗夜间。逆温层的出现将阻止气团的上升运动,使逆温层以下的污染物不能穿过逆温层,只能在其下方扩散,因此可能造成高浓度污染。

逆温分为接地逆温及上层逆温,若从地面开始就出现逆温,称为接地逆温,这时把从地面到某一高度的气层,称为接地逆温层;若在空中某一高度区间出现逆温,称其为上层逆温,该气层称为上部逆温层。逆温层的下限距地面的高度称为逆温高度,逆温层上下限的高度差称为逆温厚度,上下限间的温差称为逆温强度。

根据逆温层形成的原因,可将逆温分为辐射逆温、下沉逆温、地形逆温、锋面逆温和平流逆温等几种类型,其中与空气污染关系最密切的是辐射逆温。

大气温度垂直递减率越小,大气越稳定。这种情况不利于污染物的扩散稀释。如果大气的气温垂直递减率等于零($\gamma = 0$)或为负值($\gamma < 0$),出现等温或逆温层时,大气非常稳定,便会阻碍空气的上下对流运动,如同形成一个盖子,起阻挡作用。一旦出现这种情况,就能使大气污染物停滞积累在近地面的空气层中,加剧污染程度,甚至形成大气污染事件。国外发生的多次大气污染事件几乎都与上述气象条件有关。逆温形成有多种机理,较常见的是辐射性逆温。辐射逆温常出现在大陆区晴朗少云风小的夜间,这时地面由于强烈辐射损失而迅速冷却,近地面大气也随之冷却,但上层大气冷却较慢,形成逆温,日出后,地面受日光照射而增温,辐射逆温会逐渐消失。

实际上气温的垂直分布除上述三种情况外,还存在着介于这三种情况之间的过渡状态。它们不仅受太阳辐射变化的影响,还受天气形势、地形条件等因素的影响。

空气团在大气中的升降过程可看作为绝热过程,用干绝热递减率来描述,即干空气团或未饱和的湿空气团绝热上升或绝热下降一个单位高度(通常取 100 m)时,温度降低或升高的数值用 $\gamma_d$ 表示,$\gamma_d \approx 1\ ℃/100\ m$。

大气稳定度用气温垂直递减率($\gamma$)与干绝热递减率($\gamma_d$)的对比进行判别,当 $\gamma > \gamma_d$ 时,大气处于不稳定状态;当 $\gamma = \gamma_d$ 时,气团被推到某一高度就停留在那一高度保持不动,气层是中性的;当 $\gamma < \gamma_d$ 时,大气则处于稳定态。逆温则是典型的稳定大气的例子。

**3. 温度层结与烟迹类型**

温度层结是指垂直方向的温度梯度。温度层结对大气湍流的强弱有很大影响,稳定层结造成湍流的抑制、扩散不畅;而无稳定层结时,则由于热力湍流得到加强,扩散强烈。温度层结是由垂直温度变化决定的。人们常常看到从烟囱排出的烟羽有不同的形态,主要是由于温度层结不同而引起的。现就常见的几种类型加以介绍。

①波浪型(又称翻卷型、蛇型)。一般出现在中午前后,气温垂直递减较强,即大气

层结处于不稳定状态。烟形摆动大,扩散对流强烈,一般不易发生烟雾事件。

②锥型。多出现阴天或多云天气,阳光不强烈、风力又较大的时候。气温垂直递减较弱,温度层结近于中性,故烟气一般扩散和向前推动良好,烟云在下风方向呈圆锥型烟羽。

③平展型(又称扇型)。大多出现于冬春季节微风的晴天,多在午夜清晨时出现。气温垂直递减率为负值(逆温),形成稳定层结,使得垂直方向

上的湍流交换极弱,因而使烟流在垂直方向伸展很小,故只沿下风向水平地伸展,烟流可输送到很远的下风向。

④上升型(屋脊型)。一般出现在傍晚,这时由于地面有效地辐射降温,使得烟囱高度以下形成逆温层,但上部仍保持温度递减状态。所以烟气只能向上扩散,很难向下扩散,一般不会造成污染。

⑤熏烟型(漫烟型)。烟云上侧边缘清晰,呈平直不稳状态,烟云的下部有较强的湍流扩散。通常出现在日出以后,由于地面加热,使烟囱高度以下的逆温层破坏,而在上部有可能形成逆温层。即上层稳定下层不稳定时,使烟气向下层扩散,导致地面烟尘滞留聚积。

形成上述五种烟羽类型是在烟囱高度固定的情况下发生的。对于上升型和熏烟型来说,若改变烟囱高度,其烟羽形状也会发生变化。

**4.降水与雾的影响**

各种形式的降水特别是降雨,能有效地吸收和淋洗空气中各种污染物,雾则像一顶盖子,它会使空气污染状况加剧。

综上所述,风、大气稳定度、温度层结、降水及雾的出现,都是影响空气污染物扩散的主要气象因素,在进行某一地区规划时,必须考虑这些因素,在进行环境质量评价时,也要考虑这些气象因素带来的影响。

# 5.3　大气污染的主要类型

大气污染类型主要取决于污染物的性质、化学反应特性以及气象条件。

## 5.3.1　根据污染物性质划分

还原型(煤炭型):常发生在以使用煤炭和石油为燃料的地区,主要污染物为 $SO_2$,CO 和颗粒物。在低温、高湿度的阴天,风速很小,并伴有逆温存在的情况下,污染物 $SO_2$、颗粒物在低空聚积,伴随着催化反应,生成硫酸雾和硫酸盐,尽管硫酸是氧化性的,但其浓度远小于还原性的 $SO_2$。例如,伦敦型烟雾即是一种还原性烟雾。

氧化型(汽车尾气型):这种类型多发生在以使用石油为燃料的地区,污染物主要来源是汽车排气、燃油锅炉以及石油化工生产。污染物 CO、氮氧化物、碳氢化合物在阳光照射下能引起光化学反应,生成醛类、酮类、过氧乙酰硝酸酯等物质,由于具有强氧化

性,所以对人眼睛等粘膜有强烈刺激,如洛杉矶烟雾就属这种类型。还原型和氧化型烟雾的比较见表5.3。

表5.3 还原型和氧化型烟雾的比较

| 项目 | 还原型(伦敦型烟雾) | | 氧化型(洛杉矶型) |
|---|---|---|---|
| 污染源 | 工厂,家庭取暖,燃烧煤炭时的排放 | | 汽车排气为主 |
| 污染物 | $SO_2$,$CO_2$颗粒物和硫酸雾,硫酸盐类气溶胶 | | 碳氢化合物,$NO_x$,$O_3$,醛酮,PAN |
| 燃料 | 煤,燃料油 | | 汽油,煤气,石油 |
| 反应类型 | 热反应 | | 光化学反应,热反应 |
| 化学作用 | 催化作用 | | 光化学氧化作用 |
| 气象条件 | 气温(℃)<br>湿度(%)<br>逆温状况风速 | $-1 \sim 4$ ℃<br>85 以上<br>辐射性逆差<br>静风 | $24 \sim 32$ ℃<br>70 以下<br>沉降性逆温<br>22 m/s 以下 |
| 发生季节<br>出现时间<br>视野<br>毒性 | | $12 \sim 1$ 月(冬季)<br>白天夜里连续<br>0.8-1.6 km 以内<br>对呼吸道有刺激作用,<br>严重时可致死亡 | $8 \sim 9$ 月(早秋)<br>白天<br><100 m<br>对眼睛和呼吸道有刺激<br>作用,臭氧化作用强 |

## 5.3.2 根据燃料性质和大气污染物的组成划分

煤炭型:代表性污染物是由于煤炭燃料时放出的烟气、粉尘、二氧化硫等所构成的一次污染物,以及由这些污染物发生化学反应而生成的硫酸、硫酸盐类气溶胶等二次污染物。工业企业的烟气排放,家庭炉灶的排放物等都是重要的污染源。

石油型:主要污染物来自汽车排气、石油冶炼及石油化工厂的排放。主要污染物是氮氧化物、烯烃等碳氢化合物,它们在大气中形成的臭氧,各种自由基及其反应生成的一系列中间产物与最终产物。

混合型:包括以煤为燃料的污染源排出的污染物;以石油为燃料的污染源排出的污染物;从工厂企业排出的各种化学物质等。例如,日本横滨、川崎等地曾发生的污染事件便属于此类型。

特殊型:指有关工业企业生产排放的特殊气体所造成的局部小范围的污染,如生产磷肥的工厂造成周围大气的氟污染,氯碱工厂周围形成的氯气污染等。

# 5.4 酸 雨

大气污染发展至今,已超越了国界的限制,形成了全球性的大气污染,环境和发展是目前及以后一个时期全人类的共同话题。随着世界经济的高速增长,对能源的需求与日俱增,大中城市机动车数量大增,这都导致全球范围空气质量下降。

## 5.4.1 酸雨的定义和现状

酸雨是指 pH 小于 5.6 的天然降水(湿沉降)和酸性气体颗粒物的沉降(干沉降)。

随着人口的增长和生产的发展,化石燃料的消耗不断增加,酸雨问题的严重性逐渐显露出来。20 世纪 50 ~ 60 年代以前,酸雨只在局部地区出现,随后逐步扩大,80 年代以来,在世界各地都有酸雨出现,最严重的三大酸雨区是欧洲、北美和中国。

北欧、美国、加拿大已出现明显土壤酸化现象,水体也受酸雨影响而酸化。在我国已存在大片酸雨区,主要分布于长江以南、青藏高原以东地区及四川盆地。1994 年对77 个城市的统计,pH 年均低于 5.6 的占了 48.1% ,1995 年的测定表明,长江流域已普遍出现酸雨,有些地方酸雨的 pH 达 4 ~ 4.5,已超过了欧美的程度。

酸雨中含有的酸主要是硫酸($H_2SO_4$)和硝酸($HNO_3$),是化石燃料燃烧产生的二氧化硫和氮氧化物排入大气中转化而来的。酸雨成分因各国能源结构和交通发达程度等而异。我国酸雨的成分为 $H_2SO_4/HNO_3 \approx 10/1$,而发达国家为$(1 \sim 2)/1$。

## 5.4.2 酸雨的危害

### 1. 使土壤酸化

土壤一般呈弱碱性或中性,然而经常降落的酸雨使土壤 pH 值降低,土壤里的营养元素钾、镁、钙、硅等不断溶出,流失;另外,由于土壤酸化,土壤中的微生物受到不利影响,使微生物固氮和分解有机质的活动受到抑制,导致土壤贫瘠化,影响植物生长。据报道,1998 年我国江浙等 7 省因酸雨造成 1.5 万亩减产,年经济损失约 37 亿元。

### 2. 水体酸化

酸雨使水体酸化,一方面使鱼卵不能孵化或成长,微生物的组成发生改变,有机物分解缓慢,浮游植物和动物减少;另一方面,水体酸化使许多金属溶解加快,例如鱼体内汞的浓度升高,一旦超过了鱼类生存的极限,会导致鱼类大量死亡。据报道,加拿大原有的 30 万个湖泊,到 20 世纪末,已有近 5 万个因湖水酸化,生物将灭绝。

### 3. 森林遭受破坏

酸雨对森林的危害在许多国家已普遍存在。例如,全欧洲森林共有 1.1 亿公顷,已有 5 000 万公顷因酸雨而遭到破坏,主要受害树种是松、山毛榉和栎,由此造成的经济损失高达 90 亿美元。又如,我国四川、贵州、广东、广西四省每年因酸雨造成的森林损失达十几亿元。在万州市 650 万公顷的松林中,已有 26% 的松树枯死,还有 55% 的松树遭到严重危害。图 5.2 是在重庆、株州、柳州三市统计的马尾松叶硫含量与大气污染的关系。图 5.2 表明,马尾松叶全硫含量在污染区显著高于清洁区 71.4% ~ 100.0%。

另外,乔灌木树种也遭受酸雨的危害,受害阔叶树种在叶片脉间、叶缘和叶尖部出现不规则伤斑,伤斑颜色多数为红棕色和褐色,也有部分为灰白色。重庆市共观察了 60 种乔灌木,37 种有受害症状,占 62%;贵阳市共观察 40 种,21 种有受害症状,占 53%。

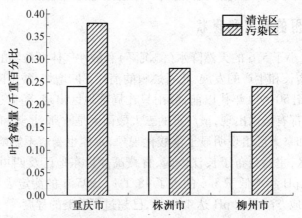

图 5.2　马尾松叶硫含量与大气污染的关系

### 4. 对古建筑、雕塑、桥梁的侵蚀和损害

大理石的主要成分是碳酸钙,遭受酸雨的侵蚀后溶解生成碳酸钙,然后被雨水冲走或以结壳形式沉积于大理石表面,很容易脱落。例如,伦敦理查一世英王的雕像、印度的泰姬陵、华盛顿的林肯纪念碑和我国的乐山大佛等,酸雨使城市建筑灰暗脏旧;危害市内的公共设施、铁桥梁、铁路等。重庆市的嘉陵江大桥被酸雨腐蚀得锈迹斑斑。

### 5. 对人体健康的影响

酸雨对人体健康产生很大的危害,水质酸化后,由于一些重金属的溶出,对饮用者会产生危害。很多国家由于酸雨的影响,地下水中的铅、铜、锌、钼的浓度已上升到正常值的 10 ~ 100 倍。含酸的空气使多种呼吸道疾病增加,酸雨特别是在形成硫酸雾的情况下,刺激皮肤,并引起哮喘和各种呼吸道疾病,其微粒侵入人体肺部,可引起肺水肿和肺硬化等疾病而导致死亡。酸雨对老人和儿童等的影响更为严重,使河流湖泊中的有毒金属沉淀,留在水中被鱼类摄入,鱼类被人类食用而受其害。

### 5.4.3　酸雨的形成机理

酸雨现象是一个复杂的大气化学大气物理现象,一般认为,大气中的二氧化硫（$SO_2$）和氮氧化物（$NO_x$）通过气相、液相、固相氧化反应生成硫酸（$H_2SO_4$）和硝酸（$HNO_3$）,形成了酸雨。

### 1. $SO_2$ 的氧化过程

人类排放 $SO_2$ 通过催化氧化成 $SO_3$,进而与水生成硫酸,大气颗粒物中的 Fe,Cu,

Mn 是成酸反应的催化剂,反应式为

$$2SO_2 + 2H_2O + O_2 \longrightarrow 2H_2SO_4$$

大气光化学反应生成的臭氧 $O_3$ 等,也可以通过光化学氧化将 $SO_2$ 氧化为 $SO_3$,进而生成硫酸,反应式为

$$2SO_2 + O_2 \xrightarrow{光照} 2SO_3 \xrightarrow{2H_2O} 2H_2SO_4$$

**2. $NO_x$ 的氧化过程**

一氧化氮($NO$)或二氧化氮($NO_2$)在空气湿度大并存在金属杂质的条件下,主要经过催化氧化生成硝酸或硝酸盐,反应式为

$$NO_2 + H_2O \xrightarrow{催化剂} HNO_3$$

$SO_2$ 和 $NO_x$ 在大气中经历了以上复杂的过程后,形成了硫酸、硝酸等酸性污染物,使降水酸化。

**3. 控制酸雨的国际行动和战略**

酸雨和城市 $SO_2$ 污染控制是一项系统工程,也是一个国际环境问题,要充分认识到酸雨控制的复杂性、艰巨性和长期性。酸雨和二氧化硫污染存在密切的相互联系,应协同控制,降低局部地区大气中的二氧化硫污染水平。改善局部地区空气质量,需要重点控制对二氧化硫污染贡献大的局部地区的污染源。控制酸雨不仅要控制局部地区污染源,还要从区域的角度控制酸雨和超临界负荷区所有二氧化硫和氮氧化物的排放源。1985 年,联合国欧洲经济委员会的 21 个国家签署了赫尔辛基议定书,规定到 1993 年底,各国要将 $SO_2$ 的排放量比 1980 年降低 30%。

为了控制 $SO_2$ 及酸雨的污染,国际社会提倡包括煤炭加工、燃烧、转化、烟气净化等技术在内的清洁生产技术。美国从 1986 年开始了清洁煤计划,日本、西欧等发达国家主要采用烟气脱硫,对老式的设备强行改造或停用。我国是发展中国家,近年随着全国燃油和燃煤电厂的持续增长,二氧化硫排放不断增加,地区间的相互影响将越来越大,协调发展和环境保护的关系越来越显得重要。1995 年,全国人大常委会通过了新修订的《大气污染防治法》,其中专门规定在全国范围内划定酸雨控制区和二氧化硫控制区,即两控区。酸雨控制区主要是长江以南、四川和云南以东地区,面积大约 80 万平方公里,二氧化硫控制区面积约 29 万平方公里。重点治理两控区内的酸雨和二氧化硫污染也成为 1996 年全国人大批准的《国民经济和社会发展"九五"计划》和《2010 年远景目标纲要》的一项重要内容。我国 75% 以上的初级能源来自燃煤,因而煤炭的使用贡献了我国二氧化硫排放量的 90%。因此,通过限制高硫煤的开采,从煤炭的源头开始控制。两控区内停止建设煤层硫质量分数大于 3% 的煤矿;对于新建、改建、扩建硫质量分数大于 1.5% 的煤矿,将配套建设相应规模的煤炭洗选设施;对于已经建成的硫质量分数大于 2% 的煤矿,补建煤炭洗选设施。同时提倡使用低硫煤和在煤炭使用前通过选煤洗煤等技术脱硫;大力推广使用型煤、汽化煤、水煤浆,推广集中供暖供热及高效燃煤新技术等,提高煤炭的利用效率。在煤炭燃烧的末端,采取各种切实有效而又经济

可行的技术从烟道中脱硫,是减少二氧化硫向大气排放的有效途径。

# 5.5 温室效应

## 5.5.1 温室效应与全球气候变暖

大气层中的某些微量气体如二氧化碳、甲烷、水气,能让太阳的短波辐射透过,加热地面,而地面增温后所放出的热辐射(属长波红外辐射),却被这些组分吸收,使大气增温,这种现象称为温室效应。

由于人为活动排放温室气体造成大气组成改变,引起以变暖为主要特征的全球气候变化。联合国政府间气候变化专门委员会报告表明,大气中二氧化碳浓度已从工业革命前的 280 ppm(百万分之一单位)上升到 2005 年的 379 ppm。近百年来全球地表平均温度上升了 0.74 ℃,未来 100 年还可能上升 1.1~3.4 ℃。

气候变化导致灾害性气候事件频发,冰川和积雪融化加速,水资源分布失衡,生物多样性受到威胁。气候变化还引起海平面上升,沿海地区遭受洪涝、风暴等自然灾害影响更为严重,小岛屿国家和沿海低洼地带甚至面临被淹没的威胁。气候变化对农、林、牧、渔等经济社会活动都会产生不利影响,加剧疾病传播,威胁社会经济发展和人民群众身体健康。据有关研究,如果温度升高超过 2.5 ℃,全球所有区域都可能遭受不利影响,发展中国家所受损失尤为严重;如果升温 4 ℃,则可能对全球生态系统带来不可逆的损害,造成全球经济重大损失。

## 5.5.2 温室气体

温室气体是指大气中那些吸收和重新放出红外辐射的自然的和人为的气体成分。《京都议定书》规定的 6 种温室气体有二氧化碳($CO_2$)、甲烷($CH_4$)、氧化亚氮($N_2O$)、氢氟碳化物($HFC_s$)、全氟化碳($PFC_s$)和六氟化硫($SF_6$)等。综合考虑其在大气中的质量分数及其增长率,以及每个分子吸收红外线的能力这三个因素,各温室气体对全球变暖所作贡献为 55% $CO_2$,24% CFC,15% $CH_4$,6% $N_2O$。因此 $CO_2$ 的增加是造成全球变暖的主要原因。

**1. 二氧化碳($CO_2$)**

大气中 $CO_2$ 浓度增加的人为原因主要有两个,一个是化石燃料的燃烧所排放的 $CO_2$,是排放总量的 70%;另一个是森林的破坏,有人将森林比作地球的肺,绿色植物的光合作用能大量吸收 $CO_2$,据估算,全球绿色植物每年能吸收 $CO_2$ $285×10^9$ 吨,其中森林的吸收量为 42%。诺贝尔化学奖获得者阿累尼乌斯预言,如果大气中 $CO_2$ 含量增加一倍,地球表面温度将升高 4~6 ℃。

**2. 甲烷($CH_4$)**

$CH_4$ 对温室效应的贡献比同样量的 $CO_2$ 大 21 倍,所以 $CH_4$ 在大气含量中的增长引起人们的关注。大气中 $CH_4$ 含量的增加与人类活动密切相关。工业革命以前,大气中甲烷的质量分数仅为 $0.7×10^{-6}$,现在为 $1.7×10^{-6}$,而且正以每年 $1\% \sim 2\%$ 的速度增加。人类活动和生产,如稻田耕作、家畜粪便发酵、煤矿、天然气开采等所引起的甲烷排放量,每年为 3.6 亿吨;湿地发酵、生物尸体分解等的甲烷排放量,每年为 1.55 亿吨。

### 3. 氧化亚氮( $N_2O$ )

$N_2O$ 俗称笑气,属于温室气体。$N_2O$ 排放量的增加包括化石能源的燃烧、农田化肥用量增加、动物粪便、林木燃烧过程中 $N_2O$ 的排放等,另外工业和生活污水处理也会产生大量的 $N_2O$ 气体。

### 4. 氢氟碳化物( $HFC_s$ )

氟利昂是氢氟碳化物的商品名,常用的有一氯二氟甲烷(HCFC-22),会产生三氟甲烷(HFC-23),氟利昂以前用于空调制冷剂、喷雾剂、灭火剂、发泡剂等,由于"蒙特利尔议定书"的签订等措施,氟里昂的排放已开始减少,现在基本被取代。

### 5. 全氟化碳( $PFC_s$ )

原铝的熔炼过程中会排放四氟化碳和六氟化碳,这两种全氟化碳是在一种称为阳极效应的过程中产生的。半导体生产过程会采用多种含氟气体,用于半导体器件的晶圆制作过程中,具体用在等离子刻蚀和化学蒸汽沉积反应腔体的电浆清洁和电浆蚀刻,产生四氟化碳、三氟甲烷、六氟乙烷、六氟化硫等。

### 6. 六氟化硫( $SF_6$ )

原镁生产的粗镁精炼过程中以及镁合金加工过程中会产生六氟化硫。另外,六氟化硫具有优异的绝缘性能和良好的灭弧性能,在高压开关断路器及封闭式气体绝缘组合电器设备中得到广泛的使用。

表5.4为温室气体全球变暖潜势值。表中给出的数据为,在一定时间范围内某一给定物质与二氧化碳比较得到的相对辐射影响值,该值用于评价温室气体对气候变化影响的相对能力。

表 5.4　温室气体全球变暖潜势值

| | | IPCC 第二次评估报告值 | IPCC 第四次评估报告值 |
|---|---|---|---|
| 二氧化碳($CO_2$) | | 1 | 1 |
| 甲烷($CH_4$) | | 21 | 25 |
| 氧化亚氮($N_2O$) | | 310 | 298 |
| 氢氟碳化物（$HFC_S$） | HFC-23 | 11700 | 14800 |
| | HFC-32 | 650 | 675 |
| | HFC-125 | 2800 | 3500 |
| | HFC-134a | 1300 | 1430 |
| | HFC-143a | 3800 | 4470 |
| | HFC-152a | 140 | 124 |
| | HFC-227ea | 2900 | 3220 |
| | HFC-236fa | 6300 | 9810 |
| | HFC-245fa | | 1030 |
| 全氟化碳（$PFC_S$） | $CF_4$ | 6500 | 7390 |
| | $C_2F_6$ | 9200 | 9200 |
| 六氟化硫($SF_6$) | | 23900 | 22800 |

注:IPCC 指国际气候变化合作组织

### 5.5.3　控制气候变暖的国际行动和对策

**1.基本控制对策**

①能源对策。提高能源利用效率,改变能源结构是控制 $CO_2$ 排放的重要措施。发展核能源和氢能,开发利用新能源和替代能源是目前控制 $CO_2$ 排放量最经济可行的方法。如开发利用太阳能、风能、地热能和亚非地区的水力发电;提高能源使用效率,降低产品能耗,提高建筑采暖等民用能源效率也是重要的控制措施。

②绿色对策。充分利用森林及绿色植被对温室效应的调节作用,扩大世界森林面积,禁止乱砍乱伐。

③人口对策。要控制全球人口增速,减少温室气体的排放。

④固碳对策。研究 $CO_2$ 的固定技术,把 $CO_2$ 通过化学、物理及生物方法加以固定,或者把 $CO_2$ 分离、回收后深海放置或地下弃置。

**2.控制气候变暖的国际行动**

为了控制温室气体的排放,为了应对全球气候变暖给人类经济和社会带来的不利影响,1992 年 5 月 22 日联合国政府间谈判委员会就气候变化问题拟订《联合国气候变化框架公约》,1992 年 6 月 4 日在巴西里约热内卢举行的联合国环境发展大会上通过了该公约,并于 1994 年 3 月正式生效。表 5.5 为 2010 年碳排放量列前 10 位的国家和地区。

表 5.5　碳排放量前 10 的国家和地区(2010)

| 名次 | 国家 | 排放量/(a) | 占世界的百分比/% | 人均排放/(t/人) |
|---|---|---|---|---|
| 1 | 中国 | 7219.2 | 19.12 | 5.5 |
| 2 | 美国 | 6963.8 | 18.44 | 23.5 |
| 3 | 欧盟 | 5047.7 | 13.37 | 10.3 |
| 4 | 俄罗斯 | 1960.0 | 5.19 | 13.7 |
| 5 | 印度 | 1852.9 | 4.91 | 1.7 |
| 6 | 日本 | 1342.7 | 3.56 | 10.5 |
| 7 | 巴西 | 1014.1 | 2.69 | 5.4 |
| 8 | 德国 | 977.4 | 2.59 | 11.9 |
| 9 | 加拿大 | 731.6 | 1.94 | 22.6 |
| 10 | 英国 | 639.8 | 1.69 | 10.6 |

注:(a) 计量单位为 $10^6$t,包含 6 种温室气体的排放量,以二氧化碳当量($CO_2e$)表示。

本表引自世界资源研究所(WRI)数据。

1997 年 12 月 160 个国家在日本京都召开了联合国气候变化框架公约第三次缔约方大会,大会通过了《京都议定书》。该议定书规定,2008 年至 2012 年期间,发达国家的温室气体排放量要在 1990 年的基础上平均削减 5.2%,其中美国削减 7%,欧盟 8%,日本 6%。当时美国政府在议定书上签了字。根据规定,该协定书只有在 55 个国家签约后,才能生效。这 55 个国家二氧化碳排放量占 1990 年二氧化碳排放总量的 55%。由于在议定书执行的规则和条件等细节上争论不休,至今除英国政府外未有一个工业发达国家批准该议定书,而美国 2001 年 3 月 28 日又突然宣布将不履行《京都议定书》规定的义务。

作为世界最大的燃煤国,美国的二氧化碳排放量占世界排放总量的四分之一,过去 10 年间,其排放量增长幅度超过了印度、非洲和拉美国家的总增长量。美国二氧化碳的排放已经成为影响全球气候变化的重要因素。1998 年 5 月 29 日,中国政府代表在联合国秘书处签署了《(联合国气候变化框架公约)京都议定书》。中国是第 37 个签约国。尽管我国到 2000 年的人均 $CO_2$ 排放量不到 1989 年世界人均水平的一半,不及工业化国家人均水平的 1/6,我国仍然积极参与控制气候变暖的国际行动。

**案例 5.1　清洁发展机制**

温室气体的排放是局域性的,但排放后果和效应却是全球性的。温室气体的排放会导致气候极端事件、异常事件的增多,已经严重威胁到人类社会的安全。为有效应对气候变化问题,国际社会于 1992 年在巴西里约举行联合国环境与发展大会,通过了《联合国气候变化框架公约》,目标是"将大气中温室气体的浓度稳定在防止气候系统受到危险的认为干扰的水平上"。该公约于 1994 年 3 月正式生效,奠定了世界各国应对气候变化紧密合作的国际制度基础。

1997 年 12 月在日本京都召开《公约》第三次缔约方会议,达成了具有里程碑意义的《联合国气候变化框架公约的京都协议书》，简称《京都协议书》(Kyoto Protocol)。《京都议定书》规定了三种灵活履约机制：

（1）国际碳排放贸易(International Carbon Emission Trading, ICET)。允许附件国家及经济组织之间相互转让它们的部分"容许的排放量"排放配额单位。

（2）联合履行机制(Joint Implementation, JI)。允许附件国家及经济组织从其他国家的投资项目产生的减排量中获取减排信用，结果相当于工业化国家之间转让了同等量的减排单位。

（3）清洁发展机制(Clean Development Mechanism, CDM)。允许附件国家及经济组织的投资者从其在发展中国家实施的、并有利于发展中国家可持续发展的减排项目中获得的"经认证的减排量"。

以上三种履约机制中，IET属于碳排放配额市场，JI和CDM属于碳排放项目市场。清洁发展机制是京都议定书中唯一发展中国家可以参与的履约机制。由欧洲为代表的发达国家主导，CDM项目的供给很大程度上受到欧洲基于配额的碳交易市场的需求影响。中国于1998年5月签署并于2002年8月核准了议定书，欧盟及其成员国与2002年5月、俄罗斯于2004年11月正式批准了《京都议定书》。2011年12月，加拿大宣布退出《京都议定书》，是继美国之后第二个签署后又退出的国家。截止2005年9月，全球已有142个国家和地区签署并批准该议定书，包括30个工业化国家，批准国家人口数量占全世界总人口的80%。

清洁发展机制CDM源于巴西提出的通过征收发达国家未能完成温室气体减排义务而提交的罚金，所建立的"清洁发展基金"的设想。CDM具有双重目的，帮助发展中国家实现可持续发展及公约的目标和帮助发达国家实现其在议定书第3条下的减排、限排承诺。其核心是议定书附件I缔约方以通过提高资金和技术的方式，与发展中国家开展项目级的减排合作，而项目所实现的额外的"经核证的减排量(CER)"可以用于发达国家缔约方完成议定书减排目标的承诺。

CDM是一种基于项目的市场机制，市场参与各方在开发CDM项目时，把目光更多地集中在投资成本低、减排数额高、能够带来更好收益和具有较大规模收益的项目上。同时，CDM被普遍认为是一种双赢机制。理论上看，发达国家通过这种合作，将可以以低于其国内所需的成本实现在议定书下的减排目标，节约大量资金，并且可以通过这种方式将技术、产品甚至清洁发展理念输入发展中国家；发展中国家通过这种项目级的合作，可以获得更好的技术，获得实现减排所需的资金甚至更多的投资，从而促进国家的经济发展和环境保护，实现可持续发展的目标。

我国2005年10月出台的《清洁发展机制项目管理办法》规定，在中国开展清洁发展机制项目的重点领域是以提高能源效率、开发新能源和可再生能源及回收利用甲烷和煤层气为主。目前中国所开发的CDM项目多是利用已有的和比较成熟的方法进行，主要技术包括水能、风能、生物质能等可再生能源发电，煤炭行业矿井瓦斯气的回收利用，钢铁行业高炉煤气发电，水泥行业的低温余热发电，焦炉煤气的回收利用，化工行业的余热回炉、离子技术，以及其他领域的相关技术，如建筑节能、废物处理等。

截至 2008 年 2 月 29 日,中国已有 1150 个 CDM 项目通过国家发改委批准,涉及水电、风电、生物质发电、节能和提高效能、甲烷回收利用、燃料替代、$N_2O$ 分解、HFC23(氟利昂 23)分解、低排放的化石能源发电、造林和再造林等。从项目数量上看主要集中在新能源和可再生能源(71.1%)、节能和提高效能(16.9%)、甲烷回收利用(6.4%)这三类型项目。如果以某种类型项目的总减排量与该类型项目总数之比作为该类型项目的单位减排量,则可以发现化学分解类型项目的单位减排量比新能源与可再生能源类型以及节能和提高效能类型项目的单位减排量要大。这是因为化学分解类型项目所针对的温室气体主要为 HFC23,其温室效应潜势(GWP)约为 $CO_2$ 的 11700 倍。

为替代化石能源,需要开发和利用新能源和可再生能源,目前技术比较成熟的是水能、风能、太阳能和生物质能四种。其中,水电项目数和减排量均居第一,分别占新能源和可再生能源项目总数的 74.0% 和总减排量的 69.0%;其次为风电项目,分别占 21.0% 和 22.5%;第三是生物质发电,分别占 4.6% 和 8.4%。我国 CDM 项目以水电和风电为主,主要是因为近几年我国以水电和风电为代表的新能源和可再生能源的发展速度非常快,项目机会多。同时,水电和风电项目技术较成熟,开发时间相对较早,且有较成熟和适用的方法。

从中国 CDM 项目的地区分布来看,特定技术类型的项目表现出一定的地域性和行业性,如风电项目主要集中在沿海地区、内蒙、新疆和东北三省;水电项目主要集中在云南、四川、湖南等省;煤层气的回收利用主要集中在山西、河南和安徽。而从温室气体减排的类型来看,以 $CO_2$ 为主,其次为 $CH_4$,$N_2O$,$HFC_{23}$,而 PFC 和 $SF_6$ 还没有涉及。

目前,活跃在中国市场上的买家主要是多边基金、政府购买计划、各类基金和专门从事 CERs 买卖的中间商。参与中国 CDM 项目的市场主体多种多样,不同的商务模式存在不同的风险。这些都会给碳交易市场带来一定的影响,造成碳交易的价格波动。

# 5.6　臭氧层保护

## 5.6.1　臭氧层的形成和臭氧空洞

臭氧是大气中的一种自然微量成分(见表 5.1),臭氧层存在于平流层中,主要分布在距地面 15 ~ 35 km 范围内,浓度峰值在 25 km 处附近,最高浓度为 10 mL · m$^{-3}$。若把 $O_3$ 集中起来并校正到标准状态,其气层厚度也不足 0.45 cm。就是这个臭氧层能吸收 99% 以上来自太阳的紫外线,保护了人类和生物免遭紫外线辐射的伤害。过度的紫外线辐射会引发人体的皮肤癌和白内障等。

1984 年英国科学家首次发现南极上空出现了"臭氧空洞",1985 年美国的人造卫星"雨云 7 号"测到了这个"洞",其面积与美国领土相等,深度相当于珠穆朗玛峰的高度。随后的多年观测表明,臭氧层的损耗在不断加剧、地域在不断扩大。

研究表明,平流层臭氧浓度减少 1%,紫外线辐射量将增加 2%,皮肤癌发病率将增加 3%,白内障发病率将增加 0.2% ~ 1.6%。臭氧浓度减少还造成农作物减产,光化学烟雾严重,材料老化快等。

### 5.6.2 臭氧层损耗原因

臭氧层损耗原因,目前还存在着不同的认识,但比较一致的看法认为:人类活动排入大气的某些化学物质与臭氧发生作用,导致了臭氧的损耗。这些物质主要有 CFC,哈龙,$N_2O$,NO,$CCl_4$ 和 $CH_4$ 等,其中 90% 归因于氟利昂 CFC 和哈龙(它们绝大部分都由发达国家生产和消耗)。

**1. 氟利昂、哈龙等对大气臭氧层的破坏作用**

美国 Rowland 于 1974 年首先提出氟利昂、哈龙等物质破坏大气平流层中臭氧层的理论。由于氟利昂、哈龙很稳定,在低层大气中可长期存在(寿命约为几十年甚至上百年),但在紫外线作用下,部分分解成 $\cdot$Cl,$\cdot$Br,$\cdot$OH 等活泼自由基,可作为催化剂引起连锁反应,促使 $O_3$ 分解。导致 $O_3$ 层破坏的氯催化反应过程为

$$Cl + O_3 \rightarrow ClO + O_2$$
$$ClO + O \rightarrow Cl + O_2$$

总反应 $\qquad\qquad\qquad O_3 + O \rightarrow 2O_2$

其中 O 也是 $O_3$ 光解($O_3 + h\nu \xrightarrow{\lambda=210\sim290\ nm} O_2 + O$)的产物。反应中催化活性物种 Cl 本身不变。反应中一个氯原子能破坏 10 万个 $O_3$ 分子,而溴原子破坏臭氧层的能力还要强。灭火剂哈龙主要有哈龙 1301,1211,2402,其分子式分别为 $CF_3Br$,$CF_2ClBr$,$C_2F_4Br_2$。

现已明确氯原子主要来自氟利昂的光分解、溴原子来自哈龙的光分解(在平流层较强紫外线作用下)。关于氯原子催化臭氧分解的研究获得 1995 年诺贝尔化学奖。例如

$$CFCl_3 + h\nu \xrightarrow{\lambda<226\ nm} CFCl_2\cdot + Cl\cdot$$

$$CF_2Cl_2 + h\nu \xrightarrow{\lambda<221\ nm} CF_2Cl\cdot + Cl\cdot$$

大气中臭氧层的损耗,主要是由消耗臭氧层的化学物质引起的,因此必须对这些物质的生产量及消费量加以限制。1985 年以来联合国环境规划署召开了多次国际会议并通过了多项关于保护臭氧层的国际条约。最重要的有 1985 年签订的《保护臭氧层的维也纳公约》,1987 年签订的《消耗臭氧层物质的蒙特利尔议定书》(后又经过两次修正),规定 1994 年停用哈龙,1996 年停用 CFC,对发展中国家可以宽限 10 年。在进行这样的限定后,估计到 2050 年,北极臭氧减少速率低于现在,而到 2100 年以后,南极臭氧空洞将消失。

在发达国家,由于消耗臭氧层物质的替代品和替代技术的准备比较充分,因此完成限控指标相对比较容易。而在发展中国家则缺乏这种能力,因此发达国家应该切实履行国际义务,在资金和技术等方面支援发展中国家。1991 年我国签订了修正后的蒙特利尔议定书,并认真地执行了议定书的规定。

**2. 氮氧化物**

许多氮氧化物也像 CFC 一样,起破坏平流层中臭氧的作用。现在已引起人们注意的是氧化亚氮($N_2O$),$N_2O$ 的天然来源有土壤中的细菌作用和空中雷电等自然形成;其人为来源是施用化肥,化石燃料燃烧等。$N_2O$ 的光解和氧化作用可以形成 $NO$,$NO_2$ 等物质,即

$$N_2O + h\nu \rightarrow NO + N \ (N_2 + O)$$

$$N_2O + O \xrightarrow{\lambda < 250 \text{ nm}} 2NO$$

$$NO + O_3 \rightarrow NO_2 + O_2$$

据美国科学院估计,假如工业生产及豆科植物产生的氮肥增加 1~2 倍,全球的臭氧将减少 3.5%。

### 3.喷气式飞机排放物、核爆炸等

据美国运输部和科学院的报告,在平流层飞行的喷气式飞机的排放物会破坏大气臭氧层。大型喷气式飞机和其他航空器的高空飞行,其排放的 $NO$ 类物质也可以使 $O_3$ 分解;人类进行核试验时,核爆炸中有大量污染物进入平流层,核爆炸的火球能从地面直达 30~40 km 的高空,并将大量 $NO_x$ 带到平流层,使 $O_3$ 分解。

还有一些自然因素可能造成臭氧层破坏。例如太阳高能粒子散射、火山大规模爆发等,但是这只能发生在地球局部地区,持续某一段时间,而不可能对臭氧层发生大规模的永久性的破坏。

### 5.6.3 保护臭氧层的国际行动

1995 年联合国大会指定 9 月 16 日为"国际保护臭氧日",进一步表明了国际社会对臭氧层保护问题的关注。《蒙特利尔议定书》是重要的保护臭氧层国际协定,规定的淘汰消耗臭氧物质时间,见表 5.6。

表 5.6 《蒙特利尔议定书》淘汰消耗臭氧物质时间表

| 消耗臭氧层物质 | 发达国家淘汰时间/年份 | 发展中国家淘汰时间/年份 |
|---|---|---|
| 氟氯化碳(不含氢) | 1996 | 2010 |
| 哈龙 | 1994 | 2010 |
| 四氯化碳 | 1996 | 2010 |
| 1,1,1-三氯乙烷 | 1996 | 2015 |
| 氢氯氟烃 | 2030 | 2030 |
| 氢溴氟烃 | 1996 | 1996 |
| 甲基溴 | 2005 | 2015 |
| 溴氯甲烷 | 2002 | 2002 |

按照新的《议定书》来限制 CFC 类物质的生产和使用,将给制冷、日化、轻工等工业部门带来巨大的经济损失。为此美国每年将损失 280 亿美元,日本每年将损失 4 万亿日元,我国每年也将损失 87.8 亿人民币。代用品的研究、开发及使用又需要资金投入,如我国新近开发的环戊烷型无氟组合聚醚,用于冰箱的填充料。国际社会的有识之士决定继续努力,为保护全人类共同的资源——臭氧层做出贡献。

# 5.7 大气污染控制技术

## 5.7.1 主要大气污染控制技术

### 1. 烟尘净化

烟尘、粉尘等颗粒污染物主要来源工业锅炉及民间炉窑的烟。这种烟气不仅成分复杂,而且温度高。消烟除尘首先是改进燃烧方式和设备使燃料完全燃烧,其次是靠机械设备将粉尘收集下来。常用的除尘设备有以下几种。

（1）机械式除尘器

仅利用重力、惯性力、离心力等作用去除气体中粉尘粒子的装置称为机械式除尘器。主要有重力沉降室、惯性除尘器和旋风除尘器等。

重力沉降室通常作为预处理设备安装在其他设备之前。含尘气体通过横截面比管道大得多的沉降室时,由于水平流速降低,致使较大的粒子在沉降室中有足够时间受重力作用而沉降。重力沉降室是除尘器中最简单的一种,除尘效率低,由于尘粒沉降速度较慢,只适用分离粒径较大(50 μm 以上)的尘粒。如图 5.3 所示。

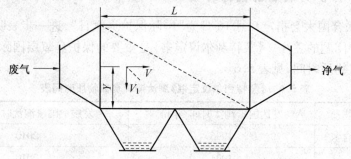

图 5.3　重力沉降室除尘示意图

惯性除尘器使含尘气流与挡板相撞,或使气流急剧地改变方向,借助其中粉尘的惯性使粒子分离并捕集的除尘装置。惯性除尘器中的气流速度越高,气流方向转变角度越大,次数越多,对粉尘的净化效率越高,但压力损失也会愈大。惯性除尘器只能捕集 $10 \sim 20$ μm 以上的粗尘粒,常用于多级除尘中的第一级除尘。

旋风除尘器是利用旋转气流产生的离心力使尘粒从气流中分离的装置。它由进气管、筒体、锥体和排气管组成。

含尘气流进入除尘器后,沿器壁由上向下旋转运动,尘粒在离心力的作用下被抛向器壁与气流分离,然后沿器壁落到锥底排尘口进入灰斗。而净化的气体达到锥体底部后转而向上沿轴心旋转,最后经上部分排气管排出。旋风除尘器是机械式除尘器中效率较高的一种,它多应用于锅炉烟气除尘、多级除尘等。

(2)过滤式除尘器

过滤式除尘装置是使含尘气流通过过滤材料将粉尘分离捕集的装置。采用滤纸或玻璃纤维等填充层做滤料的空气过滤器,主要用于通风及空气调节方面的气体净化;采用沙、砾、焦炭等颗粒作为滤料的颗粒层除尘器,在高温烟气除尘方面引人注目;采用纤维织物作滤料的袋式除尘器,主要在工业尾气的除尘方面应用较广。袋式除尘器效率一般可达90%以上。

含尘气流从下部进入圆筒形滤袋,在通过滤料的孔隙时,粉尘被捕集在滤料上,透过滤料的清洁气体由排出口排出。一个袋室可装有若干只分布在若干个舱内的织物过滤袋,常用滤料由棉、毛、人造纤维织物加工而成。这种方法除尘效率高,操作简单,适合于含尘浓度较低的气体。其缺点是占地多、维修费用高,不耐高温高湿气流。

(3)湿式除尘器

湿式除尘装置是使含尘气体与液体(一般为水)密切接触,利用水滴和尘粒的惯性碰撞及其他作用捕集尘粒。它可以有效地将直径为 $0.1 \sim 0.2 \ \mu m$ 的液态或固态粒子从气流中除去,同时,也能脱除部分气态污染物。应用广泛的三类是湿式除尘器,即喷雾塔式洗涤器、离心洗涤器和文丘里式洗涤器。结构如图5.4,5.5所示。

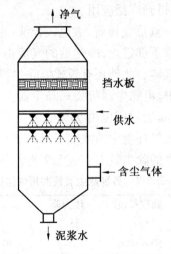

图 5.4　喷雾塔式洗涤器示意图

湿式除尘结构简单,造价低、除尘效率高,在处理高潮、易燃、易爆气体时安全性好,在除尘的同时还可除去气体中的有害物。其缺点是用水量大,易产生腐蚀性液体,其废物或泥浆仍需处理,并可能造成二次污染;在寒冷的季节和地区易结冰。

(4)电除尘器(常称作静电除尘器)

电除尘器使浮游在气体中粉尘颗粒荷电,在电场的驱动下作定向运动,将粉尘从气体中分离出来。驱使粉尘作定向运动的力是静电力——库仑力,这是电除尘器与其他

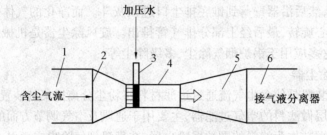

图 5.5　文丘里式洗涤器示意图

除尘器的本质区别,具有独特的性能与特点。电除尘器几乎可以捕集一切细微粉尘及雾状液滴,其捕集粒径范围为 0.01 ~ 100 μm。粉尘粒径大于 0.1 μm 时,除尘效率可高达 99% 以上;由于电除尘器是利用库仑力捕集粉尘的,所以风机仅仅担负运送烟气的任务,因而电除尘器的气流阻力很小,即风机的动力损耗很少。尽管其本身需要很高的运行电压,但是通过的电流却非常小,因此电除尘器所消耗的电功率亦很少,净化 $1\ 000\ m^3/h$ 烟气约耗电 0.1 ~ 3 kW。比外,电除尘器适用范围广,从低温、低压至高温、高压,在很宽的范围内均能通用,尤其耐高温,最高可达 500 ℃。电除尘器的主要缺点是设备造价偏高,钢材消耗量较大,一次性投资费用高;除尘效率受粉尘比电阻的影响很大(最适宜捕集比电阻为 $10^4 ~ 5 \times 10^{10}\ \Omega \cdot cm$ 的粉尘粒子);需要高压变电及整流设备。同时,不适宜处理有爆炸性的含尘气体。目前电除尘器在冶金、化工、水泥、建材、火力发电、纺织等工业部门得到广泛应用。

电除尘器的集尘极为一圆形金属管,放电极极线(电晕线)用重锤悬吊在集尘极圆管中心。含尘气流由除尘器下部进入,净化后的气流由顶部排出。这种电除尘器多用于净化气体量较大的含尘气体。此外还有板式电除尘器。

在工业大气污染控制中,电除尘器与袋式除尘器占了压倒优势。我国目前电除尘器几乎一统火电天下,设计除尘效率也由 98% ~ 99% 提高到 99.2% ~ 99.7%。不少国家规定燃煤烟气排放到大气环境中的浓度不得高于 $50\ mg/m^3$,目前只有电除尘器和袋式除尘器才能达到如此高的除尘效率。表 5.7 为各种除尘装置实用性能比较。

表 5.7　各种除尘装置实用性能比较

| 类型 | 结构形式 | 处理粒度 /μm | 压力降 /133.3 帕 | 除尘效率 /% | 设备费用程度 | 运转费用程度 |
|------|----------|--------------|------------------|-------------|--------------|--------------|
| 重力除尘 | 沉降式 | 50 ~ 1000 | 10 ~ 15 | 40 ~ 60 | 小 | 小 |
| 惯性力除尘 | | 10 ~ 100 | 30 ~ 70 | 50 ~ 70 | 小 | 小 |
| 离心除尘 | 旋风式 | 3 ~ 100 | 50 ~ 150 | 85 ~ 95 | 中 | 中 |
| 湿式除尘 | 文丘里式 | 0.1 ~ 100 | 300 ~ 400 | 80 ~ 95 | 中 | 大 |
| 过滤除尘 | 袋式 | 0.1 ~ 20 | 100 ~ 200 | 90 ~ 99 | 中以上 | 中以上 |
| 电除尘 | | 0.05 ~ 20 | 10 ~ 20 | 85 ~ 99.9 | 大 | 小 ~ 大 |

**2. 气态污染物控制技术**

气态污染物控制技术很多,主要有吸收、吸附、催化、燃烧、冷凝、生物、膜分离、电子束等方法。

(1)吸收法

吸收是利用气体混合物中不同组分在吸收剂(溶液、溶剂或水等)中溶解度的不同或者与吸收剂发生选择性化学反应,从而将有害组分从气流中分离出来的过程。不同的吸收剂可处理不同的有害气体。该法具有捕集效率高、设备简单、一次性投资低等特点,也可回收有价值的产品,因此广泛地用于气态污染物的处理。例如含 $SO_2$,$H_2S$,$HF$,$NO_x$ 等污染物的废气,都可以采用吸收净化。但工艺比较复杂,吸收效率一般不高。吸收液还需处理以免引起二次污染。常用的吸收设备有喷淋塔、填料塔、泡沫塔、文丘里管洗涤器等。

吸收法分为物理吸收法和化学吸收法。由于在大气污染控制过程中,一般废气量大、成分复杂、吸收组分浓度低,单靠物理吸收法难达到排放标准,因此大多采用化学吸收法。

(2)吸附法

气体混合物与适当的多孔性固体接触,利用固体表面存在的未平衡的分子引力或化学健力把混合物中某一或某些组分吸留在固体表面上。这种分离气体混合物的过程称为气体吸附。吸附过程中,借助分子引力和静电力进行的吸附,称为物理吸附。借助化学键力进行的吸附,称为化学吸附。常用的吸附剂有活性炭、分子筛、氧化铝、硅胶和离子交换树脂等,应用最多的是活性炭。作为工业上的一种分离过程,吸附已广泛地应用于化工、冶金、石油、食品、轻工及高纯气体的制备等工业部门。由于吸附剂具有高的选择性和高的分离效果,能脱除痕量($10^{-6}$级)物质,所以吸附净化法常用于其他方法难于分离的低浓度有害物质和排放标准要求严格的废气处理,例如用吸附法回收或净化废气中有机污染物。

吸附净化法的优点是净化效率高,能回收有用组分,设备简单,操作方便,易于实现自动控制。适合净化浓度较低、气体量较小的有害气体,常用作深度净化手段,或用作联合应用几种净化方法时的最终控制手段。但是一般吸附容量不高(约40%),吸附剂机械强度、稳定性等有待提高。另外,吸附剂的再生使得吸附流程变得复杂,操作费用大大增加,并使操作变得麻烦。

(3)冷凝法

冷凝法是利用物质在不同温度下具有不同饱和蒸汽压的性质,对气体进行冷却,使处于蒸汽状态的有害物质冷凝成液体,从废气中分离出来,以达到净化的目的。这种方法的优点是设备简单,操作简便,并可回收纯度较高的物质,用于去除高浓度有害气体十分有利,但不适宜净化低浓度的有害气体。

冷凝法只适用于处理高浓度的有机气体,通常作为吸附、燃烧等净化方法的前处理,以减轻这些方法的负荷;或预先除去影响操作和腐蚀设备的有害组分,以及用于预先回收某些可以利用的纯物质。

（4）催化法

催化法净化气态污染物是利用催化剂的催化作用,将废气中的有害物质转变为无害物质或转化为易于去除的物质的一种废气治理技术。常用的催化法有催化氧化法（如用五氧化二钒（$V_2O_5$）作催化剂,把 $SO_2$ 氧化为 $SO_3$ 以回收硫酸）和催化还原法（如把甲烷、氢、氨等还原性有害气体中的有害物质还原为无害物）两种。

催化工艺流程一般包括预处理、预热、反应、余热回收等几个步骤。催化反应过程在催化反应器中进行。工业常用的催化反应器有固定床和流化床两类,用于有害气体净化的主要是固定床反应器。

催化法与吸收法、吸附法不同,应用催化法治理污染物过程中,无需将污染物与主气流分离,可直接将有害物转变为无害物,这既可避免产生二次污染,又可简化操作过程。此外,由于所处理的气态污染物的初始浓度一般较低,反应的热效应不大,可以不考虑催化床层的传热问题,从而大大简化了催化反应器的结构。由于上述优点,促进了催化法的推广和应用,如利用催化法使废气中的碳氢化合物转化为 $CO_2$ 和 $H_2O$,$NO_x$ 转化成氮,$SO_2$ 转化成 $SO_3$ 后加以回收利用,以及汽车尾气的催化净化等。该法的缺点是催化剂价格较高,操作要求高,难以回收有用物质,且废气预热需要一定的能量。

（5）燃烧法

燃烧法是利用氧化燃烧或高温分解的原理把有害气体转化为无害物质的方法。这种方法可回收燃烧后产物或燃烧过程中的热量。它主要应用于 CO、碳氢化合物、恶臭、沥青烟、黑烟等有害物质的净化。常用的有直接燃烧法、催化燃烧法、热力燃烧法。

①直接燃烧法。直接燃烧法是直接将有害气体中的可燃组分在空气或氧中作为燃料烧掉,从而使其有害组分转化为无害物质（如二氧化碳和水）。直接燃烧是有火焰的燃烧,燃烧温度较高（>1 100 ℃）。适合净化温度较高、浓度较大的有害废气,如炼油厂产生的废气经冷却后,可送入生产用加热炉燃烧;铸造车间的冲天炉烟气中含有 CO 等可燃组分,可以燃烧,通过换热器来加热空气,作为冲天炉的鼓风。

②热力燃烧法。热力燃烧法是利用辅助燃料氧化燃烧放出的热量将混合气体加热到要求的温度,使可燃的有害气体高温分解变成无害气体的方法。它一般用于可燃有机物含量较低的废气或燃烧值较低的废气治理。热力燃烧是有火焰燃烧,但燃烧温度较低（760～820 ℃）。燃烧设备为热力燃烧炉,在一定条件下也使用锅炉。

③催化燃烧法。催化燃烧法是在催化剂作用下使有害气体在 200～400 ℃温度下氧化分解成二氧化碳和水等物质,同时放出燃烧热。由于是无焰燃烧,安全性好。催化剂有铂、钯、锰、铜、铬和铬的氧化物。

在进行催化燃烧时,首先要把被处理的有害气体预热到催化剂的起燃温度。预热方法可采用电加热或烟道加热。预热到起燃温度的气体进入催化床层进行反应,反应后的高温气体可引出用来加热进口冷气体,以节约预热能量。因此催化燃烧法最适合处理连续排放的有害气体。除在开始处理时需要有较多的预热能量将进口气体加热到起燃温度外,在正常操作运行时,反应后的高温气体就可连续将进口气体预热,少用或不用其他能量进行预热。在处理间断排放的废气时,预热能量的消耗将大大增加。

燃烧法工艺简单,操作方便,可回收燃烧后的能量,但不能回收任何物质,并容易造成二次污染。

(6)生物法

对于水中的有机废气,包括醛、烃、酮、苯、胺及多环芳烃,很多具有毒性,同时也是造成环境恶臭的主要来源。生物处理法是最新发展起来的新型处理方法。微生物对各类污染物均有较强、较快的适应性,并可将其作为代谢底物而降解、转化。与常规的有机废气处理技术相比,生物处理技术具有效果好、投资及运行费用低、安全性好、无二次污染、易于管理等优点,尤其在处理低浓度或生物可降解性强的有机废气时,更显示出了优越性。常用的生物法有吸收法和过滤法两种,主要的净化装置有生物涤气塔、生物滤池、生物滴滤池等。

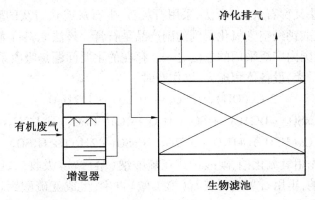

图 5.7　生物滤池系统示意图

生物过滤法是利用附着在固体过滤材料表面的微生物作用处理污染物的方法,常用的装置包括生物滤池和生物滴滤池。其中生物滤池是目前使用最多的系统。图 5.7 为生物滤池系统示意图。具体操作是将有机废气通过 $0.5 \sim 1$ m 厚的生物滤料,有机物从气相转移到生物层,进而被氧化分解。该设备简单,运行费用低,但占地多,运行 $1 \sim 5$ 年需更换滤料,适用处理气量大、浓度低的废气,对有机废气的去除效果可达 95%。

**3. 二氧化硫净化**

我国燃料以煤为主,二氧化硫排放量很大,是主要的大气污染物。控制燃料生成的二氧化硫,可以从三个环节考虑,即燃料脱硫、燃烧过程中脱硫和烟气脱硫。

(1)燃料脱硫

煤炭重力分选是广泛采用的方法,分选后原煤含硫量降低 40% ~90%,其净化效果取决于煤中无机硫和有机硫的含量。还有其他脱硫法如浮选法、氧化脱硫法、化学浸出法、化学破碎法、细菌脱硫法等,但这些目前尚无工业实用价值。另外,可以将煤炭气化或液化,加工过程中可以采用合适方法脱硫,使燃料净化。

(2)燃烧脱硫

将石灰石或白云石与煤粉碎成约 2 mm 的粒度,同时加入流化床燃烧炉内,在 $800 \sim 900$ ℃的高温下,石灰石受热分解放出二氧化碳,生成的多孔氧化钙与二氧化硫反应,生成硫酸盐,以达到固硫的目的。目前该技术只适用于中小容量的工业锅炉和炉窑。

（3）烟气脱硫

这是目前广泛采用的方法,可分为干法和湿法两大类。脱硫装置应尽量满足工艺简单、操作方便、脱硫效率高、脱硫剂便宜、尽可能回收硫资源、不造成二次污染等。下面对各种脱硫方法做一简单介绍。

①氨法。以氨水为吸收剂,与烟气中的二氧化硫反应生成中间产物亚硫酸氢铵,采用不同的方法处理中间产物,可以回收硫酸铵、石膏或单质硫等。氨法工艺成熟,流程设备简单,操作方便,是一种较好的方法。但由于氨易挥发,吸收液消耗量大,适合有廉价氨源的地方。

②钙法。钙法又称石灰-石膏法,采用石灰石、生石灰或熟石灰的乳浊液吸收二氧化硫,生成的亚硫酸钙经空气氧化得到的副产品是石膏。该法原料价廉易得,副产品有一定用途,是目前国内广泛采用的方法之一。存在的主要问题是吸收系统易结垢堵塞,同时石灰乳循环量大,设备体积庞大,操作费时。

$$2\ Ca(OH)_2 + 2SO_2 \rightarrow 2CaSO_3 \cdot 1/2H_2O$$
$$2CaSO_3 \cdot 1/2H_2O + SO_2 + H_2O \rightarrow Ca(HSO_3)_2 + 1/2H_2O$$
$$Ca(HSO_3)_2 + H_2O + 1/2O_2 \rightarrow CaSO_4 \cdot 2H_2O + H_2SO_3$$

③双碱法。先用氢氧化钠、碳酸钠或亚硫酸钠(第一碱)吸收二氧化硫,生成亚硫酸钠或亚硫酸氢钠,再用石灰或石灰石(第二碱)再生,生成亚硫酸钙。可以将亚硫酸钠结晶析出或做进一步处理。

第一碱吸收

$$2NaOH + SO_2 \rightarrow Na_2SO_3 + H_2O$$
$$Na_2CO_3 + SO_2 \rightarrow Na_2SO_3 + CO_2$$
$$Na_2SO_3 + SO_2 + H_2O \rightarrow 2NaHSO_3$$

第二碱用石灰再生

$$Ca(OH)_2 + 2NaHSO_3 \rightarrow CaSO_3 + Na_2SO_3 \cdot 1/2H_2O + 3/2H_2O$$

还可以将 $Na_2SO_3$ 氧化,进一步生成石膏

$$2Na_2SO_3 + O_2 \rightarrow 2Na_2SO_4$$
$$Na_2SO_4 + Ca(OH)_2 + 2H_2O \rightarrow 2NaOH + CaSO_4 \cdot 2H_2O$$

④催化氧化法。催化氧化法在锅炉烟气中脱硫已得到应用。对于高浓度二氧化硫,可以采用以 $SiO_2$ 为载体的五氧化二钒催化氧化制硫酸。也可以采用高比表面的活性炭吸收二氧化硫,进一步与氧和水蒸气反应生产硫酸。如我国科学家设计的干湿一体化设备,先将烟气中大部分煤灰用干法除尘从烟气中分离出来,再将烟气送入湿式脱硫洗涤塔,如图5.8所示。

**4.汽车尾气净化**

汽车排放的污染物主要来源于内燃机,由于燃料含有杂质、添加剂及燃烧不完全等

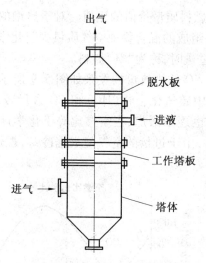

图 5.8   湿式脱硫洗涤塔

原因,使得排气中含 $CO_2$、$CO$、碳氢化合物、$NO_x$、醛类、有机及无机铅的化合物和苯并(α)芘等多种有害物。控制汽车尾气有害物排放的方法有两种:一种是改进发动机的燃料或燃烧方式,使污染物排放量减少,称为机内净化;另一种是利用装置在发动机外部的净化设备,对废气进行净化,这种方法称为机外净化。从发展方向上看,机内净化是解决问题的根本途径。当前世界各国都在开发,试运行一些节能、低废、高效、轻质的环境保护型汽车,如液化石油汽车、天然气汽车、燃料电池汽车、镍氢电池汽车等。机外净化的主要方法是催化净化法,其关键是寻找耐高温的高效催化剂。目前国际上通用的是三元催化净化装置,采用能同时完成 $CO$、碳氢化合物的氧化和 $NO_x$ 还原反应的方法,将三种有害气体一起净化,采用此法可节省燃料,减少催化反应器数量,使内燃机的经济性和排放量均得到较好的改善。其主要反应为

$$CO + NO = 1/2N_2 + CO_2$$
$$CO + C_8H_{18} + 13O_2 = 9CO_2 + 9H_2O$$

当前 $Pt$、$Pd$、$Ru$ 催化剂($CeO_2$ 为助催化剂、耐高温陶瓷为载体)可使尾气中有毒物质转化率超过 90%。

机车燃料燃烧过程中形成污染物 $NO$ 的生成量与燃烧温度和空燃比有关。

(1)燃烧温度

温度升高可以提供更多能量,使 $O–O$ 键更容易断裂,促进了链引发反应的发生。在内燃机燃烧室里,由 3% 的 $O_2$ 和 75% 的 $N_2$ 组成的混合气参与燃烧的情况,就是一个典型的例子。当燃烧达到 1 315 ℃时,在 23 min 内产生体积浓度为 $500 \times 10^{-6} ml \cdot m^{-3}$ 的 $NO$,而当燃烧达到 1 980 ℃时,只要 0.117 s 就能产生同样数量的 $NO$。燃烧温度越高,形成 $NO$ 的数量也越多。因此,在燃烧过程中,高温既能产生较高 $NO$ 的平衡浓度,又有助于 $NO$ 的快速生成。

(2)空燃比

空燃比为空气质量与燃料质量价值的比值。对于典型的汽油,其化学计量空燃比为14.6。如果空气与燃料组成的混合物中空气质量少于化学计量的量,则此混合物为"富"燃料,而当空气的量过量时,称为"贫"燃料。

空燃比与汽车尾气中NO的排放量的关系如图5.9所示。由图可知,当空燃比低时,燃料燃烧不完,尾气中碳氢化合物(HC)和CO含量较高,而NO含量较低;随着空燃比逐渐增高,NO含量也逐渐增加;当空燃比等于化学计量比时,NO达到最大值;当空燃比超过化学计量时,由于过量的空气使火焰冷却,燃烧温度降低,NO的含量也随之降低。

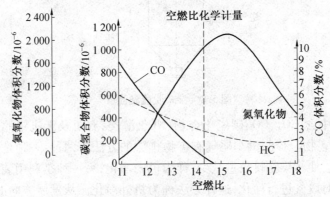

图5.9　HC,CO和NO的排放量与空燃比的关系

## 5.7.2　大气污染综合治理

工厂污染排放的控制只是大气污染治理的一个方面,由于技术和经济的原因,完全杜绝排放是不现实的。大气污染具有明显的区域性整体性特性,污染程度受该地区自然条件、能源构成、工业结构和布局、交通状况、人口密度、植树造林等影响。治理大气污染,必须从区域整体出发,综合运用各种防治大气污染的技术措施和管理措施,充分考虑区域的环境特性,对影响大气质量的各种因素进行综合分析,提出经济合理的综合治理对策。

**1. 调整产业结构**

大力促进工业产业结构优化调整,积极发展高技术产业和新兴产业,加快发展服务业,出台了加快发展服务业的若干意见和相关配套措施。严格控制新建高耗能、高排放项目,加大淘汰电力、钢铁、建材、电解铝、铁合金、电石、焦炭、煤炭和平板玻璃等行业落后产能。2006～2008年,我国关停小火电机组3 421万千瓦,淘汰落后炼铁产能6 059万吨、炼钢产能4 347万吨、水泥产能1.4亿吨、焦炭产能6 445万吨。

**2. 改变能源结构**

我国以煤为主要能源,二氧化硫和烟尘的排放量很大,是造成大气污染的主要原因。长远来看,煤是一种重要的化工原料,用煤做燃料也是对这一重要资源的浪费。而天然气的储量很大,价格低廉,在有条件的城市逐步推广使用天然气是减少烟尘排放的有效措施。使用煤气和石油液化气同样可以大大地减少二氧化硫和烟尘的排放量。选用低硫燃料对煤炭进行脱硫处理,开发和利用核能、太阳能、风能、地热、潮汐能等新能源,也是减少大气污染的重要手段。

通过政策引导和资金投入加强了水能、核能、石油、天然气和煤层气的开发和利用;支持在农村、边远地区和条件适宜地区开发利用生物质能、太阳能、地热、风能等新型可再生能源,优质清洁能源等。

城市供热需要消耗大量的能源,尤其是在我国北方地区的取暖季节。取消分散、落后并严重污染环境的采暖设备,发展集中供热有利于提高热能利用率,节省大量人力,安装高效除尘设备和高烟囱排放等措施,都是改善城市大气环境质量的有效措施。

**3. 发展新能源汽车**

在交通运输领域,优先支持发展城市公共交通,加大城市快速公交和轨道交通建设力度。积极发展纯电动汽车、混合动力电动汽车,制定和完善新能源汽车补贴政策。汽车尾气是大城市的重要污染源,除了淘汰旧车型、进行尾气催化处理等手段外,还需要制定高的燃料标准,提高燃料油的品质,使用清洁燃料,降低柴油中的硫含量。使用液化石油气(LPG)、压缩天然气(CNG)等替代燃料,也是减少污染的重要措施。

**4. 规范管理城乡废弃物**

对于城市废弃物包括建筑废弃物、生活垃圾,农村废弃物包括农作物秸秆和畜禽养殖产生的垃圾等,需要规范管理、政策引导,减少扬尘、秸秆燃烧、畜禽粪便对大气的污染。

**5. 增加森林碳汇**

绿化造林可以美化环境,调节空气温度、湿度及城市小气候,对于水土保持,减少扬尘,净化大气等方面有显著作用。积极实施天然林保护、退耕还林还草、草原建设和管理、自然保护区建设等生态建设与保护政策,进一步增强了森林作为温室气体吸收汇的能力。

### 5.7.3　大气环境质量标准

大气环境质量标准包括大气环境质量标准、大气污染物排放标准、大气污染控制技术标准和大气污染警报标准等。

**1. 大气环境质量标准**

大气环境质量标准限定了大气环境中几种主要污染物的允许浓度,是控制大气污染、评价环境质量、制定地区大气污染排放标准的依据,具有相关的法律保障,对违反标准者可追究经济或法律责任。环境空气质量标准规定了环境空气质量功能区划分、标准分级、污染物项目、取值时间及浓度限值,采样与分析方法及数据统计的有效性规定。2012 年 2 月,国务院发布空气质量新标准,增加了 $PM_{2.5}$ 值和臭氧($O_3$)8 h 浓度限值监测指标。各类环境空气污染物基本项目浓度限值(GB 3095—2012)见表 5.8。鉴于不同的地区功能、技术经济水平、人群和生态结构,制定了不同水平等级的国家标准和地

方标准,我国环境空气质量标准分为以下二级:

一级标准:为保护自然生态和人群健康,在长期接触情况下,不发生任何危害影响的空气质量要求。适用于国家规定的自然保护区、风景游览区、名胜古迹和疗养地等地区。

二级标准:为保护人群健康和城市、乡村的动、植物,在长期和短期接触情况下,不发生伤害的空气质量要求。适用于特殊工业区、居民区、商业交通居民混合区、文化区、名胜古迹和广大农村等地区。

以此为基础,环境空气功能区分为二类:

一类区为自然保护区、风景名胜区和其他需要特殊保护的区域,执行一级标准;

二类区为特殊工业区、居住区、商业交通居民混合区、文化区、工业区和农村地区,执行二级标准。

表5.8　环境空气污染物基本项目浓度限值(GB 3095—2012)

| 序号 | 污染物项目 | 平均时间 | 浓度限值 | | 单位 |
|---|---|---|---|---|---|
| | | | 一级 | 二级 | |
| 1 | 二氧化硫($SO_2$) | 年平均 | 20 | 60 | $\mu g/m^3$ |
| | | 24小时平均 | 50 | 150 | |
| | | 1小时平均 | 150 | 500 | |
| 2 | 二氧化氮(NO2) | 年平均 | 40 | 40 | |
| | | 24小时平均 | 80 | 80 | |
| | | 1小时平均 | 200 | 200 | |
| 3 | 一氧化碳(CO) | 24小时平均 | 4 | 4 | $mg/m^3$ |
| | | 1小时平均 | 10 | 10 | |
| 4 | 臭氧($O_3$) | 日最大8小时平均 | 100 | 160 | |
| | | 1小时平均 | 160 | 200 | |
| 5 | 颗粒物(粒径小于等于10 μm) | 年平均 | 40 | 70 | $\mu g/m^3$ |
| | | 24小时平均 | 50 | 150 | |
| 6 | 颗粒物(粒径小于等于2.5μm) | 年平均 | 15 | 35 | |
| | | 24小时平均 | 35 | 75 | |

**2. 空气质量指数**

为了客观反映我国空气污染状况,开展了大城市空气污染指数(air pollution index,API)日报工作。API计入空气污染指数的项目确定为五种:可吸入颗粒物$PM_{10}$,$SO_2$,

$NO_2$,$CO$,$O_3$。2012 年上半年出台的标准规定,将用空气质量指数(AQI)替代原有的空气污染指数(API)。空气质量指数(air quality index, AQI)是定量描述空气质量状况的无量纲指数,针对单项污染物还规定了空气质量分指数(individual air quality index, IAQI)。其数值越大说明空气污染状况越严重,对人体健康的危害也就越大。利用空气质量指数可以直观地评价大气环境质量状况并指导空气污染的控制和管理。参与空气质量评价的主要污染物为二氧化硫($SO_2$)、二氧化氮($NO_2$)、一氧化碳($CO$)、臭氧($O_3$)、可吸入颗粒物($PM_{10}$)、细颗粒物($PM_{2.5}$)等六项。表 5.9 将 AQI 共分六级,从一级优,二级良,三级轻度污染,直至五级重度污染,六级严重污染。当 $PM_{2.5}$ 日均值浓度达到 150 $\mu g/m^3$ 时,AQI 即达到 200;当 $PM_{2.5}$ 日均浓度达到 250 $\mu g/m^3$ 时,AQI 即达 300;$PM_{2.5}$ 日均浓度达到 500 $\mu g/m^3$ 时,对应的 AQI 指数达到 500。空气质量按照空气质量指数大小分为五级,相对应空气质量的六个类别,指数越大则级别越高说明污染的情况越严重。

表 5.9　空气质量指数分级*

| 空气质量指数 AQI | 空气质量指数级别 | 空气质量指数类别及表示颜色 | | 对健康影响情况 | 建议采取的措施 |
|---|---|---|---|---|---|
| 0~50 | 一级 | 优 | 绿色 | 空气质量令人满意 | 可正常活动 |
| 51~100 | 二级 | 良 | 黄色 | 空气质量可接受,但某些污染物可能对极少数异常敏感人群健康有较弱影响 | 极少数异常敏感人群应减少户外活动 |
| 101~150 | 三级 | 轻度污染 | 橙色 | 易感人群症状有轻度加剧,健康人群出现刺激症状 | 儿童、老年人及心脏病、呼吸系统病患者应减少长时间、高强度的户外训练 |
| 151~200 | 四级 | 中度污染 | 红色 | 进一步加剧易感人群症状,可能对健康人群心脏、呼吸系统有影响 | 一般人群应适量减少户外活动 |
| 201~300 | 五级 | 重度污染 | 紫色 | 心脏病和肺病患者症状显著加剧,运动耐受力降低,健康人群普遍出现症状 | 一般人群应尽量减少户外活动 |
| >300 | 六级 | 严重污染 | 褐红色 | 健康人群运动耐受力降低,有明显强烈症状,提前出现某些疾病 | 一般人群应尽量避免户外活动 |

* 环境空气质量指数技术规定(HJ 633—2012)。

2011 年 12 月,位于北京的美国驻华大使馆监测到高达 522 $\mu g/m^3$ 的 $PM_{2.5}$ 瞬时浓度,对应的空气质量指数已经超过上限值。这也是继 2010 年 11 月 21 日后,美使馆监

测到的 $PM_{2.5}$ 瞬时浓度的第二次"爆表"。美使馆监测到的 $PM_{2.5}$ 浓度数值,通过一定的公式转换为 AQI 指数,对应地作出空气质量评价。其中,污染最严重的等级为 AQI 达到 $301\sim500$,对应的空气质量评价为 Hazardous(危险的),而 500 就是 AQI 的最高值。这次事件不仅促进了公众对于自身生活环境的关注,而且对政府政策管理监督和参与也有很大促进,直接导致空气污染监测管理新标准新政策的出台,具有一定的积极意义。

AQI 与原来发布的空气污染指数(API)有着很大的区别,AQI 分级计算参考的标准是新的环境空气质量标准(GB3095—2012),参与评价的污染物为 $SO_2$,$NO_2$,$PM_{10}$,$PM_{2.5}$,$O_3$,CO 等六项;而 API 分级计算参考的标准是老的环境空气质量标准(GB3095—1996),评价的污染物仅为 $SO_2$,$NO_2$ 和 $PM_{10}$ 等三项,且 AQI 采用分级限制标准更严。因此 AQI 较 API 监测的污染物指标更多,其评价结果更加客观。

空气污染指数也被称为 API(air pollution index),就是将常规监测的几种空气污染物浓度简化成为单一的概念性指数值形式,并分级表征空气污染程度和空气质量状况,适合表示城市的短期空气质量状况和变化趋势。在中国,API 是根据 1996 年颁布的空气质量"旧标准"(《环境空气质量标准》GB3095—1996)制定的空气质量评价指数,评价指标有 $SO_2$,$NO_2$,可吸入颗粒物($PM_{10}$)三项污染物。从 2011 年末开始,多个城市出现严重雾霾天气,市民的实际感受与 API 显示出的良好数据形成巨大反差,呼吁改进空气评价标准的要求日趋强烈,也是从那时起原本生涩的专业术语 $PM_{2.5}$ 成为人们口中的热词。

灰霾的形成主要与 $PM_{2.5}$(直径小于等于 $2.5\mu m$ 的颗粒物)有关,此外,反映机动车尾气造成的光化学污染的臭氧指标,也没有纳入到 API 的评价体系中。为此,空气质量新标准《环境空气质量标准》(GB3095—2012)在 2012 年初出台,对应的空气质量评价体系也变成了 AQI。"污染指数"变成了"质量指数",在 API 的基础上增加了细颗粒物 $PM_{2.5}$,$O_3$,CO 三种污染物指标,发布频次也从每天一次变成每小时一次。

**案例 5.2　APEC 蓝**

2014 年亚太经济合作组织(APEC)会议于 11 月 10 日至 11 日在北京举行。为确保 APEC 会议期间的空气质量,京津冀区域采取了一系列史上最严措施,使得 11 月 7 日 02 时至 11 日 14 时,北京的空气质量指数平均值达到 81,优良率接近 80%,称为 APEC 蓝。

中国政府对症下药主要采用了四招:扬尘工地停工;机动车单双号限行、公车封存 70%;高污染工厂停产;京津冀及周边联动减排,防止输入污染。

据北京环境保护局介绍,机动车是北京市 $PM_{2.5}$ 本地污染排放最大来源,占总量的 31.3%。通过全市单双号行驶等措施,会议期间 200 多万辆车停驶,为 APEC 蓝做出贡献。APEC 会议期间,按照京津冀及周边地区大气污染防治协作小组部署,北京、天津、河北、山东四省市分区域、分时段实施应急减排。天津市自 11 月 6 日至 11 日启动最高级别应急减排措施,实施了交通限行、排污单位限排、施工停工等措施。天津 1953 家企业实行了限产限排措施,5903 个各类工地全部停工。

钢铁、水泥、电力、玻璃等行业是河北省的支柱产业,同时也是大气污染的主要排放源。为保障 APEC 会议期间空气质量,河北省有 8 个设区市和两个省直管市启动了 I 级重污染天气应急减排措施,共有 2 000 多家企业停产、1 900 多家企业限产、1 700 多处工地停工。

据北京市环境保护局通报,APEC 会议期间北京 $SO_2$,氮氧化物,$PM_{10}$,$PM_{2.5}$ 的减排比例分别达到 54%,41%,68% 和 63%。

# 5.8　室内空气污染

## 5.8.1　室内空气污染问题

**1. 室内空气污染的由来**

建筑的初始,其本意是为人们提供一个可以遮风避雨和御寒的掩蔽所。从直接利用天然洞穴为家,到摩天大厦处处耸立,建筑的作用发生了翻天覆地的变化。建筑体现了一个时代的建筑艺术和建筑科技水平、价值观念和文化意识。但是归根结底,人们还是眷恋一个舒适的家居感觉。早期的建筑能源纯粹天然,并且只是少量用于御寒、烹饪和照明,其他的能耗基本没有。科学技术和工业革命的飞速发展,使得大量新材料和新设施用于建筑,以丰富建筑的功能,满足人们日益增长的需求,而现代技术建立在大量消耗矿物燃料的基础之上。为了追求所谓的舒适,人们甚至建立起完全封闭的、靠人工照明和空调来维系室内环境的大型建筑,隔绝了人与自然环境的直接联系。为了维系这种脆弱的人造环境,需要使用大量的能源和特殊的建筑材料,由此人们对于自然界的能源和资源的索求越来越强烈,人类与自然界之间的和谐被打破。

20 世纪 70 年代的石油危机,使得发达国家不得不以牺牲生活质量,降低生活水准为代价,节制使用能源,此后室内空气质量(indoor air quality,IAQ)在西方国家开始受到重视。国外大量研究结果表明,室内空气污染会引起“建筑综合症”(sick building syndrome,SBS),包括头痛、眼、鼻和喉部不适,干咳、皮肤干燥发痒、头晕恶心、注意力难以集中、对气味敏感等。这些症状的具体原因还在研究当中,但是大多数患者在离开建筑物不久症状即行缓解。与此相关的是“建筑物关联症”( building related illness,BRI),症状有咳嗽、胸部发紧、发烧寒颤和肌肉疼痛等。此类症状在临床上可以找到明确的原因,患者即使在离开建筑物后也需要较长时间才能恢复。于是,室内空气污染问题成为学者们研究的热点问题。

现代成年人 70% ~ 80% 的时间都是在室内度过的,老弱病残者在室内的时间更长,可达 90% 以上。每人每天要吸入 10 ~ 13 $m^3$ 的空气,长时间停留在室内并大量吸入含多种污染物且浓度严重超标的空气,会引起眼、鼻腔黏膜刺激,过敏性皮炎,哮喘等症状。美国的一项调查显示,室内空气中可检出 500 多种挥发性有机化合物。加拿大健康部的调查表明,当前人们 68% 的疾病都与室内空气污染有关。

室内空气污染已经成为对大众健康危害最大的五种环境因素之一。有专家认为,在经历了18世纪工业革命带来的"煤烟型污染"和19世纪石油和汽车工业带来的"光化学烟雾污染"之后,现代人正经历以"室内空气污染"为标志的第三污染时期。

**2. 室内空气污染物的种类**

室内空气污染物的种类主要为四个类型,即生物污染、化学污染、物理污染和放射性污染。目前室内环境空气中以化学性污染最为严重。生物污染源包括细菌、真菌、病菌、花粉、尘螨等主要来自于室内生活垃圾、现代化办公设备和家用电器、室内植物花卉、家中宠物、室内装饰与摆设。化学污染物主要来源于建筑材料、装饰材料、日用化学品、人体排放物、香烟烟雾、燃烧产物如二氧化硫、一氧化碳、氮氧化物、甲醛、挥发性有机物等。放射性污染主要来源于地基、建材、室内装饰石材、瓷砖、陶瓷洁具。物理污染指的是噪声、电磁辐射、光线等。一方面人体本身对这些因素有一定敏感性,另一方面通过这些因素的改变加强或减弱了其他污染因素的作用。

室内空气污染物按照形态可以分为气态污染物和颗粒物。室内空气污染物按照来源划分为室内发生源和进入室内的大气污染物。室内空气污染有其自身的特点,对于不同的建筑物,这些特点又有各自的特殊性。影响因素主要是建筑物的结构和材料、通风换气状况、能源使用情况以及生活起居方式等。

总体上讲,当室内与室外无相同污染源时,空气污染物进入室内后浓度则大幅度衰减,而室内外有相同污染源时,室内浓度一般高于室外。

20世纪80年代以前,中国室内的污染物主要是燃煤产生的$CO_2$,$CO$,$SO_2$、氮氧化物等。20世纪90年代初,由于吸烟、燃煤、烹调以及人体排放等有害气体对室内的污染非常严重,人们选择厨房抽油烟机、排气机和室内空调。近20年来,建材业高速发展,由建筑和装饰材料所造成的污染成为室内污染的主要来源。尤其是空调的普遍使用要求建筑物密闭性能好,造成新旧空气流通不好,风量不足,引发空气质量恶化。

## 5.8.2 室内气态污染物

室内环境的影响因素很多,不只是化学污染物本身直接作用于受体产生的污染,相关的风、热、光、居室结构等物理因素也会加深室内污染。这里主要讨论污染物本身的作用,其他因素在评述污染效果和控制时再讨论,同时注意到室内污染与室内外污染源的相关性。

**1. 二氧化碳**

二氧化碳主要来自动植物燃料燃烧过程,以及有机物分解和呼吸作用。室内的来源主要是通风不好的燃烧器具、人和宠物等。室内最高浓度出现在人们停留时间最长的地方,如电梯间、船舱等。

较低的污染浓度,会引起脉搏频率上升、呼吸困难、头痛和反常的疲乏感;较高的污染浓度,症状包括恶心、头晕和呕吐,甚至发狂。大多数由此引起的症状主要是因为二氧化碳浓度增高的同时氧气浓度降低,流向大脑的氧气量减少,导致大脑神经局部受损。

166

为防止室内二氧化碳的浓度超过不适当的水平,必须保证所有的燃料燃烧完全,且通风良好,必要时使用通风装置。另外,减少产生二氧化碳燃料的使用,代之以电是现在通行的方法。

**2. 一氧化碳**

一氧化碳主要来自燃料的不完全燃烧过程。室外的一氧化碳主要包括汽车排放、发电厂、燃烧燃油的工业过程。室内源包括燃气加热装置、煤气炉、通风不好的煤油炉、吸烟。

表 5.10　一氧化碳的生理效应

| 血红素转化为（COHb）/% | 效　应 |
|---|---|
| 0.3 ~ 0.7 | 不抽烟者的生理标准 |
| 2.5 ~ 3.0 | 受损个体心脏功能减弱,血流改变,继续暴露后红血球浓度变化 |
| 4.0 ~ 6.0 | 视力受损,警觉性降低,最大工作能力下降 |
| 3.0 ~ 8.0 | 吸烟者常规值。吸烟者比不吸烟者生成更多的红血球以进行补偿,就像生活在高海拔的人因为低气压进行补偿性生成 |
| 1.0 ~ 20.0 | 轻微头痛,疲乏,呼吸困难,皮肤层血细胞膨胀,视力反常,对胎儿的潜在危害 |
| 20.0 ~ 30.0 | 严重的头痛,恶心,反常的手工技艺 |
| 30.0 ~ 40.0 | 肌肉无力,恶心,呕吐,视力减弱,严重头痛,过敏,判断力下降 |
| 50.0 ~ 60.0 | 虚弱,痉挛,昏迷 |
| 60.0 ~ 70.0 | 昏迷,心脏活动和呼吸减弱,有时死亡 |
| >70.0 | 死亡 |

一氧化碳一旦吸入就会和血液运送氧分子的血红素结合为羧基血红素（COHb）,CO 与血红素的结合能力是氧气的 220 倍,抑制了向全身各组织输送氧气,症状为头痛、恶心、注意力、反应能力和视力减弱、瞌睡。高浓度时可引起昏迷,甚至死亡。见表 5.10。室内一氧化碳的平均浓度在 0.5 ~ 5 ppm,如果有通风不好的炉子可能达到 100 ppm,在浓度高于 500 ppm 时可能引起死亡。

一氧化碳是燃料不完全燃烧的副产物,家庭中所有使用燃料的设备都有可能带来隐患。如果能够确保所有设备都能使燃料燃烧充分,且安装良好的通风设施,那么这些可能的危险就会降到最低。有条件时可安装一氧化碳报警装置,当一氧化碳浓度在达到危险值时报警装置会通知居住者。

**3. 微生物及尘螨**

室内微生物及尘螨主要来源于室外受污染空气及人体、宠物,包括植物花粉、动物皮屑、细菌、霉菌、病毒和螨虫等,最新研究表明,家用空调的过滤网风管是螨虫、病菌和病毒生存繁殖的栖息地。室内微生物的主要危害是引起呼吸道感染,病原体经空气传播是病毒感染的主要途径之一。病毒在室内空气中聚集到一定浓度时，就有传染的危险，这类污染物易导致皮肤发炎、鼻窦炎、流感、麻疹和肺结核。尘螨在高湿度、温暖的环境中繁殖较快，在空气中传播病毒，容易引起人体皮肤过敏。2003年发生的"非典灾害"引发人们对室内环境卫生的关注。非典型性肺炎主要是在空气中形成的，细菌通过飞沫、飞沫核和尘埃三种方式进行传播，"非典"病毒肆虐的事实也充分说明，室内生物性污染不可轻视！

减少室内微生物及尘螨污染的方法是勤打扫房间、勤换洗窗帘枕头，清理并保养好加湿器、空调，保持良好通风。

**4. 挥发性有机化合物**

挥发性有机化合物（VOC）指的是具有较高蒸汽压、常温常压下容易挥发的一类非甲烷有机化合物，如苯、甲苯、二甲苯、萘、苯乙烯、甲醛、丙酮、正己烷等。VOC来源于精细化工、石油化工、制药、电子元件制造、印刷、制鞋以及汽车尾气等，是一类重要的大气污染物。根据美国政府近年来对大气中人为污染物的统计可知，VOC年排放量仅次于$CO, SO_x, NO_x$，成为又一重要污染物。交通运输、工业生产部门占VOC总排量的76.6%，成为VOC污染的主要行业。研究表明，关于室内的VOC污染，室外空气是室内VOC的重要来源，挥发性有机化合物也可以从建筑、装修、装饰房屋过程中使用的合成材料中释放，来源还包括喷雾剂、清洁剂和抽烟。

VOC本身会对人体健康造成很大伤害，当VOC的总质量浓度为$0.3 \sim 3 \text{ mg/m}^3$时会产生刺激等不适应症状，为$3 \sim 5 \text{ mg/m}^3$时会产生头痛、瞌睡、眼睛疲劳、皮疹及呼吸类疾病，而大于$25 \text{ mg/m}^3$时对人体的毒性效应明显，急性高浓度苯可引起中枢神经抑制和发育不全性白血病。如果长期工作或生活在高浓度VOC环境中，可能导致癌症。

通过改进工艺进行清洁生产，在生产过程中减少挥发性有机化合物的产生。在建筑材料中避免使用含脲醛树脂、含VOC等类的材料，在室内装修上建议尽可能少用黏合剂，限制化学地毯的使用，尽量使用天然材质家具。

**案例5.3　毒寝室事件**

2014年，一则"浙江师范大学毒寝室害学生们终身疾病"的网帖称，该校新建宿舍楼17、18幢，2011年9月22日全新家具安装完成，气味刺鼻。10月8日，这两幢楼里共有1054名学生入住。之后有多名学生分别出现包括急性混合细胞性白血病、免疫性血小板减少、重症肺炎在内的不同症状疾病。发病学生家长怀疑，学生发病与学校宿舍装修甲醛超标有关。一位发病学生家长表示，女儿入住"毒寝室"两个月后，就陆续出现脸色苍白、长痘、逐渐消瘦的状况，后来被查出结缔组织病、桥本氏甲状腺炎、肺结节、强直性脊柱炎、皮炎等疾病，她女儿同寝室另外三个同学也出现类似症状。

有家属将宿舍电脑桌的一块木头带走，在昆山安泰检验技术服务有限公司进行了甲醛指标检测。记者拿到了这份2014年5月23日出具的编号为ATC140267的检测报告显示：木板，检测项目为甲醛释放量，检测方法为干燥器法，检测结果显示为2.13 mg/L。这意味着这块木板已经超过国家规定的可直接用于室内的人造板甲醛释放量的限值(1.5 mg/L)。

2004 年,美国职业安全和健康研究所调查了 11039 名曾在甲醛超标环境中工作 3 个月以上的工人,发现有 15 名死于白血病。

记者在浙江师范大学采访了解到,该校这批同时建成的新宿舍楼共有 6 幢,标号分别为 17,18,21,22,23,24 幢学生公寓。其中,17,18 幢装修完成通过竣工验收时间为 2011 年 9 月 25 日,10 月 8 日学生入住。

浙江师范大学回应称,新宿舍 5 次委托检测均合格,如果确实是学校责任,学校一定会依法承担,绝不推卸。2014 年 2 月,浙江省教育厅商请省卫生厅委派省卫生监督所来校进行调查,根据省卫生监督所出具的调查意见:相关寝室的室内空气质量检测报告均未发现检测物超标;通过流行病学调查结果显示,未发现有异常波动。

## 思考题

1. 城市雾霾形成的主要原因和管理对策。
2. 厄尔尼诺现象形成的原因。
3. 全球变暖是伪命题吗?

# 第6章 固体废物的污染与控制

**内容提要** 1992年联合国环境与发展大会以来,人们对环境问题的看法逐步取得了共识:人口、资源、环境和发展这四者之间的关系密不可分,各国政府越来越清醒地认识到,必须认真解决好这四者之间的关系,才能真正实现可持续发展。要解决固体废物的污染,同样需要从可持续发展的战略出发,认真地考虑现有的生产方式、消费方式、生活方式和管理方式,才能做出正确的选择。

本章学习的主要内容分为以下几点:

(1)固体废物的特点及分类;

(2)固体废物的处理和处置技术;

(3)固体废物的资源利用;

(4)危险废物的处理和处置。

## 6.1 固体废物概述

### 6.1.1 固体废物的定义和国内外现状

《中华人民共和国固体废物污染环境防治法》对固体废物给出了明确的定义。固体废物是指在生产、生活和其他活动中产生的丧失原有利用价值,或者虽未丧失利用价值但被抛弃或者放弃的固态、半固态和置于容器中的气态的物品、物质以及法律、行政法规规定纳入固体废物管理的物品、物质。

与水污染、大气污染物相比较,固体废物具有以下特征:

①时空性。固体废物是在一定时间和地点被丢弃的物质,是放错地方的资源,因此固体废物的"废"具有明显的时间和空间特性。时间性是指"资源"和"废物"是相对的,不仅生产、加工过程中会产生大量被丢弃的物质,即使是任何产品和商品经过使用一定时间后都会变成废物。因此,固体废物处理处置和资源化将是我们长期面对的问题和任务。空间性是指固体废物在某一个过程和某一个方面没有使用价值,但往往会成为另外过程的原料。

②持久危害性。固体废物成分复杂而多样(有机物与无机物、金属与非金属、有毒物与无毒物、单一物质与聚合物),在进入人们生活环境后降解的过程漫长复杂、难以控制。例如,20世纪最糟糕的发明——塑料,在环境中降解的时间长达几百年,与废水、废气相比对环境的危害更为持久。因此,废物是"放错地方的原料"。

与其他环境问题相比,固体废物有四最:

（1）最难的环境处置问题

因为固体废物含有的成分相当复杂,来源多种多样,其物理性状也千变万化,处理处置的难度很大。

（2）最具综合性的环境问题

固体废物既是各种污染物质的富集终态,又是土壤、大气、地表水、地下水的污染源,因此固体废物的处理处置具有综合性特征。例如,垃圾填埋场在处理垃圾的同时,必须考虑垃圾渗滤液和产生的气体处理问题。

（3）最晚得到重视的环境问题

从国内外总的趋势看,固体废物污染问题较之大气、水污染问题是最后引起人们的关注、也是最少得到重视的环境问题。

（4）最贴近生活的环境问题

固体废物问题,尤其是城市生活垃圾,最贴近人们的日常生活,因而是与人类生活最息息相关的环境问题。

全世界固体废物的排放量十分惊人,目前,一些工业化国家的工业固体废物排放量,每年平均以 2% ~4% 的速度增长。据有关资料统计,全世界每年工业产生约 21 亿吨固体废物和 3.4 亿吨危险废物,其中美国大约 4 亿吨,日本约 3 亿吨。近年来,随着工业化国家的城市化和居民消费水平的提高,放射性废物的产生量和城市垃圾的增长也十分迅速。发达国家垃圾增长率为 3.2% ~4.5% ,发展中国家一般为 2% ~3% 左右。全球年产城市垃圾排放量超过 100 亿吨,其中美国达 30 亿吨以上。

随着工业化的迅速发展以及人们生活水平的不断提高,我国每年生产的固体废物的数量也非常巨大,且种类繁多、性质复杂。据统计,我国每年的工业固体废物排放量达 10.6 亿多吨,其中危险废物约占 5% ,历年累计堆积量已近 60 亿吨,占用了大量农田。目前全国每年产生的工业固体废物除有 30% ~40% 的被利用外,大部分仍处于简单堆放,随意排放的状况。

### 6.1.2　固体废物的来源和分类

固体废物来源广泛种类繁多组成复杂,按化学组成可分为无机废物和有机废物;按其危害性可分为一般固体废物和危险性固体废物;按其形状可分为固体废物(粉状、柱状、块状)和泥状废物(污泥)。下面按其来源的不同把固体废物分为城市垃圾、工业固体废物、农业固体废物、矿业固体废物和放射性固体废物五大类进行介绍,见表6.1。

**1. 城市垃圾**

城市垃圾是指城市居民生活、商业和市政维护管理中丢弃的固体废物,是由家庭生活废物和来自商店、市场、办公室等具有相似特性的废物组成。例如,厨房垃圾、装磺建筑材料、包装材料、废旧器皿、废家用电器、树叶、废纸、塑料、纺织品、玻璃、金属、灰渣、碎砖瓦、城市生活污水处理厂的污泥和居民粪便等。

**2. 工业固体废物**

工业固体废物是指工业生产、加工及其三废处理过程中排弃的废渣、粉尘、污泥等。

主要包括煤渣、发电厂烟道中收集的粉煤灰、炼铁高炉的炉渣、炼钢钢渣、有色冶炼渣、炼铝氧化铝渣(赤泥)、制硫酸过程中的硫铁矿烧渣、磷矿石制磷酸过程中的磷石膏等。

**表 6.1　固体废物的分类、来源和主要组成物**

| 分类 | 来源 | 主要组成物 |
|---|---|---|
| 矿业废物 | 矿山、选冶 | 废矿石、尾矿、金属、废木、砖瓦灰石等 |
| 工业废物 | 冶金,交通,机械,金属结构等工业 | 金属、矿渣、砂石、模型、芯、陶瓷、边角料、涂料、管道、绝热和绝缘材料、粘结剂、废木、塑料、橡胶、烟尘等 |
| | 煤炭 | 矿石、木料、金属 |
| | 食品加工 | 肉类、谷类、果类、蔬菜、烟草 |
| | 橡胶、皮革、塑料等工业 | 橡胶、皮革、塑料、布、纤维、染料、金属等 |
| | 造纸、木材、印刷等工业 | 刨花、锯末、碎末、化学药剂、金属填料、塑料、木质等 |
| | 石油化工 | 化学药剂、金属、塑料、橡胶、陶瓷、沥青、油毡、石棉、涂料 |
| | 电器,仪表仪器等工业 | 金属、水泥、木材、橡胶、化学药剂、研磨料、陶瓷、绝缘材料 |
| | 纺织服务业 | 布头、纤维、橡胶、塑料、金属 |
| | 建筑材料 | 金属、水泥、黏土、陶瓷、石膏、石棉、砂石、纸、纤维 |
| | 电力工业 | 炉渣、粉煤灰、烟尘 |
| 城市垃圾 | 居民生活 | 食物垃圾、纸屑、布料、庭院植物修建物、金属、玻璃、塑料、陶瓷、燃料、灰渣、碎砖瓦、废器具、粪便、杂品 |
| | 商业、机关 | 管道、碎砌体、沥青及其他建筑材料、废汽车、费电器、废器具、含有易爆、易燃、腐蚀性、放射性的废物、以及类似居民生活栏内的各种废物 |
| | 市政维护、管理部门 | 碎砖瓦、树叶、死禽畜、金属锅炉灰渣、污泥、脏土等 |
| 农业废物 | 农林 | 稻草、秸秆、蔬菜、水果、果树枝条、糠秕、落叶、废物料、人畜粪便、禽粪、农药 |
| | 水产 | 腥臭死禽畜、腐烂鱼、虾、贝壳、水产加工污水等、污泥 |
| 放射性物质 | 核工业、核电站、放射性医疗单位、科研单位 | 金属、含放射性废渣、粉尘、污泥、器具、劳保用品、建筑材料 |

**3. 农业固体废物**

农业固体废物是指种植和饲养业排放的废物,包括园林与森林残渣、植物枝叶、秸秆、壳屑、家畜的粪便和尸骸等。

**4. 矿业固体废物**

矿业固体废物是指矿石的开采、洗选过程中产生的废物,是在采取有经济价值的矿产物质过程中产生的废料,主要有矿废石、尾矿、煤矸石等。矿废石是开矿中从主矿上剥落下来的尾岩。尾矿是矿石经洗选提取精矿后剩余的尾渣。煤矸石是在煤的开采及洗选过程中分离出来的脉石,实际是含碳岩石和其他岩石的混合物。

**5. 放射性固体废物**

放射性固体废物是一类特殊且危险的废物,放射性固体废物主要来自核工业、核研究所及核医疗单位排出的放射性废物。

除此之外,还有建筑废物、污水污泥与挖掘泥沙等。建筑废物是指市政或小区规划、现有建筑物的拆除或修复以及新的建筑作业的废物,主要包括用过的混凝土以及砖瓦碎片等。污水污泥是为了减轻污水对河流与湖泊的污染而经过处理的家庭及工厂废水的残留物。污水污泥是一种含有大量有机颗粒的泥浆,其化学成分随污水排放源、处理过程的类型与效率而有很大变化。污水污泥含有高浓度的重金属与水溶性有机合成化学品,且含有很多润滑脂、油品与细菌。由于环境与健康的压力,已经强制减少未经处理的污水排入河流及沿海水域,但由污水处理产生的污泥量仍在持续增加,污染物包括油品、重金属、营养物与有机氯化学品。

## 6.2　固体废物的特点及其危害

固体废物是相对某一过程或某一方面没有使用价值,而并非在一切过程或一切方面都没有使用价值的以固态存在的物质。另外,由于各种产品本身具有使用寿命,超过了寿命期限,也会成为废物。因此,固体废物的概念具有时间性和空间性。固体废物中有害成分仅占固体废物的很小一部分,为10%～20%,但由于它们分布面广,化学性质复杂,对环境和人体健康危害极大,也是土壤、水体、大气,特别是地下水的重要污染源,因此对固体废物污染的防治与治理应引起足够的重视。判定其是否为有害废物,可据其是否具有可燃性、反应性、腐蚀性、浸出毒性、急性毒性、放射性等有害特性来判定。凡具有上述一种或一种以上特性者则认为属于有害废物。废物如果处理和管理不当,其所含的有害成分将通过多种途径进入环境和人体,对生态系统和环境造成多方面的危害。

### 6.2.1　对土壤的污染

固体废物长期露天堆放,其有害成分在地表径流和雨水的淋溶、渗透作用下通过土壤孔隙向四周和纵深的土壤中渗透。在渗透过程中,有害成分要经受土壤的吸附和其他作用。通常,由于土壤的吸附能力和吸附容量很大,随着渗滤水的迁移,使有害成分在土壤固相中呈现不同程度的积累,导致土壤成分和结构的改变。植物生长在土壤中间接又对植物产生了污染,有些土地甚至无法耕种。例如,德国某冶金厂附近的土壤被有色冶炼废渣污染,土壤上生长的植物体内含锌量为一般植物的 26～80 倍,含铅量为 80～260 倍,含铜量为 30～50 倍,如果人吃了这样的植物,会因中毒而引起许多疾病。

### 6.2.2　对大气的污染

废物中的细粒、粉末随风扬散;在废物运输及处理过程中缺少相应的防护净化设施,释放有害气体和粉尘;堆放和填埋的废物以及渗入土壤的废物,经挥发和反应放出有害气体,都会污染大气并使大气质量下降。例如,焚烧炉运行时会排出颗粒物、酸性气体、未燃尽的废物、重金属与微量有机化合物等。石油化工厂油渣露天堆置,则会有一定数量的多环芳烃生成且挥发进入大气中。填埋在地下的有机废物分解会产生二氧化碳、甲烷(填埋场气体)等气体进入大气中。如果任其聚集会发生危险,如引发火灾,甚至发生爆炸。

### 6.2.3　对水体的污染

如果将有害废物直接排入江、河、湖、海等地,或是露天堆放的废物被地表径流携带进入水体,或是飘入空中的细小颗粒,通过降雨的冲洗沉积和凝雨沉积,以及重力沉降和干沉积而落入地表水系,水体可溶解出有害成分,毒害生物,造成水体缺氧、污染、变性、富营养化,导致鱼类死亡、降低其使用功能等。

### 6.2.4　对人体的危害

生活在环境中的人以大气、水、土壤为媒介,环境中的有害废物会直接经呼吸道、消化道或皮肤进入人体,使人致病。典型的例子是美国拉夫运河(Love Canal)污染事件。20 世纪 40 年代,美国一家化学公司利用拉夫运河已被停挖废弃的河谷,来填埋生产有机氯农药、塑料等残余有害废物 $2 \times 10^4$ 吨。掩埋 10 余年后在该地区陆续发生了如井水变臭、婴儿畸形、人患怪病等现象。经化验分析研究当地空气、用作水源的地下水和土壤中都含有六六六、三氯苯、三氯乙烯、二氯苯酚等 82 种有毒化学物质,其中列在美国环境保护局优先污染物清单中的就有 27 种,被怀疑是人类致癌物质的多达 11 种。许多住宅的地下室和周围庭院里都渗进了有毒化学浸出液,于是迫使总统在 1978 年 8 月宣布该地区处于"卫生紧急状态",先后两次搬迁近千户居民,造成了极大的社会问题和经济损失。

# 6.3　固体废物的处理原则和技术

## 6.3.1　控制固体废物污染的政策

1970 年以来,一些工业发达国家由于废物处置场地紧张,处理费用巨大,也由于资源缺乏,提出了"资源循环'的口号,开始从固体废物中回收资源和能源,实施资源化管理,推行资源化技术,发展无害化处理处置技术。

我国固体废物污染控制工作起步较晚,开始于 20 世纪 80 年代初期,由于技术力量和经济力量有限,当时还不可能在较大的范围内实现"资源化"。因此,从"着手于眼前,放眼于未来"出发,我国于上世纪 80 年代中期提出了以"资源化"、"无害化"、"减量化"作为控制固体废物污染的技术政策,并确定以后较长一段时间内以"无害化"为主。以"无害化"向"资源化"过渡,"无害化"和"减量化"应以"资源化"为条件。

**1. 固体废物无害化**

固体废物无害化是对固体废弃物管理的最后一个环节,基本任务是对回收利用筛选下来的不可回收的固体废弃物通过工程处理,达到不损害人体健康,不污染周围自然环境的效果。如垃圾的焚烧、卫生填埋、堆肥、粪便的厌氧发酵、有害废物的热处理和解毒处理等。

**2. 固体废物减量化**

固体废物减量化的基本任务是通过适宜的手段,减少和减小固体废物的数量和体积,特别要减少危险废物和有毒废物的产生量。这一任务的实现,需从以下两个方面着手:

①工业生产实现废物最小量化至关重要,必须推广清洁生产。

②生活固体废料的减量化要求人们进行生活方式的变革,从过度、过量的高消费向注重生活整体质量的适度消费转变,建立绿色消费方式,使用有"绿色标志"或"环境标志"的产品。

**3. 固体废物资源化**

固体废物资源化是指对固体废物进行综合处理,使之成为可利用的二次资源。基本任务是采取工艺措施从固体废物中回收有用的物资资源。固体废物"资源化"是固体废物的主要归宿。例如,具有高位发热量的煤矸石,可以通过燃烧回收热能和转换能量,也可以用来代替煤生产内燃砖;焚烧垃圾发电以回收热能;利用微生物处理技术使废物堆肥化等。

"资源化"应遵循的原则是:进行"资源化"的技术是可行的,经济效益比较好,有较强的生命力;废物应尽可能在排放源就近利用,以节省废物在存放、运输等过程中的投资;"资源化"的产品应当符合国家相应产品的质量标准,因而具有市场竞争力。

"资源化"系统是指从原料经加工制成的成品,经人们的消费后,成为废物又引入的生产、消费系统。就整个社会而言,就是生产—消费—废物—再生产的一个不断循环系统。整个系统可以分为两大部分。

第一部分称为前期系统。在此系统中被处理的物质不断改变其性质,利用物理方法如分选、破碎等技术对废弃物中的有用物质进行分离提取型的回收。此系统回收又可以分为两类:

一类是保持废物的原型和成分不变的回收利用;

另一类是破坏废物的原型,从中提取有用成分加以利用。

第二部分称为后期系统。是把前期系统回收后的残余物质用化学或生物学的方法,使废物的物性发生改变而加以回收利用,采用的技术有燃烧、分解等,比前期系统要复杂,成本也高。后期系统也可分为两类:

一类是以回收物质为主要目的,使废物原料化,产品化而再生利用;

另一类是以回收能源为目的。当然这两种目的有时不能截然区分,应视主要作用而分类。

1995年10月30日我国颁布了《中华人民共和国固体废物污染环境防治法》,提出以"三化"为控制固体废物污染的技术政策。我国虽然已颁布了《固体废物污染环境防治法》,但是,针对固体废物管理的实施细则还未拟定,许多城市还有待建立地方性的法规和管理条例,制定相应的减少垃圾产生量和保护环境的管理办法,进一步建立较完善的法规体系。固体废物污染是我国在治理大气污染和水体污染过程中面临的又一个重要的环境问题。固体废物污染已经成为城市建设和工农业可持续发展,以及改进人民生活质量的严重的社会问题。

### 6.3.2 固体废物处理技术

**1. 减少固体废物的产生**

①改进产品设计,开发原材料消耗少节省原材料的新产品,改进工艺,强化管理,减少浪费,最大限度地降低产品的单位消耗量。

②提高产品质量,延长产品寿命,尽可能地减少产品废弃的几率和更新次数。

③开发可多次重复使用的制品,使制成品循环使用以取代只能使用一次的制成品,例如包装类容器和瓶类。

**2. 资源化处理技术**

(1)物理处理

物理处理是将固体废物采用压实、破碎、分选、脱水固化等方法,将固体废物转变成便于运输、储存、回收利用和处置的形态。该法涉及固体废物中某些组分的分离与浓集,因此又是一种回收材料的过程。

(2)化学处理

化学处理的目的是对固体废物中能对环境造成严重后果的有毒有害的成分,采用化学转化的方法使之达到无害化。该法要视废物的成分、性质不同而采取相应的处理方法,即同一废物可根据处理的效果、经济投入而选择不同的处理技术。因此,仅限于对废物中某一成分或性质相近的混合成分进行处理,对成分复杂的废物不宜采用。另外,由于化学处理投入费用较高,目前多用于各种工业废渣的综合治理。化学处理方法主要包括中和法、氧化还原法和水解法。

(3)生物处理

微生物分解技术是指依靠自然界广泛分布的微生物的作用,通过生物转化,将固体废物中易于生物降解的有机成分转化为腐殖肥料、沼气、饲料蛋白,还可以从废渣中提取金属,从而达到固体废物无害化的一种处理方法。目前应用较广泛的工艺有好氧堆肥技术及厌氧发酵技术。

堆肥工艺是一种很古老的有机固体废物的生物处理技术,早在化肥还没被广泛应用于农业之前,堆肥一直是农业肥料的来源。人们将杂草落叶、动物粪便等堆积发酵,称为农家肥,用它来保证土壤所需的有机营养。随着科学技术的不断进步,人们把这一古老的堆肥方式推向机械化和自动化。如今的堆肥技术已发展到以城市生活垃圾、污水处理厂的污泥、动物粪便、农业废物及食品加工业的废弃物等为原料,以机械化大批量生产,包括前处理、一次发酵、后处理、二次发酵、储藏等五个工序。

厌氧发酵是废物在厌氧条件下通过微生物的代谢活动被稳定化,同时伴有甲烷($CH_4$)和二氧化碳($CO_2$)产生。厌氧发酵的产物——沼气是一种较清洁的能源,同时发酵后的渣滓又是一种优质肥料。

(4)热处理

热处理包括焚烧和热解两大类,用焚烧技术处理固体废物(尤其是城市垃圾)是当前固体废物处理中又一重要途径。通过焚烧处理不仅使废物体积减少80%~90%,质量减少,主要是可以获得能源。对城市垃圾进行焚烧处理即可杀死病原体,又可消除腐化源。热解是在缺氧或无氧条件下进行的,使可燃性固体在高温下分解,最终生成气、油和炭的过程。与燃烧时的放热反应有所不同,一般燃烧为放热反应,而热解反应是吸热反应。热分解主要是使高分子化合物分解为低分子,因此热分解也称为"干馏",其产物一般为氢气、甲烷、一氧化碳、二氧化碳、甲醇、丙酮、醋酸、焦油、溶剂油、炭黑等。适合于热解的废物主要有农业废弃物、废塑料、废橡胶。热解法能比较彻底地消灭各类废轮胎、废油等。

资源化处理技术是从固体废物中回收或制取物质和能源的技术,将废物转化为资源,即通过这种方法转化为新的生产要素,同时达到保护环境的目的。

**案例6.1 郑州市餐厨废弃物资源化利用和无害化处理**

2010年,郑州市区户籍人口数量已达到540万人,加上常驻流动人口,总人口超过600万人。按1吨餐厨垃圾/(10 000人·天)及餐饮单位情况测算,郑州市日均产出餐厨废弃物540吨,其中废弃油脂10.8吨,年产生餐厨废弃物19.71万吨。城市餐厨废弃物垃圾正以每年2.33%的速度增加,2015年餐厨废弃物的产生量达到22万吨,即日产生量超过600吨。

郑州市作为河南省省会城市以及首都北京的南大门,餐厨废弃物资源化利用和无害化处理试点工作具有很强的示范效应。"十二五"期间,餐厨废弃物管理和处置工作目标为:在建立和完善全市餐厨废弃物管理机制和政策保障机制的基础上,大力推进餐厨废弃物收集运输系统和资源化利用及无害化处理设施进程,力争在"十二五"末期主城区餐厨废弃物收集运输和无害化处理及资源化利用达到100%。

餐厨废弃油脂资源化利用率达到100%,约占全部餐厨废弃物总量的2%,每百吨餐厨废弃物可以生产出生物柴油2吨。餐厨废弃物有机质制成沼气,沼气发电或制成车用液化气,资源化利用率达到100%,约占全部餐厨废弃物总量的8%;有机餐厨废水部分浓缩(5%)作为生物有机肥料,剩余部分处理后作为中水回用,资源化利用率达到100%,约占全部餐厨废弃物总量的81%,沼渣制成生物有机肥料,资源化利用率100%,约占全部餐厨废弃物总量的7%;其余部分为不可利用杂质,约占餐厨废弃物总量的2%。

青海洁神环能公司在西宁市餐厨垃圾处理示范项目以其鲜明的特点和项目运作的经验而被国家发改委、建设部命名为"西宁模式"。该工艺具有工艺稳定可靠,运营成本低,安全环境保护,以及资源化利用水平高等特点。该厌氧消化主要工艺流程为:餐厨垃圾原料进入密闭的原料仓并通过螺旋输送机进入破碎分选,将分选出的异物通过螺旋输送机运出,分选后的原料进入油水分离系统,分离出来的油进入生物柴油系统生产出合格的生物柴油,然后餐厨垃圾原料依次进入调节池、配料制浆罐、厌氧发酵罐,厌氧发酵后产生的沼气进入沼气处理系统用于发电或加工成液化气体;沼液进入污水处理系统处理后达到中水回用标准回用,而沼渣经过堆肥处理后可生产出高效的有机肥料。

餐厨废弃物厌氧-沼气化工艺可产生的资源化产品是电能、肥料和生物柴油,按照郑州市规划日处理500吨的规模计算:每年产生的沼气发电1 642.5万千瓦时;可生产生物柴油3 650吨;可产高效有机肥12 775吨。

其中沼气发电具有创效、节能、安全和环境保护等特点,是一种分布广泛且价廉的分布式能源。沼气发电技术本身提供的是清洁能源,符合能源再循环利用的环境保护理念,也会带来可观的经济效益。生物柴油是可以再生的生物替代燃料,它主要用于柴油机动力燃料和燃油锅炉。活性有机肥可用于生态农业、生产绿色有机食品的专用肥料。

### 6.3.3 我国工矿业固体废物利用情况

冶金、电力、化工、建材、煤炭等工矿行业在国民经济中占有重要地位,其所产生的固体废物如冶金渣、粉煤灰、炉渣、化工渣、煤矸石、尾矿粉等不仅数量大,而且具有再利用的良好性能,受到国内外的广泛重视。例如,美国早在20世纪50年代和70年代已将当年产生的$1 \times 10^8$吨高炉渣和$1 \times 10^8$吨钢渣于当年成功处理。日本、丹麦等国家的粉煤灰利用率于20世纪60年代也已达到100%。

长期以来由于我国采用粗放型生产方式,对固体废物处理认识不足,使单位产品的固体废物产生量较大,而对固体废物的综合处理和利用则相对较少。据统计,20世纪

90 年代我国的固体废物产生量为 $6 \times 10^8$ 吨/年,1995 年综合利用量为 $28\,511 \times 10^4$ 吨,利用率仅为 44.2%;处理、处置量为 $14\,204 \times 10^4$ 吨,只占产生量的 22.0%。

随着我国可持续发展战略的实施,各企事业单位和科研机构加大了对固体废物的回收和利用。我国对有色金属行业制定了国家强制标准,《有色金属工业污染物排放标准》(GB4913—1985)。有色金属工业固体废物是指采矿、选矿、冶炼和加工过程及其环境保护设施中排出的固体或泥状的废弃物。其种类包括:采矿废石、选矿尾矿、冶炼弃渣、污泥和工业垃圾,无处理设施、长期堆存并对环境造成影响的生产过程排出的固体物,亦列为固体废物。规定凡具有环境效益、经济效益和社会效益的有色金属工业固体废物,必须积极开发利用,应采用新技术,防止产生再次污染。

冶金和化工生产铬盐的过程中产生的铬渣,其有害成分主要是可溶性的铬酸钠钾等六价铬离子。这些六价铬的化合物具有致癌作用,它的存在以及流失、扩散对环境和居民有极大危害。大风使铬渣扬尘,全国每年排放含铬粉尘约 2 400 万吨,其中大部分为生产过程排放,少部分为铬渣扬尘。如果铬渣堆场没有可靠的防渗设施,遇雨水冲刷,污水四处溢流、下渗,对周围土壤和地下水、河道造成污染。铬渣的无害化处理是在铬渣中加入适量的还原剂,在一定条件下,铬酸钠和铬酸钙中的六价铬可以还原成三价铬,该法消除或降低了六价铬的危害,控制污染的扩大;铬渣的最终处置方法是综合利用,经综合利用可直接作为工业材料的代用品、加工成品,达到既消除六价铬离子的危害,又作为新材料资源得以充分利用。经过近 20 年的不断努力,我国在铬渣的综合利用上已取得了 20 多项研究成果,其中 8 项已实现产业化,如生产玻璃着色剂、钙镁磷肥、制取铁氧体等,从而使我国铬渣治理及综合利用上了一个新台阶。

据相关资料统计,2012 年全国工业固体废物产生量为 332 509 万吨,综合利用量(含利用往年储存量)为 204 467 万吨,综合利用率为 61.5%,比 2011 年增长 1%。近 10 年全国工业固体废物产生和处理情况,见表 6.2。

**表 6.2　全国工业固体废物产生和处理情况（万吨）**

| 年度 | 产生量 | 总和利用量 | 处置量 | 储存量 | 排放量 |
|---|---|---|---|---|---|
| 2003 | 100,428 | 56,040 | 17,751 | 27,667 | 1941 |
| 2004 | 120,030 | 67,796 | 26,635 | 26,012 | 1762 |
| 2005 | 134,449 | 76,993 | 31,259 | 27,876 | 1655 |
| 2006 | 151,541 | 92,601 | 42,883 | 22,398 | 1302 |
| 2007 | 175,632 | 110,311 | 41,350 | 24,119 | 1197 |
| 2008 | 190,127 | 123,482 | 48,291 | 21,883 | 782 |
| 2009 | 203,943 | 138,186 | 47,488 | 20,929 | 710 |
| 2010 | 240,944 | 161,722 | 57,264 | 23,919 | 498 |
| 2011 | 324,140 | 199,757 | 70,465 | 60,424 | 433 |
| 2012 | 332,509 | 204,467 | 71,442 | 60,633 | 144 |

# 6.4  固体废物的最终处置方法

## 6.4.1  工业固体废物处置方法

固体废物的处理和利用总的原则是先考虑减量化、资源化,以减少固体废物的产生量与排出量,后考虑适当处理以加速物质循环。不论前面处理得如何完善,总要残留部分物质,因此,最终处置是不可少的。工业固体废物最终处置方法包括海洋处置和陆地处置两大类。

### 1. 海洋处置

根据处理方式,海洋处置分海洋倾倒和远洋焚烧两类。海洋倾倒实际上是选择适宜的区域和深度作处置场,把废物直接倒入海洋。早在 20 世纪中期,一些发达国家就曾把建筑垃圾、污泥、废酸、放射性废物倒入海洋处置场。远洋焚烧是近些年发展起来的一项海洋处置方法。该法是用焚烧船将废物运至远洋处置区,进行船上焚烧处置,主要用来处置卤化废物,焚烧后的冷凝液排入海中。根据美国进行的焚烧试验鉴定,含氯有机物完全燃烧产生的水、二氧化碳、氯化物及氮氧化物,尽管海水本身氯化物含量高,并不会因为吸收氯化氢而使其中的氯平衡发生变化。此外,由于海水中碳酸盐的缓冲作用,也不会因吸收氯化氢使海水的酸度发生变化。例如"火种"号焚烧船,曾成功地对含氯有机化合物进行过焚烧。目前,对此种处置方法,国际尚存在很大争议,我国基本上持否定态度。

### 2. 陆地处置

陆地填埋按法律分为卫生土地填埋法和安全土地填埋法。卫生土地填埋工艺简单,操作方便,处置量大,费用较低。目前,在我国城市垃圾无机成分高、处理利用率低。在经费紧张的情况下,卫生土地填埋是一种较为可行的处置方法,既消化处置了垃圾,又可根据城市的地形地貌特点将填埋场开发利用,封场后可以植树绿化、建造假山公园。同时还能回收甲烷气体,产生的甲烷经脱水、预热、脱碳后,可作为能源使用。已建成投入运营的有广州大田山卫生垃圾场和杭州天子岭卫生垃圾场,天子岭卫生填埋场容量为 $5.17 \times 10^6 \ \mathrm{m}^3$,使用期限为 12 年,防渗措施为自然防渗结合垂直泥浆防渗。

## 6.4.2  城市垃圾的处置和利用

城市垃圾可分为无机物类和有机物类,属于无机物类的主要有灰渣、砖瓦、金属、玻璃等;属于有机物类的主要有厨房垃圾、塑料、纸、织物等,尤其值得一提的是塑料。塑料制品作为一种新型材料,具有质轻、防水、耐用、生产技术成熟、成本低的特点,在全世界被广泛应用,而且呈逐年增长趋势。塑料包装

制品大多属一次性用品,用后即被抛弃,成为塑料垃圾。因此,随着塑料制品应用的日益广泛,导致生活垃圾中的废弃塑料与日俱增。由于环境中的塑料废弃物主要来

源于产品的塑料包装物和农用塑料薄膜,而且塑料包装废物多呈白色,所以通常将该类污染称为"白色污染"。近年来,塑料包装物引起的"白色污染"愈演愈烈,已经成为公众最为关注的环境问题之一,也引起了世界各国环境保护、环卫部门及生产企业的高度重视。城市垃圾所含成分中,废纸为 40%,黑色和有色金属为 3% ~ 5%,废弃食物占 25% ~ 40%,塑料 1% ~ 2%,织物 4% ~ 6%,玻璃 4%,大约 80% 的垃圾为潜在的原料资源。

城市垃圾的处置和利用主要有卫生填埋、焚烧和制作堆肥等方法。在处理时各国所选用的方法都视垃圾的组成成分和技术经济水平等因素而定。从垃圾成分来看,有机物含量高的垃圾,宜采用焚烧法;无机物含量高的垃圾,宜采用填埋法;垃圾中的可降解有机物多时,宜选择制作堆肥。从各国情况来看,因为填埋法较焚烧法便宜,因而国土面积大的美国主要采用填埋法处置垃圾,而日本、瑞士、荷兰、瑞典、丹麦等国的技术经济实力较强,且可供填埋垃圾的场地又少,所以他们利用焚烧法处置垃圾的比例较大。

2012 年我国城市生活垃圾清运量为 17081 万吨,无害化处理 14489.6 万吨,无害化处理率达到 84.6%,其中卫生填埋处理 10512.5 万吨,焚烧处理 3584.1 万吨,其他方式处理 393 万吨。2012 年生活垃圾无害化处理设施 701 座,其中卫生填埋 540 座,生活垃圾焚烧厂 138 座,其他处理设施 25 座。

# 6.5　固体废物的资源利用

## 6.5.1　城市垃圾资源循环利用

城市垃圾是城市居民在生活中和为城市日常活动提供服务中产生的综合废弃物。城市垃圾在收集、运输和处理处置过程中会产生有害成分,对大气、土壤、水体造成污染,不仅严重影响了城市环境卫生,而且威胁人民身体健康,成为社会公害之一,破坏了人们生存的环境,

随着科学技术的发展,垃圾已被证明具有反复利用和循环利用的价值。早在 20 世纪 50 ~ 60 年代,发达国家就着手研究垃圾资源化问题。通过高温、低温、压力、过滤等物理和化学方法对垃圾进行加工,使之重新成为资源。一方面通过分类收集、收费制约、法律控制解决垃圾成灾、污染严重的问题;另一方面也在为摆脱资源危机另辟蹊径。当前,许多国家和地区采用生态恢复的方法解决过去积存的垃圾,如台湾省的垃圾公园、英国利物浦的国际花园、阿根廷布宜诺斯艾利斯的环城绿化带等都是在垃圾堆上建造而成的。位于澳大利亚悉尼西区的奥运会公园以前就是一处废料垃圾场,澳大利亚政府耗资 1.37 亿美元改造了这块场地。目前,在垃圾场上建造的 200 栋别墅以及展览大厅等已经使用。

### 6.5.2 农业废弃物的资源化利用

大部分农业自然资源,都存在着再生能力,且潜力大。目前,世界范围内都存在着农业资源被严重破坏和浪费的问题,对资源的利用效率低。如种植业、养殖业只注重粮、肉、蛋、奶等产品的利用,对大量的副产物弃之不顾。我国是一个农业大国,对废弃物资源化尤显重要。解决这一问题的根本途径是开展农业废弃物的资源化利用。合理地开发和利用废弃物,不仅可以保护环境,而且可以获得巨大的经济效益。

### 6.5.3 清洁生产

清洁生产即所谓生产全过程的污染控制模式。清洁生产通常是在产品生产过程或预期消费中,既合理利用自然资源,把对人类和环境的危害减至最小;又能充分满足人类的需要,使社会经济效益最大化的一种模式。工业企业实行清洁生产,在获得更大经济利益的同时获得更大的环境效益和社会效益。

### 6.5.4 加强宣传教育,提高环境意识

环境问题主要源于人类对自然资源和生态环境的不合理利用和破坏,而这种损害环境的行为又是同人们对环境缺乏正确认识相连的。因此,加强环境宣传教育,提高人们的环境意识,使人的行为与环境相和谐,是解决环境问题的一条根本途径。

## 6.6 危险固体废物的处理和处置

### 6.6.1 危险废物的定义及对人类的毒害

危险固体废物是指能对人类健康和环境造成即时或潜在危险的废弃固体物质。危险废物除了放射性废物外,还可能具有一定的易燃性、易爆性、强烈的腐蚀性或剧烈的毒性等。危险固体废物对人类的短期危害是通过摄入、吸入、吸收、接触而引起毒害,也可能是燃烧、爆炸等事故;对人类的长期危害包括重复接触而引起的中毒、致癌、致畸等。在 7 万种进入市场的化学品中,美国环境保护局对其中的 3 万种作了危险等级的划分,如某些重金属和有机物是致癌物质,能使人的神经系统、消化或呼吸系统受到伤害,某些能损伤皮肤,见表 6.3。20 世纪后期,一些发达国家由于处置危险废物在征地、投资、技术、环境保护等方面存在着困难,有些不法厂商千方百计将自己的危险废物向不发达国家出口,致使进口国深受其害。为了控制危险物品的污染转嫁,联合国环境署于 1989 年 3 月通过了《控制危险废物越境转移及其处置》的巴赛尔公约,我国政府于 1991 年加入了该公约。

表 6.3 一些危险废物对人体健康的危害

| 废物 | 类型 | 危害神经系统 | 危害肠胃系统 | 危害呼吸系统 | 损伤皮肤 | 急性死亡 |
|---|---|---|---|---|---|---|
| 农业废物 | 各种农业废物 | √ | √ | | | √ |
| | 2,4-D | √ | | | | |
| | 卤代有基本类除草剂 | | | | | √ |
| | 有机氯农业 | √ | | √ | √ | √ |
| | 有机氯除草剂 | | √ | | | |
| 工业废物 | 磷化铝 | | √ | | | |
| | 多氯联苯 | | √ | | √ | |
| | 砷 | | √ | | | |
| | 锌,铜,硒,铬,镍 | | √ | √ | | |
| | 汞 | √ | | | | √ |
| | 镉 | | √ | | √ | √ |
| | 有机铅化物 | √ | √ | | | |
| | 卤化有机物 | | | √ | | |
| | 非卤化挥发有机物 | | | √ | √ | |

## 6.6.2 危险固体废物的处理和处置方法

危险废物的处理,根据处理的手段不同,可将其分为化学法、生物法和固化法等。化学法是利用危险废物的化学性质,通过酸碱中和、氧化还原以及沉淀等方式,将有害物质转化为无害物质。生物法是指通过生物降解手段使危险废物解除毒性。固化法是利用物理或化学方法将危险固体废物固定或包容在惰性固体基质内,使之呈现化学稳定性和密封性的一种无害化处理方法。固化后的产物具有良好的机械性能、抗渗透、抗浸出、抗干抗湿、抗冻和抗融等特定。根据固化凝结剂的不同,又分为水泥固化法、塑料固化法、水玻璃固化法和沥青固化法。

危险废物的处置一般有焚烧和安全填埋两种方法。对于有毒、有害的有机性固体废物最适宜的方法为焚烧,如医院的医疗垃圾、石化工业生产中某些含毒性的中间副产物等。

## 6.6.3 城市矿产——再生金属、报废汽车、电子产品的拆解和回用

城市矿产是指工业化和城镇化过程中产生和蕴藏于废旧机电设备、电线电缆、通信

工具、汽车、家电、电子产品、金属和塑料包装物，以及废料中可循环利用的钢铁、有色金属、贵金属、塑料、橡胶等资源。目前我国正处于城镇化迅速发展时期，但国内矿产资源不足，难以支撑经济增长，铁矿石等重要矿产资源对外依存度越来越高。同时我国每年产生大量废弃资源，如有效利用可替代部分原生资源，减轻环境污染。大规模、高起点、高水平地开发利用城市矿产资源，具有十分重要的现实意义。

**1. 缓解资源瓶颈约束的有效途径**

开展"城市矿产"示范基地建设，是缓解资源瓶颈约束的有效途径。我国处于工业化和城镇化加快发展时期，一方面，经济增长对矿产资源的需求巨大，2009年我国石油消费量由2000年的2.24亿吨增加到4亿吨，钢消费量从2000年的1.4亿吨增加到5.3亿吨。另一方面，国内矿产资源不足，难以支撑经济增长，重要矿产资源对外依存度越来越高。与此同时，我国每年产生大量废弃资源，如有效利用，可替代部分原生资源。2008年，我国10种主要再生有色金属产量约为530万吨，占有色金属总产量的21%，其中再生铜约占铜产量的50%。

**2. 减轻环境污染的重要措施**

开展"城市矿产"示范基地建设，是减轻环境污染的重要措施。利用"城市矿产"资源就是充分利用废旧产品中的有用物质，变废为宝，化害为利，可产生显著的环境效益。2008年我国废钢利用量达7 200万吨，相当于减少废水排放6.9亿吨，减少固体废物排放2.3亿吨，减少二氧化硫排放160万吨。开展"城市矿产"示范基地建设，将拆解、加工环节产生的污染集中处理，能有效减少环境污染。

**3. 发展循环经济的重要内容**

开展"城市矿产"示范基地建设，是发展循环经济的重要内容。发展循环经济的根本目的在于提高资源利用效率，保护和改善环境，实现可持续发展。利用"城市矿产"资源能够形成"资源—产品—废弃物—再生资源"的循环经济发展模式，切实转变传统的"资源—产品—废弃物"的线性增长方式，是循环经济"减量化、再利用、资源化"原则的集中体现。

**4. 培育新的经济增长点的客观要求**

开展"城市矿产"示范基地建设，是培育新的经济增长点的客观要求。随着我国全面建设小康社会任务的逐步实现，"城市矿产"资源蓄积量将不断增加，资源循环利用产业发展空间巨大。同时，利用"城市矿产"资源有助于带动技术装备制造、物流等相关领域发展，增加社会就业，形成新的经济增长点，是发展战略性新兴产业的重要内容。

**案例6.2 "城市矿产"示范基地——河南大周再生金属**

2011年6月，《河南省大周镇再生金属回收加工区"城市矿产"示范基地建设实施方案》(以下简称《实施方案》)顺利通过了国家专家组评审。《实施方案》提出，大周镇再生金属回收加工区要按照建设中原经济区的总体要求，以管理创新和技术创新为动力，以提升再生金属回收加工产业规模和水平为目标，以废旧不锈钢、铝、铜等回收加工为特色,加快公共服务平台和环境保护设施两大支撑体系建设,建成回收网络体系健全、基础设施和公共服务平台共享、市场管理运营规范、资源高效循环利用、辐射带动作用明显的"城市矿产"示范基地,新增再生资源处理能力 156 万吨。

　　大周园区规划面积 4.7 平方公里,已建成面积 3 平方公里。区内各类经济实体1 000 余家,规模以上企业 73 家,以废旧金属的回收、加工、销售为主导产业,已形成再生不锈钢、再生铝、再生铜三大产业集群。目前,大周镇已初步形成了以不锈钢、铝、铜、镁回收加工为主业的再生金属产业,形成了"一手回收商—专业化回收处理商—批发商—加工商"的再生金属回收加工利用产业链和"回收—预处理—初级加工—深加工"的循环经济产业链。大周镇年回收废旧金属 200 万吨,再生各类金属 120 万吨,实现产值 150 亿元,成为我国中部地区重要的再生金属集散地。园区已投资建设了河南青山金汇不锈钢有限公司,年产 60 万吨再生不锈钢项目;河南金阳铝业有限公司,年产 10万吨薄铝板带项目;河南柯威尔合金材料有限公司,年产 10 万吨镁合金压延项目;长葛市贵星铝型材有限公司,年产 5 万吨铝板铝带加工项目;长葛市华兴铝业 5 万吨铝板带项目等。区内企业已有 260 家,其中投资超亿元企业 3 家,规模型企业 126 家,从业人员达到 33 000 人。

　　课外阅读文献:

Lehmann, J. , 2007. A handful of carbon. Nature. 447, 143–144.

# 第 7 章　清洁生产

**内容提要**　工业革命以来,科技的迅猛发展极大地推进了人类的文明进程,但人类在利用自然资源和自然环境创造物质财富的同时,却过度地消耗资源,导致严重的资源短缺和环境污染。随着可持续发展理念在全世界的普及与深入,以污染预防为主的一体化污染控制方式正在取代过去的"末端治理"与控制方式。当今世界各国都在调整消费结构,广泛应用环境无害技术和清洁生产方式,实施高效益、节约资源和能源、尽可能减少或消除废物排放的可持续发展战略。这是人类社会经济可持续发展的必由之路。

本章学习的主要内容分为以下几点:
(1)清洁生产的由来;
(2)清洁生产的内涵、特点和目标;
(3)实现清洁生产的途径;
(4)ISO 14000 系列环境标准。

## 7.1　清洁生产概论

### 7.1.1　清洁生产的由来

在人类历史发展的长河中,工业革命标志着人类的进步。然而,在烟囱林立、烟尘滚滚、钢花四溅,工业生产规模的不断扩大,给人类带来巨大财富的同时,也在快速地消耗着地球资源。向自然界大量排放危害人类健康和破坏生态环境的各类污染物,将导致资源锐减、污染扩大、酸雨蔓延、生物物种减少、森林锐减、土地荒漠化日趋扩大、生态环境日趋恶化。在 1953 到 1973 的 21 年中,发生世界公害事故 52 次,公害病患者达458946 人,死亡 139887 人。人们开始意识到大自然的承受能力是有限的,工业迅速发展的同时,污染物的排放急剧增加,人们对大自然的过度掠夺必然要付出沉重代价。西方工业国家开始关注环境问题,并进行大规模的环境治理。虽然"先污染、后治理"的"末端治理"模式取得了一定的环境效果,但并没有从根本上解决经济高速发展对资源和环境造成的巨大压力。而且"末端治理"环境战略的弊端日益显现:治理代价高,企业缺乏治理污染的主动性和积极性;治理难度大,并存在污染转移的风险。面对现实,为了保护环境、保护人类,人们开始寻求一种节约资源、少消耗能源、排污量小而经济效益佳的生产方式,使经济、社会、环境、资源协调发展的新途径—清洁生产应运而生。

由于污染控制系统所面临的无法解决的难题,人们在反思了 20 世纪 70 ~ 80 年代的环境保护历程之后,提出了污染预防即清洁生产战略。早在 1974 年,美国 3M 公司就提出与清洁生产相关的"污染预防"计划,1976 年 11、12 月间欧共体在巴黎举行的"无废工艺和无废生产的国际研究大会",提出的"为协调社会和自然的相互关系应主要着眼于消除造成污染的根源,而不仅仅是消除引起的后果"这样一种思想。1979 年 4 月欧共体理事会宣布推行清洁生产(cleaner production)的政策。同年 11 月在日内瓦举行的"在环境领域内进行国际合作的全欧高级会议"上,通过了《关于少废无废工艺和废物利用的宣言》,指出无废工艺是使社会和自然取得和谐关系的战略方向和主要手段。此后召开了不少地区性的、国家的和国际性的研讨会。1984 年、1985 年、1987 年欧共体环境事务委员会三次拨款支持建立清洁生产示范工程。

　　1989 年联合国环境规划署工业与环境计划活动中,(UNEPIE/PAC)根据 UNEP 理事会会议的决议,制订了《清洁生产计划》,在全球范围内推行清洁生产,明确提出了清洁生产的概念。这一计划主要包括五方面的内容。

　　①建立国际性清洁生产信息交换中心,收集世界范围内关于清洁生产的新闻和重大事件、案例研究、有关文件的摘要、专家名单等信息资料;

　　②组建工作组,专业工作组有制革、纺织、溶剂、金属表面加工、纸浆和造纸、石油、生物技术;业务工作组有数据网络、教育、政策以及战略等;

　　③从事出版,包括《清洁生产通讯》、培训教材、手册等;

　　④开展培训活动,面向政界、工业界、学术界人士,以提高清洁生产意识,教育公众,推进行动,帮助制定清洁生产计划;

　　⑤组织技术支持,特别是在发展中国家,协助联系有关专家,建立示范工程等。

　　1992 年 6 月联合国在巴西里约热内卢召开的环境与发展大会把清洁生产写入大会通过的主要文件,《21 世纪行动议程》。183 个国家的代表团和联合国及其下属机构等 70 个国际组织的代表出席了会议,102 位元首和政府首脑亲自与会。这是联合国自建立以来,出席国家最多的一次会议。

　　巴西会议进一步推动了清洁生产在世界范围内的实施,对清洁生产的认识也逐渐深化。一些对生产全过程控制的关注正逐渐向产品和服务生命周期的全过程控制扩展,使清洁生产的努力渗透到消费领域。国际组织也开始参与推行清洁生产,联合国工业发展组织和联合国环境署在首批 9 个国家(包括中国)资助建立了国家清洁生产中心。目前,已有 300 多个国家、地区或地方政府、公司以及工商业组织在《国际清洁生产宣言》上签名。世界银行(WB)等国际金融组织也积极资助在发展中国家展开清洁生产的培训工作和建立示范工程。国际标准化组织(ISO)制订了以污染预防和持续改善为核心内容的国际系列标准 ISO 14000。发源自美国的污染预防圆桌会议这种交流形式正在迅速向其他地区和国家扩散,地区性的研讨会使清洁生产的活动遍及了世界各大洲。

## 7.1.2　清洁生产的概念

　　"清洁生产"自 1976 年提出以来,在不同的地区和国家有许多不同的、但相近的提法,例如欧洲有关国家有时又称"少废无废工艺"、"无废生产",日本多称"无公害工艺",美国则定义为"废料最小化"、"污染预防"、"削废技术"。此外,个别学者还有"绿色工艺"、"生态工艺"、"环境完美工艺"、"与环境相容(友善)工艺"、"预测和预防战略"、"避免战略"、"环境工艺"、"过程与环境一体化工艺"、"再循环工艺"、"源削减"、"污染削减"、"再循环",等等。这些不同提法实际上描述了清洁生产概念的不同方面,我国以往比较通行"无废工艺"的提法。

清洁生产虽然已成为当前的热门话题,但至今还没有完全统一、完整的定义。1979年11月在日内瓦通过的《关于少废、无废工艺和废物利用宣言》中,对无废工艺作了如下的叙述:"无废工艺乃是各种知识、方法和手段的实际应用,以期在人类需求的范围内达到保证最合理地利用自然资源和能量以及保护环境的目的。"

1984年联合国欧洲经济委员会在塔什干召开的国际会议上又作了进一步的定义:"无废工艺乃是这样一种生产产品的方法(流程、企业、地区、生产综合体),借助这一方法,所有的原料和能量在原料资源-生产-消费-二次原料资源的循环中得到最合理综合的利用,同时对环境的任何作用都不致破坏它的正常功能。"这一定义明确了无废工艺的目标在于解决自然资源的合理利用和环境保护问题,把利用自然和保护自然统一起来,即在利用自然过程中保护自然,并指出了实现这一目标的主要途径是在可能的层次上组织资源的再循环利用,把传统工业的开环过程变成闭环过程,此外还强调了工业生产全过程和自然环境的相容性。

对于现阶段作为一种过渡形式的"少废工艺"的定义是:"少废工艺是这样一种生产方法(流程、企业、地区、生产综合体),这样生产的实际活动对环境所造成的影响不超过允许的环境卫生标准(最高容许浓度),同时由于技术的、经济的、组织的或其他方面的原因,部分原材料可能转化成长期存放或掩埋的废料。"

美国环境保护局对废物最少化技术所作的定义是:"在可行的范围内,减少产生的或随之处理、处置的有害废弃物量。它包括在产生源处进行的削减(源削减指:在进行再生利用、处理和处置以前,减少流入或释放到环境中的任何有害物质、污染物或污染成分的数量;减少与这些有害物质、污染物或组分相关的对公共健康与环境的危害)或组织循环两方面的工作。这些工作导致有害废弃物总量与体积的减少,或有害废弃物毒性的降低,或两者兼而有之;并与使现代和将来对人类健康与环境的威胁最小的目标相一致。"这一定义是针对有害废弃物而言的,未涉及资源、能源的合理利用和产品与环境的相容性问题,但提出以"源削减"和"再循环"作为废物最小化优先考虑的手段,对于一般废料来说,同样也是适用的。这一原则已体现在随后的"污染预防战略"之中。

欧洲的专家则更倾向于下列的提法:"清洁生产定义为对生产过程和产品实际综合防治战略,以减少对人类和环境的风险。对生产过程,包括节约原材料和能源,革除有毒材料,减少所有排放物的排放量和毒性;对产品来说,则要减少从原材料到最终处理的产品的整个生命周期对人类健康和环境的影响。"

上述定义概括了产品从生产到消费的全过程,为减少风险所应采取的具体措施,但比较侧重于企业层次上。1989 年 UNEP 在总结清洁生产各种概念的基础上指出:清洁生产是指将整体预防的环境战略持续应用于生产过程和产品中,以期减少对人类和环境的风险。对生产过程,清洁生产包括节约原材料,淘汰有毒原材料,在生产过程排放废物之前减降废物的数量和毒性。对于产品,清洁生产战略旨在减少从原材料的提炼到产品的最终处置的全生命周期的不利影响。清洁生产的基本要素如图 7.1 所示。

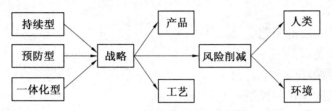

图 7.1　清洁生产的基本要素

清洁生产是一个相对的抽象的概念,没有统一的标准,因此,有关清洁生产的定义因时间的推移而不断发生变化,使其更为科学更为完整,并且更具有现实的可操作性。1996 年联合国环境署对 1989 年定义的基础上,对清洁生产的概念进行了重新定义,即清洁生产是指将整体预防的环境战略持续应用于生产过程、产品和服务中,以期增加生态效率并减少对人类和环境的风险。

对生产,清洁生产包括节约原材料,淘汰有毒原材料,减降所有废物的数量和毒性;对于产品,清洁生产战略旨在减少从原材料的提炼到产品的最终处置的全生命周期的不利影响;对服务,要求将环境因素纳入设计和所提供的服务中。

《清洁生产促进法》中关于清洁生产的定义:清洁生产是指不断采取改进设计、使用清洁的能源和原料、采用先进的工艺技术与设备、改善管理、综合利用等措施,从源头削减污染,提高资源利用效率,减少或者避免生产、服务和产品使用过程中污染物的产生和排放,以减轻或者消除其对人类健康和环境的危害。

### 7.1.3　清洁生产的内涵

清洁生产,是指不断采取改进设计、使用清洁的能源和原料、采用先进的工艺技术与设备、改善管理、综合利用等措施,从源头消减污染,提高资源利用效率,减少或者避免生产、服务和产品使用过程中污染物的产生和排放,以减轻或者消除其对人类健康和环境的危害。其基本内容包括清洁的能源、清洁的产品、清洁的生产过程、清洁的服务和清洁的消费等五个方面。

(1)清洁的能源

①常规能源的清洁利用,如采用洁净煤技术,减少燃煤过程的污染;逐步提高液体燃料、天然气的使用比例。

②可再生能源的利用,如水力资源的充分开发和利用。

③新能源的开发,如太阳能、生物质能、风能、潮汐能、地热能的开发和利用。

④各种节能技术和措施等,如在能耗大的化工行业采用热电联产技术,提高能源利

用率。

（2）清洁的生产过程

①尽量少用不用有毒有害的原料，这就需要在工艺设计中充分考虑。

②尽量使用无毒无害的中间产品。

③减少或消除生产过程的各种危险性因素，高温、高压、低温、低压、易燃、易爆、强噪声、强震动等。

④应用少废无废的工艺。

⑤高效的设备。

⑥物料的再循环（厂内、厂外）。

⑦简便可靠的操作和控制。

⑧完善生产管理，不断提高科学管理水平等。

（3）清洁的产品

①节约原料和能源，少用昂贵和稀缺原料，利用二次资源作原料。

②产品在使用过程中以及使用后不含有危害人体健康和生态环境的因素。

③易于回收、复用和再生。

④合理包装。

⑤合理的使用功能（以及具有节能、节水、降低噪声的功能）和合理的使用寿命。

⑥产品报废后易处理、易降解等。

（4）清洁的服务

服务过程与生产过程一样也会产生污染物，例如学校、医院、酒店等，因而在使用中必须考虑提高能源和资源的使用效率，减少污染物的产生。

（5）清洁的消费

清洁生产是一种观念的改变，它会影响到消费者的消费觉悟，从而促进对环境友好产品的消费，减少污染。

推行清洁生产在于实现两个全过程控制：在宏观层次上组织工业生产的全过程控制，包括资源和地域的评价、规划设计、组织、实施、运营管理、维护、改扩建、退役、处置及效益评价等环节；在微观层次上进行物料转化生产全过程的控制，包括原料的采集、储运、预处理、加工、成型、包装、产品的储运、销售、

消费以及废品处理等环节。

在清洁生产的概念中不但含有技术上的可行性，还包括经济上的可盈利性，体现经济效益、环境效益和社会效益的统一。

总之，清洁生产是对传统的粗放的工业生产模式的一种挑战，清洁生产是时代的要求，也是世界工业发展的一种大趋势。

### 7.1.4 清洁生产的目标

清洁生产是一种预防性方法，它要求在产品或工艺的整个寿命周期的所有阶段，都必须考虑预防污染，或将产品或工艺过程中对人体健康及环境的短期和长期风险降至

最小。清洁生产打破了传统的"管端"管理模式,而注意从源头寻找使污染最小化的途径。清洁生产的实施能够节约能源、降低原材料消耗、减少污染、降低产品成本和"废物"处理费用,提高劳动生产率,改善劳动条件,直接或间接地提高经济效益。因此,清洁生产是兼顾工业和环境的一个方兴未艾的话题。它既要求对环境的破坏最小化,又要求企业经济效益最大化。所以清洁生产可以概括为以下两个目标。

① 通过资源的综合利用、短缺资源的代用、二次资源的利用以及节能、省料、节水,合理利用自然资源,减缓自然资源的耗竭。

②减少废料和污染物的生产和排放,促进工业产品的生产、消费过程与环境相容,降低整个工业活动对人类和环境的风险。

这两个目标的实现,将体现工业生产的经济效益、社会效益和环境效益的相互统一,保证国民经济、社会和环境的协调发展。

### 7.1.5　清洁生产的特点

清洁生产不同于传统的生产模式,具有自身的一些特点。

**1. 战略性**

清洁生产是污染预防战略,是实现可持续发展的环境战略。作为战略,它有理论基础、技术内涵、实施工具、实施目标和行动计划。

**2. 系统性**

推行清洁生产需要建立一个为预防污染所必需的组织机构、职责、程序、过程和资源构成的有机体,制定明确的发展战略、科学的规划、完整的政策和法规、严格的生产管理规程,切实可行的环境资源保护对策。它是一项系统工程,包括产品的设计、能源与原材料的更新与替代,少废、无废清洁工艺的开发、采购和生产工作质量管理及全过程控制,不合格产品和排放物、废物的处理、处置及物料的循环利用。

**3. 突出预防性**

传统的末端治理与生产过程相脱节,即"先污染,后治理";清洁生产的目标就是减少废弃物的产生,并从源头削减污染,实行生产全过程控制,尽最大可能减少乃至消除污染物的产生,从而达到预防污染的目的;其实质是预防污染。

**4. 鲜明的目的性**

污染物一经产生就需要花费很高的代价去收集、处理和处置,这种末端处理所需的费用往往使许多企业难以承担。而清洁生产特别强调节能、降耗、减污,倡导在污染物产生之前予以削减,不仅可减轻末端处理的负担,同时污染物在其成为污染物之前就是有用的原材料,减少了污染物的产生就相当于增加了产品的产量和资源利用率。这样不仅从根本上改善了环境状况,而且生产成本降低,经济效益提高,竞争力增强,有利于实现经济效益与环境效益相统一。

**5. 工作持续性**

清洁生产是一个相对的、动态的概念,是个持续不断的过程,没有终极目标。所谓清洁的工艺和清洁的产品是和现有的工艺和产品相比较而言。清洁生产永无止境,推行清洁生产本身是一个不断完善的过程,随着社会经济发展、管理水平的不断创新和科学技术的进步,需要适时地提出更新的目标,争取达到更高的水平。

### 7.1.6 清洁生产与末端治理的关系

由清洁生产的定义可知,清洁生产是关于产品和产品生产过程的一种新的、持续的、创造性的思维,是指对产品和生产过程持续运用整体预防的环境保护战略。清洁生产是要引起研究者、开发者、生产者、消费者也就是全社会对于工业产品生产及使用全过程对环境影响的关注。使污染物产生量、流失量和治理量达到最小,资源充分利用是一种积极主动的态度。而末端治理是把环境责任只放在环境保护研究和管理等人员身上,把注意力集中在对生产过程中已经产生的污染物的处理上。对于企业,如果只要求环境保护部门来把关,那么清洁生产总处于被动的、消极的地位。侧重末端治理的主要问题是:

(1)污染控制与生产过程控制脱节资源和能源不能充分利用

必须充分重视资源和能源的充分利用,任何生产过程中排出的污染物实际上都是物料。例如,农药、染料生产的收获率较低,不仅对环境产生极大的威胁,同时也严重地浪费了资源。国外农药生产的收获率一般为70%,而我国只有50%~60%,也就是一吨产品比国外多排放100~200 kg的物料。因此,改进生产工艺,提高产品的收获率,可以大大削减污染物的产生,不但增加了经济效益,同时也减轻了末端治理的负担。又如,硫酸生产中,如果认真控制硫铁矿焙烧过程的工艺条件,使烧出率提高0.1%,对于10万吨/年的硫酸厂就意味着每年由烧渣中少排放100吨硫,多烧出100吨硫,又可多生产约300吨硫酸。因此,污染控制应该密切地与生产过程控制相结合,末端控制的环境保护管理总是处于被动的地位,资源不仅不能充分利用,浪费的资源还需要消耗其他资源和能源去处理,显然是很不合理的。

(2)污染物产生后的再处理需投资费用高基础设施项目大

"三废"处理与处置往往只有环境效益而无经济效益,因而给企业带来沉重的经济负担,使企业难以承受。目前各企业投入的环境保护资金除部分用于预处理的物料回收、资源综合利用等项目外,大量的投资用来进行污水处理场等项目的建设。由于没有进行生产全过程控制和能源控制,所以污染物产生量巨大,需要投入治理污染的资金也巨大。

(3)现有的污染治理技术在处理"三废"过程中存在一定的风险性

如废渣堆存可能引起地下水污染,废物焚烧会产生有害气体,废水处理产生含重金属污泥及活性污泥等,这些都会对环境带来二次污染。但是,末端治理与清洁生产两者并非互不相容,也就是说推行清洁生产还需要末端治理。这是由于工业生产无法完全避免污染的产生,最先进的生产工艺也不能避免产生污染物;用过的产品还必须进行最终处理、处置,因此清洁生产和末端治理永远长期并存。只有共同努力,实施生产全过程和治理污染过程的双控制,才能保证环境最终目标的实现。清洁生产与末端治理的比较见表7.1。

**表7.1　清洁生产与末端处理的比较**

| 比较项目 | 清洁生产系统 | 末端治理(不含综合利用) |
|---|---|---|
| 思考方法 | 污染物消除在生产过程中 | 污染物产生后再处理 |
| 产生时代 | 80年代末期 | 70~80年代 |
| 控制过程 | 生产全过程控制,产品生命周期全过程控制 | 污染物达标排放控制 |
| 控制效果 | 比较稳定 | 产污量影像处理效果 |
| 产污量 | 明显减少 | 间接可推动减少 |
| 排污量 | 减少 | 减少 |
| 资源利用率 | 增加 | 无显著变化 |
| 资源耗用 | 减少 | 增加(治理污染消耗) |
| 产品产量 | 增加 | 无显著变化 |
| 产品成本 | 降低 | 增加(治理污染费用) |
| 经济效益 | 增加 | 减少(用于治理污染) |
| 治理污染费用 | 减少 | 随排放标准严格,费用增加 |
| 污染转移 | 无 | 有可能 |
| 目标对象 | 全社会 | 企业及周围环境 |

## 7.1.7　推行清洁生产的必要性

发达国家在20世纪60年代和70年代初,由于经济快速发展,忽视对工业污染的防治,致使环境污染问题日益严重。对人体健康造成极大危害,生态环境受到严重破坏,社会反映非常强烈。环境问题逐渐引起各国政府的极大关注,并采取了相应的环境保护措施和对策。例如,增大环境保护投资、建设污染控制和处理设施,制定污染物排放标准,实行环境立法等,在控制和改善环境污染方面取得了一定的成绩。但是,通过十多年的实践发现,这种仅着眼于控制排污口即末端的治理,虽然使排放的污染物能达到基本的排放标准,在一定时期内或在局部地区起到一定的作用,但并未从根本上解决工业污染问题。其主要原因是:

第一,随着生产的发展和产品品种的不断增加,以及人们环境意识的提高,需对工业生产所排污染物种类的检测越来越多,规定控制污染物(特别是有毒有害污染物)的排放标准也越来越严格,从而对污染治理与控制的要求也越来越高。为达到排放的要求,企业要花费大量的资金,治理费用大大提高,既使如此,一些标准还难以达到。

第二,就目前治理污染的技术很难达到彻底消除污染的目的。因为一般末端治理污染的办法是,先通过必要的预处理再进行生化处理后排放。而有些污染物是不能生物降解的,只是稀释排放,不仅污染环境,甚至有的治理不当还会造成二次污染;有的治理只是将污染物转移,废气变废水,废水变废渣,废渣堆放填埋污染土壤和地下水,形成恶性循环,破坏生态环境。

第三,只着眼于末端处理的办法不仅需要投资,而且使一些可以回收的资源(包含未反应的原料)得不到有效回收利用而流失,致使企业原材料消耗增高,产品成本增加,经济效益下降,从而影响企业治理污染的积极性和主动性。

第四,实践证明,预防优于治理。从日本 1991 年得环境报告中可以看出,从经济上计算,在污染前采取防治对策比在污染后采取治理措施更为节省。例如,就整个日本硫氧化物造成的大气污染而言,排放后不采取对策所产生的受害金额是现在预防所需费用的 10 倍。以水俣病而言,其推算结果则为 100 倍,可见两者之差极其悬殊。据美国 EPA 统计,美国用于空气、水和土壤等环境介质污染控制总费用(包括投资和运行费),1972 年为 260 亿美元(占 GNP 的 1%),1987 年猛增至 850 亿美元,80 年代末达到 1200 亿美元(占 GNP 的 2.8%)。如杜邦公司每磅废物的处理费用以每年 20% ~30% 的速率增加,焚烧一桶危险废物可能要花费 300 ~1500 美元。即使如此之高的经济代价仍未能达到预期的污染控制目标,末端处理在经济上已不堪重负。

因此,发达国家通过治理污染的实践逐步认识到,防治工业污染不能只依靠治理排污口(末端)的污染,要从根本上解决工业污染问题,必须"预防为主",将污染物消除在生产过程之中,实行工业生产全过程控制。29 世纪 70 年代末期以来,很多发达国家的政府和大企业集团(公司)都纷纷研究开发和采用清洁工艺(少废无废技术),开辟污染预防的新途径,把推行清洁生产作为经济和环境协调发展的重要战略措施。

### 7.1.8 实施清洁生产的意义

清洁生产是一项系统工程,是对生产全过程及产品的整个生命周期采取污染预防的综合措施。一项清洁生产技术要能够实施首先必须技术上可行;其次要达到节能、降耗、减污的目的,满足环境保护、清洁生产法规的要求;第三是在经济上能够获利,充分体现经济效益、环境效益、社会效益的高度统一。因此,要求人们综合地考虑和分析问题,以发展经济和保护生态环境一体化的原则为出发点,既要了解有关环境保护法律法规的要求,又要熟悉行业本身的特点以及生产、消费等情况。作为负责任的行业或企业都应该从行业自身的特点出发,在产品设计、原料选择、工艺流程、工艺参数、生产设备、操作规程等方面分析生产过程中减少污染产生的可能性,寻找清洁生产的有效途径和潜力,促进清洁生产实施。

推行清洁生产保护环境的最终目的是要不断满足人们日益增长的物质、文化生活的需要,使人们享有丰富的精神和物质财富。工业企业要切实搞好清洁生产必须以提高企业管理水平和实施技术进步、技术改造为支撑点。因为良好的企业管理可以减少原材料的浪费,降低废弃物的产生,从而降低成本,提高产品质量;而不断技术改造、技术更新,更可使企业取优汰劣,获得更佳的经济效益和环境效益。

清洁生产的意义在于它避开了末端治理,改变了传统的被动滞后的先污染、后治理的污染控制模式,强调在生产过程中提高资源、能源转换率,减少污染物的产生,降低对环境的不利影响。也是一场新的工业革命。它最大限度地保护了人类赖以生存的美好家园,同时使国民经济健康稳定地协调发展,走上可持续发展的道路。

### 案例 7.1　多氟多化工股份有限公司践行清洁生产

多氟多化工股份有限公司是一家主要从事高性能无机氟化物、锂离子电池和纳米金属材料等产品研发、生产和销售的高新技术企业。产品广泛应用于金属冶炼、化工医药、电子、军工和农业等行业。该公司通过科技创新,走出一条充分利用氟资源综合利用的新路,在发展循环经济,推行清洁生产,实现自己节能减排的同时又惠及产品的上下游企业。注重技术改造,优化能源结构。先后实施了全厂能量系统优化、余热利用节能技术、含氟尾气及氨回收等一系列节能减排改造项目,实现了真正意义上的节能减排。由生产部牵头,对公司范围内大功率电机安装了 130 余台变频器,不仅单机节电35% 以上,而且延长了设备的使用寿命;应用微机管理技术,在生产线关键工艺点加装在线自动测控装置,完善氢氧化铝、氨水、氟硅酸钠及其他辅料的自动称量及配送系统,按工艺所需实现精准控制,节约了能源及其他原辅材料的消耗。

在生产过程中推广循环经济理念,即在企业内部推广清洁生产工艺,搞好各种与氟相关的化学元素的综合利用,使企业生产过程中所涉及的各种元素物尽其用,减少排放量。如在氟化钙制氢氟酸过程中认真研究硫的循环利用及钙的综合利用问题,开发废渣—含氟石膏制硫酸联产水泥项目。在氟硅酸钠制冰晶石过程中研究氨的循环利用及硅的综合利用问题,开发纳米白炭黑项目等。既节约资源,又保护环境,使社会效益和经济效益最大化。

经过清洁生产,公司主要原材料及单位能耗节约明显,具体表现在:浓硫酸节约7 110 吨;萤石节约 15 150 吨;黏土节约 600 吨;工业盐节约 600 吨;氟硅酸钠节约 7 000吨;氨水节约 7 200 吨;氢氧化铝节约 1 300 吨;氢氧化钠节约 800 吨;水节约217 700 $m^3$;电节约 4 344 100 度;煤节约 40 400 吨;天然气节约 6 000 $m^3$;柴油节约1 200 吨。

废物指标排放量明显降低,具体表现在:氟化物减少排放 0.105 吨;COD 减少排放0.663 吨;NH3-N 减少排放 20.8 吨;SS 减少排放 1.78 吨;烟(粉)尘减少排放44.94吨;$SO_2$ 减少排放 114.52 吨;氟化物减少排放 4.94 吨;氨减少排放 4.086 吨。废水量减少排放 24 000 $m^3$,最终实现工艺用水闭路循环利用不外排,生活用水持续稳定达标排放。全厂产生的粘土渣、石膏渣、炉渣等废渣,全部实现综合利用,外售到水泥、建材制造单位作为原材料使用,不外排。

## 7.2　实现清洁生产的途径

要实现清洁生产必须首先转变观念,从揭示传统生产技术的主要问题入手,从生产环境一体化的原则出发,具体问题具体分析,逐个解决产品设计、生产、储运、使用和消费全过程存在的问题。

### 7.2.1　实行清洁生产审计

清洁生产审计是企业实施清洁生产最直接、最有效的途径。清洁生产审计是对企业现在的和计划进行的工业生产实行预防污染的分析程序。它通过分析污染来源、废弃物产生原因及其解决方案的思维方式来寻找尽可能高效率的利用资源,同时减少或消除废物的产生和排放的方法。它是从污染预防的角度对现有的或计划进行的工业生产活动中物料的走向和转换所实行的一种分析程序。

清洁生产审计没有特定的审计准则,只是发现推行清洁生产的机会,从原辅材料和能源、技术工艺、设备、过程控制、管理、员工、产品、废弃物等八个方面入手解决问题。企业要实施清洁生产还必须注意以下一些问题:要开展清洁生产审计,领导首先要提高认识,支持参与领导好该项工作。在强有力的领导下,在职工的积极参与下,找出问题建立清洁生产的规章制度,使防治污染的措施得到落实和执行。

企业要实施清洁生产,首先必须对生产现状、污染源和环境状况进行分析、评估。通过历史资料和现状调查找出污染所在,制定削减污染和防治污染的措施。调查越充分,开展清洁生产的机会越多,真正解决问题取得成功的可能性就越大。这对粗放经营的企业来说,也是一次加强科学管理、提高管理人员素质极好的学习机会。在此基础上建立各个工序和整个流程的物料平衡和能量平衡,计算出单位产品的物耗、能耗、水耗以及废料排放、污染物排放的数据。以此与国内外同类产品和同类工艺进行比较,摸清该企业所处的水平,为科学制定清洁生产目标奠定基础。对产生的方案应分门别类加以整理并进行初步的筛选,剔除明显不现实的方案,对其余方案即可开展可行性分析。可行性分析包括技术评估、经济评估和环境评估三部分内容,通过方案的比较,选择花费少、效益高的项目。

特别需要指出的是清洁生产审计过程中产生的一些无费、低费方案,必须遵循边审计边实施的原则。这些无低费方案产生的效益对于企业的领导乃至员工来说都是一个鼓励。同时,一轮清洁生产审计工作的完成并不意味着这项工作的结束,而是应适时地提出新的目标,展开新一轮的努力,形成螺旋上升的过程。

### 7.2.2　实施环境管理体系 ISO 14000 认证

环境管理体系 ISO 14000 认证是推行清洁生产的又一有力工具。环境管理体系是组织全部管理体系的组成部分之一,包括制定、实施、实现、评审和保持环境方针所需的组织机构、规划活动、机构责任、程序、过程、惯例和资源。环境管理体系 ISO 14000 的框架类似于质量管理体系 ISO 9000,都是企业自愿采取的一种管理模式。环境管理体系 ISO 14000 中明确要求,待认证的组织实施清洁生产,这无疑从制度上以文件化的形式规定了组织必须实施清洁生产。二者有很好的结合点,即环境管理体系的环境管理目标、指标可以和清洁生产的近期、远期目标相结合;环境管理方案可以和清洁生产的无低费、中高费方案相结合。这样就以文件化的形式把清洁生

产与环境管理体系很好地结合起来了。环境管理体系从制度上、清洁生产审计从

技术上给企业良好的环境管理创造了条件,从而为企业带来经济效益。

### 7.2.3　加强对产品生命周期的评估(Life cycle assessment,LCA)

产品生命周期是指一个产品系统从原料采集和处理、加工制作、运销、使用复用、再循环,直至最终处置和废弃等环节组成的生命链,也体现产品从自然中来又回到自然中去的物质转化全过程。生命周期有时也被形象地称作"从摇篮到坟墓"的过程。

从 LCA 强调全面认识物质转化过程中的环境影响,这些环境影响不但包括各种废料的排放,还涉及物料和能源的消耗以及对环境造成的破坏作用。将污染控制与减少消耗联系在一起,这样既可以防止环境问题从生命周期的某个阶段转移到另一个阶段或污染物从一个介质转移到另一个介质,也有利于通过全过程控制实现污染预防。LCA 的目标不仅仅是实现"达标排放",而是改善产品的环境性能,使其与环境相容。因此,可以说 LCA 的思想原则导致了新的环境保护战略,即清洁生产的推行。

LCA 可促进企业认识与企业活动相联系的所有环境因素,正确全面理解自己的环境责任,积极建立环境管理体系,制定合理可行的环境方针和环境目标。其次 LCA 可协助企业发现与产品有关的各种环境问题的根源,发现管理中的薄弱环节,提高物料和能源的利用率,减少排污,降低产品潜在的环境风险,实现全过程控制。

### 7.2.4　推行产品生态设计

产品生态设计又称绿色设计、生命周期设计,是指产品在原材料获取、生产、运销、使用和处置等整个生命周期中密切考虑到生态、人类健康和安全的产品设计原则和方法。产品生态设计的基本思想在于从产品的孕育阶段开始即遵循污染预防的原则,把改善产品的环境影响的努力凝固在产品设计之中。经过生态设计的产品对生态环境没有过度的影响,在延续使用中是安全的,对能源和自然资源的利用是有效的,并且是可以再循环、再生或易于安全处置的,从源头上体现了清洁生产思想,将环境因素和预防污染的环境保护措施纳入到产品设计准则之中,保证清洁生产的实现。

### 7.2.5　推行环境标志制度

环境标志是一种标在产品或其包装上的标签,是产品的证明性商标,它表明该产品不仅质量合格,而且在生产、使用和处理过程中符合特定的环境保护要求。与同类产品相比,具有低毒少害节约资源等优势,这与清洁生产的思想是一致的。实践证明,环境标志作为一种指导性的、自愿的、控制市场的手段可以成为保护环境的有效工具。有关环境标志的内容已被列入 ISO 14000 环境管理体系系列标准之中,作为环境管理体系的技术支撑之一。

近年来许多国家实施了环境标志制度,其宗旨就是通过提供比较权威的认证将消费者的购买力引向购买环境性能较优的产品上来,使消费者日常的购货行动转化为环境保护的推动力,使市场转向"绿化",从而引导企业自觉地实施清洁生产,申请标志认证。

### 7.2.6  产业政策和金融政策的支持

产业政策和金融政策也是促进企业实施清洁生产的有效途径之一。政府以及行业主管部门金融部门可以制定一系列相应的优惠政策促进企业实施清洁生产。比如,通过清洁生产审计的企业原则上对建设项目缩短审批时间、减少审批程序;没有通过清洁生产审计的企业,原则上不予环境贷款等,已经实施和即将实施的政策都有力的促进了企业实施清洁生产。

总之,清洁生产正成为 21 世纪社会持续发展的迫切需要,也必将成为现代企业适应社会需求,实现自身发展的最佳生产方式。清洁生产作为污染预防的有效方式,改变了传统的环境保护观念,使我们的环境保护意识从末端治理转移到全过程控制,转移到污染预防上来,是新时期环境保护工作的一大亮点。只要正确地运用以上几种方法,一定能出色地完成企业的清洁生产任务,实现企业最大的经济效益和环境效益。

# 7.3  ISO 14000 与清洁生产

### 7.3.1  ISO 14000 标准

ISO 是国际标准化组织(International Organization for Standardization)的缩写,它成立于 1946 年,总部设在瑞士日内瓦,由 100 多个国家的标准化组织构成,是世界上最大的非政府国际组织。其任务是推动标准化,使之成为促进国际贸易的一种手段。ISO标准是文件化的、协调一致的技术规定,各国的企业、公司可用它作为指南,确保原材料和产品符合一定的规定和要求。标准化是保障工业社会顺利运作的必不可少的基本条件。

1951 年名为"工业长度测量的标准温度"的 ISO 标准首次问世。此后,ISO 制订和发布了一系列具体的标准,其工作集中在与技术性和安全性有关的相对狭小的范围内。1987 年 ISO 推出了 9000 质量体系列标准,表明其关注范围开始扩展,从制订单个产品的质量标准进入质量管理领域。ISO 9000 标准为设计和记录一个企业的质量管理程序和具体做法提供了指南,在世界范围内得到了各国采购商和供应商的广泛认同,现在符合 ISO 9000 标准已经成为贸易活动中建立相互信任的基石。

**1. ISO 14000 的结构框架**

(1) ISO 14000 产生背景

人类社会在"先发展,后治理"的传统观念支配下,形成了既大量消耗资源,又严重污染环境的生产模式。到 20 世纪末,人们终于发现,人类的生存正面临八大挑战:森林面积大幅度减少;自然灾害频繁发生;土地严重沙化;淡水资源奇缺;防止紫外线辐射的臭氧层遭到破坏;酸雨频发;"温室效应"使气象失衡;化学废物大量排放。为了人类的生存、发展,严峻的客观形势迫使人们必须改变传统的生产、消费模式,采取保护环境的措施,科学合理地使用资源,实现人类与自然协调一致的发展。在这种背景下,国际标准化组织在 1992 年秋成立了 TC207 技术委员会,起草了 ISO 14000 系列标准。TC207 下设 6 个分委员会 SC1～SC6 和 1 个工作组,每个分委员会下又设立若干工作组,具体起草一个标准。ISO 秘书处为 TC207 安排了 100 个标准代号,即 ISO 14001～14100。ISO 14000 系列标准是在欧盟 EMAS 和英国 BS7750 等环境管理标准的基础上,吸收了各国的环境管理经验和意见后,提出来的一个基本符合全体参与国要求的、通用性较强的标准。ISO 14000 系列标准即是该组织制订的环境管理体系方法,制订这一系列标准的初衷是为各类型的组织(工业、商业、政府部门、非赢利组织和其他用户)提供一套有效的建立、改善和维护环境管理体系的方法和框架,不断改善组织的环境行为,并消除一部分绿色贸易壁垒,促进国际贸易的发展。

(2)ISO 14000 系列标准的总体框架

①SC1 环境管理体系 EMS(14001～14009)

ISO 14001《环境管理体系 规范及使用指南》1996 年颁布

ISO 14002《环境管理体系 影响中小企业的特殊因素导则》

ISO 14004《环境管理体系 原则、体系和支持技术通用指南》1996 年颁布

②SC2 环境审核 EA(14010～14019)

ISO 14010《环境审核指南 通用原则》l996 年颁布

ISO 14011《环境审核指南 审核程序:环境管理体系审核》1996 年颁布

ISO 14012《环境审核指南 环境审核员资格要求》1996 年颁布

ISO 14013《环境审核导则 环境管理体系审核项目的管理》

ISO 14014《初始环境审核导则》

ISO 14015《环境现场评价导则》

③SC3 环境标志 EL(14020～14029)

ISO 14020《环境标志和声明 通用原则》1998 年颁布

ISO 14021《环境标志与声明 自我环境声明(且型环境标志)》1999 年颁布

ISO 14022《环境标志与声明 自我声明环境要求:符号》

ISO 14023《环境标志与声明 自我声明环境要求:测试与检验方法》

ISO 14024《环境标志与声明 自我声明环境要求:I 型环境标志 导则与程序》1999 年颁布

ISO 14025《环境标志与声明 Ⅲ型环境标志导则与程序》2000 年颁布

④SC4 环境行为评价 EPEEL(14030～14039)

ISO 14031《环境行为评价导则》1999 年颁布

ISO 14032《特殊工业环境行为指示器》1999 年颁布

⑤环境周期评估 LCA(14040～14049)

ISO 14040《生命周期评估 原则和框架》1997 年颁布

ISO 14041《生命周期评估 目标和范围界定及清单分析》1998 年颁布

ISO 14042《生命周期评估 影响评估》2000 年颁布

ISO 14043《生命周期评估 结果和讨论》2000 年颁布

ISO 14049《环境管理 生命周期评价 ISO 14041 标准中目标范围确定及清单分析应用案例》2000 年颁布

⑥SC 6 术语和定义 T 和 D(14050~14059)

ISO 14050《环境管理和词汇》1998 年颁布

⑦工作组(WG)1 产品标准中的环境因素 14060

ISO 14060《产品标准中的环境因素导则》

ISO/RT 14061《林业组织在实施 ISO 14041 环境管理体系中信息帮助》

ISO 导则 64《产品标准中的环境因素导则》1997 年颁布

ISO/IEC 导则 66《从事环境管理体系评价和认证/注册的一般要求》1999 年颁布。

(3)ISO 14000 的分类

ISO 14000 按标准的属性分为:

基础标准子系统:术语和定义;

基本标准子系统:环境管理体系;

支持技术系统:环境审核、监测、标志、表现评价、周期评价。

按标准的功能形成分为:评价组织:环境管理体系、表现评价、审核监测。

评价产品:生命周期评价、环境、产品标准中的环境因素。

ISO 14000 系列标准并不规定具体的操作方法或企业必须遵守的、数值化的或其他形式的性能标准,其宗旨是为企业提供一个有效的环境管理体系的基础,从而帮助企业达到其环境目标和经济目标。在 ISO 14000 系列标准中,处于主导地位的是环境管理体系标准(ISO 14001—14009),其中尤以 ISO 14001 最为重要,在我国被通俗形象地称为"龙头标准"。这是因为 ISO 14001 是企业建立环境管理体系以及审核认证的准则,是一系列标准的基础,为各类组织提供了一个标准化的环境管理体系模式。ISO 14000的第 1 批 5 个标准已于 1996 年 10 月前后正式颁布,到目前为止已正式公布了 20 个标准,这些标准是这套系列环境管理标准中最基础、最重要的标准。据不完全统计,从1996 年发布至 2001 年,全球获得环境管理体系认证的组织已达 3 万余家,我国国家质量技术监督局已决定等同转化这些标准,代号为 GB/T 24000—ISO 14000。目前我国已等同转化其中的 12 项为国家标准,并已发布。截至到 2003 年 2 月 17 日,我国已有2000 多种产品获得 ISO 14000 认证,年产值超过 500 亿元大关。此外,全国有 4 个经济开发区、4 个高新技术开发区、2 个风景名胜区获得了 ISO 14000(国际环境管理体系)国家示范区称号,2000 多家企业通过了 ISO 14000 认证。

**2. 环境方针、环境目标和环境指标**

环境方针是企业对其全部环境表现的意图与原则的声明,它为企业的行为及环境目标和指标的建立提供了一个框架。它是企业经营总方针的一个组成部分,由企业的最高管理者制定并正式颁布。既是企业开展环境管理的方向、意图和原则的公开声明,又是企业内部实施的指导思想和行为准则。对外是树立企业形象,对内是提升全体员工的环境意识,指导环境管理工作的纲领。

环境目标是企业依据其环境方针规定自己所要实现的总体环境目的,如可行应予以量化。在制定环境目标时,除充分落实环境方针外还要考虑环境评审结果、已确定的环境因素,法律法规等相关技术、经济、运行等方面的情况,使目标切实可行,并应定期评审、修订。

环境指标是直接来自环境目标,或为实现环境目标所需规定并满足的具体的环境表现要求。它们适用于企业或其局部,并且应予以量化。然后企业不仅应依据环境目标确定环境指标,对整个环境表现作出具体规定和时限要求,以确保规定时间内环境目标的实现,而且要将指标分解到相关层次的岗位人员。该指标要尽可能量化。

### 3. ISO 14000 环境管理体系的内容和特点

ISO 14000 环境管理体系是集近年来世界环境管理领域的最新经验与实践于一体的先进体系,它主要通过建立和实施一套环境管理体系,达到持续改进、预防污染的目的。其核心内容包括持续改进、污染预防、环境政策、环境项目或行动计划,环境管理与生产操作相结合,监督、度量和保持记录的步骤;纠正和预防行动 EMS 审计、管理层的评审;厂内信息传播及培训厂外交流等。所以,ISO 14000 环境管理体系是企业为提高自身环境形象,减少环境污染选择的管理性措施。企业一旦建立起符合 ISO 14000 环境管理体系,并经过权威部门认证,不仅可以向外界表明自己的承诺和良好的环境形象,而且从企业内部开始实现一种全过程科学管理的系统行为。

ISO 14000 实施环境标志制度,通过环境标志对企业的环境行为加以确认,向市场和消费者推荐有利于保护环境的产品,提高消费者的环境意识,形成强大的市场压力,达到影响企业的环境决策、改善环境行为的目的。ISO 14000 的标志共有 3 种类型:Ⅰ型为生态标志(环境标志),Ⅱ型为企业声明标志,Ⅲ型为产品质量标志。ISO 14000 的基本特点有:

①权威性。ISO 14000 是国际标准化组织制订的国际通用标准,其权威性来自世界各国的普遍认同,还体现在对其内容不能随意增减,也不能作任意的解释。

②普适性。该国际标准规定了各国通用的有关环境管理体系的各项要求,适用于各种性质、类型和规模的组织,也适用于不同的地理、文化和社会条件,还适用于组织的各种活动包括产品的生产和提供的服务。

③自愿性。ISO 14000 是非政府国际组织推行的,并不具有法律上的强制性,只是一种非官方的规范。采用该国际标准是组织自愿的选择,而不是被强制的行动。

④可操作性。ISO 14000 提供的不是些抽象、笼统或松散的原则,而是规范了为建立一个结构化、程序化和文件化的环境管理体系所应具备的各项制度、程序、体系的运行和评审方法。这些具体、实在、相互关联的一系列要求是组织建立环境管理体系的依据,也是对组织的环境管理体系进行认证的审核标准。

⑤持续性。ISO 14000 国际标准规范的环境管理体系强调持续改进,同时改进体系本身和组织的环境行为。不是"挂在嘴上,写在本上,贴在墙上"的一具摆设品和宣传品,而是一架充满活力、时刻不断运行的机器,它会根据形势的发展,本身积累的经验,经常地发现存在的问题和薄弱环节,不断地采取措施加以改进、充实和完善。从运行模式图中可以看出,该体系的运行是一个永不闭合、逐渐上升的循环。

### 4. ISO 14001 环境管理体系

ISO 14000 体系由 5 个要素组成,即环境方针、策划、实施和运行、检查和纠正错误、管理评审。ISO 14000 系列标准有 5 个标准是关于环境管理体系及环境管理体系审核的,也就构成了今天意义上的 ISO 14000。这 5 个标准是:ISO 14001 环境管理体系规范及使用指南规范;ISO 14004 环境管理体系原理、体系和支撑技术通用指南;ISO 14010 环境审核指南通用原则;ISO 14011 环境管理审核程序;ISO 14012 环境管理审核指南、环境管理审核员的资格要求。

体系认证之标准为 ISO 14001,是整个 ISO 14000 环境管理系列标准中的核心。其他标准则是其技术支撑文件,以保证环境体系审核,认证活动规范化并与国际接轨。ISO 14001 标准提出了对环境管理体系的要求和规范,适用于任何类型与规模的组织。ISO 14001 标准是组织建立其环境管理体系的依据,也是第三方审核机构对组织进行环境管理体系审核认证时所依据的唯一标准。按照 ISO 14001 的定义,环境管理体系 (Environmental Management System, EMS)是"整个管理体系的一个组成部分,包括为制定、实施和评审保持环境方针所需的组织机构、规划活动和管理过程"。环境管理体系的目的在于帮助企业在环境形势恶化之前制订有效的对策,确保企业顺利实现所谋求的环境目标和指标。具体的目的可归纳为:

①识别有关的环境法规的要求;

②识别企业活动所涉及的环境因素;

③为环境管理制定一个适宜的环境方针;

④确定目标和实现目标的优先措施;

⑤经常性地监测企业的环境行为;

⑥评价该体系的运作效率,促进体系的改进和调整,以适应不断变化的情况和新的要求。

该标准适用于有下列愿望的任何组织:

①实施、保持并改进环境管理体系;

②确保组织自身符合所声明的环境方针;

③向外界展示这种符合性;

④谋求外部组织对其环境管理体系的认证、注册;

⑤对符合该标准的情况做出自我鉴定和自我声明。

ISO 14001 标准一共包括 17 个要素,整个体系的运行按照查尔斯·德明模式展开,使环境管理体系处于不停顿的运动状态之中。

### 7.3.2 ISO 14000 与清洁生产

清洁生产是指以节约能源、降低原材料消耗、减少污染物的排放量为目标,以科学管理、技术进步为手段,目的是提高污染防治效果,降低污染防治费用,消除或减少工业生产对人类健康和环境的影响。因此,清洁生产可以理解为工业发展的一种目标模式,即利用清洁能源、原材料,采用清洁生产的工艺技术,生产出清洁的产品。同时,实现清洁生产,不是单纯从技术、经济方面改进生产活动,而是从生态经济的角度,根据合理利用资源,保护生态环境的原则,考察工业产品从研究、设计、生产到消费的全过程,以期协调社会和自然的相互关系。

ISO 14000 系列标准是集近年来世界环境管理领域的最新经验与实践于一体的先进体系。包括环境管理体系(EMS)、环境审计(EA)、生命周期评估(LCM)和环境标志(EL)等方面的系列国际标准,与其他环境质量标准、排放标准完全不同,它是自愿性的管理标准,为各类的组织提供了一整套标准化的环境管理方法。ISO 14000 环境管理体系旨在指导并规范企业建立先进的体系,引导企业建立自我约束机制和科学管理的行为标准。它适用任何规模与组织,也可以与其他管理要求相结合,帮助企业实现环境目标与经济目标。清洁生产与 ISO 14000 环境管理体系之间有很大的差别。

(1)侧重点不同

清洁生产是一种新的、创造性的、高层次的,包含性极大的、哲理性很强的环境战略思想,它着眼于生产本身,以改进生产、减少污染产生为直接目标。而 ISO 14000 环境管理体系是一种操作层次的、具体性的、界面很明确的管理手段,侧重于管理,强调标准化的、集国内外环境管理经验于一体的先进的环境管理模式。

(2)实施目标不同

清洁生产是直接采用技术改造,同时加强管理;执行以节能、降耗、减污、提质、增效为目标的持续清洁生产流程。而 ISO 14000 标准是以国家法律法规为依据,采用优良的管理,促进技术改造,通过一个运作良好的体系,对环境因素实行不断控制和将这种控制有序化,达到目标可获得 ISO 14000 标准认证。在获得认证以后可以向第三方展示所取得的认证证明。

(3)审核方法不同

清洁生产审计的比较广泛,从无毒原料替代、优化仪器设备,到清洁产品。以工艺流程分析、物料和能量平衡等方法为主,提高全员素质等方面进行全程核查,确定最大污染源和最佳改进方法,提出经济可行的备用方案付诸实施,以实现持续性预防污染。ISO 14000 环境管理体系侧重于检查企业自我管理状况,审核对象有企业文件、现场状况及记录等具体内容。它更多地是管理方面的内容,其核心是建立符合国际规范的标准化环境管理体系,其着眼点在管理运行机制的建立。实施了清洁生产审计的企业,不能认为通过了 ISO 14000 的认证。同样通过了 ISO 14000 认证的企业也不能认为实施了清洁生产审计。二者可以分开进行,也可以相互依托地并轨实施,但不能相互替代。

(4)产生的作用不同

清洁生产和 ISO 14000 环境管理体系是一组相互关联和相互补充的概念,它们有一致的指导思想和目标。清洁生产向技术人员和管理人员提供了一种新的环境保护思想,使企业环境保护工作重点转移到生产中来。ISO 14000 标准为管理层提供一种先进的管理模式,将环境管理纳入其管理之中,让所有的职工意识到环境问题并明确自己的职责。在 ISO 14000 标准中明确提出:"本标准的总目的是支持环境保护和污染预防,协调它们与社会需求和经济需求的关系。"ISO 14000 强调法律、法规的符合性,强调持续改进,污染预防和生命周期等基本内容。组织通过制定环境方针和目标指标、评价重要环境因素与持续改进达到节能、降耗、减污的目的。而清洁生产也是强调资源、能源的合理利用,鼓励企业在生产、产品和服务中最大限度的做到:节约能源,利用可再生能源和清洁能源,实现各种节能技术和措施;节约原材料;使用无毒、低毒和无害原材料;循环利用物料等。在清洁生产方法上,以加强管理和依靠科技进步为手段,实现源头削减、改进生产工艺和现场回收利用;开发原材料替代品;改进生产工艺和流程,提高自动化水平,更新生产设备和设计新产品;开发新产品,提高产品寿命和可回收利用率;合理安排生产进度,防止物料和能量消耗;总结生产经验,加强职工培训等。这些基本做法和措施,正是 ISO 14000 标准中控制重要环境因素,不断取得新的环境绩效的基本做法和要求,是实现污染预防和持续改进的重要手段。特别是在我国推行清洁生产的过程中,把 ISO 14000 标准和清洁生产有机结合起来,对改变我国环境管理模式和实施可持续发展战略具有重要意义。

总之,清洁生产和 ISO 14000 环境管理体系是从经济与环境可持续发展的角度提出的新思想、新措施,是 20 世纪 90 年代环境保护发展的新特点。ISO 14000 环境管理体系是实现清洁生产的手段之一,清洁生产是整个经济社会追求的目标。实施清洁生产不能脱离完整的 ISO 14000 环境管理体系的支持与保证,同时,ISO 14000 环境管理体系支持着清洁生产持续实施,且不断地丰富着清洁生产的内容。

# 第8章 环境管理

**内容提要** 环境管理既是环境科学的一个重要分支,也是一个工作领域,是环境保护工作的重要组成部分。环境是发展的物质基础,又是发展的制约条件。环境管理着力于对损害环境质量的人群的活动施加影响,协调发展与环境的关系和以环境制约生产,其核心问题是遵循生态规律和经济规律,正确处理发展与环境的关系,使人与自然相和谐。

本章学习的主要内容分为以下几点:

(1)环境管理的含义;

(2)环境管理的内容和特点;

(3)环境管理的基本职能和基本手段。

## 8.1 环境管理概述

### 8.1.1 环境管理的产生和发展

**1. 环境管理的产生和发展**

环境管理是人类在长期的发展实践中产生的。从工业革命到20世纪中叶,环境问题只是被看作是工农业生产中产生的污染问题,解决的办法主要采取工程技术措施减少污染。进入20世纪50年代后,污染逐渐由局部扩展到更大范围,人类发展与环境的矛盾越来越尖锐。人们对环境污染的危害有了进一步的认识,从而迫使一些工业发达国家对工农业生产产生的有害废物进行单项治理。

20世纪60年代中期,一些国家开始采用综合治理措施,当时把治理污染问题看作是一种单纯的技术问题。在以污染治理为中心的管理思想支配下,走着"先污染,后治理"的发展道路。然而,随着工业规模的进一步扩大,这种模式已不能解决愈来愈严重的环境污染问题。为此世界各国不得不寻找更有效、更彻底的解决方法。20世纪60年代末,许多国家先后成立了全国性的环境保护机构,颁布了环境保护法规,制定了防治污染的规划、条例,实行防治结合的环境保护方针。针对环境污染,除采用工程技术措施治理以外,还利用法律、行政、经济等手段进行控制。这时已形成了环境管理的雏形,但还没有明确提出环境管理的概念。

20世纪70年代以后,人们认识到环境问题决不仅仅是环境污染和生态破坏的问题。为此,联合国在1972年召开了人类环境会议,这次会议成为人类环境管理工作的历史转折点,对人类认识环境问题来说是一个里程碑,是人类对环境问题正式宣战。首先,这种认识的改变表现在扩大了环境问题的范围,以全球为整体关注生态破坏问题,从而扩大了环境管理的领域和研究内容;其次,强调人类发展与环境的关系应该协调与平衡。1974 年在墨西哥由联合国环境规划署和联合国贸易与发展委员会联合召开了资源利用、环境与发展战略方针的专题研讨会。会上初步阐明了发展与环境的关系,指出环境问题不仅仅是技术问题,还是经济问题社会问题。大会一致认为,人类的一切需要应当得到满足,生产力需要发展,但人类社会的发展不能超出环境的承载力,不能超出生物圈的容许极限。为了协调两者之间的关系,就要研究人类活动与环境相互影响的机制,就应对整个人类环境系统实行科学管理,即环境管理。环境管理的概念,被越来越多的人接受、充实、发展,逐渐形成一门新的学科——环境管理学。

## 8.1.2 环境管理的理论基础

### 1. 生态学理论

生态学理论包括自然生态系统(由各种各样的生物物种、群落及其环境构成,小如一滴水、一片草地,大如江河、湖海、森林、草原及生物圈、环境承载力、人工生态系统(环境规划)、系统功能协调、生物多样性原则、生态平衡原理等。

### 2. 管理理论

管理理论包括系统管理理论(系统工程、系统分析、环境系统分析、系统预测、系统决策等)和工商管理理论。

### 3. 经济学理论

经济学理论包括环境资源的稀缺性和资源的资本化管理,环境资源的供给与需求,供求弹性、均衡理论、外部性理论及其管理策略(税费、市场、法制、规划、绿色账户)等。

### 4. 法学理论

法学理论包括环境权、环境损害的责任与赔偿及其复原、国家主权与全球性环境问题及全球资源管理等。

环境管理以环境科学理论为基础,运用法律的、行政的、经济的、科学技术的和宣传教育等手段,对社会生产建设活动的全过程及其对生态的影响,进行综合的调节与控制。

## 8.1.3 环境管理的内容

环境管理的内容分为环境管理的性质和环境管理的范围两部分。

### 1. 环境管理的性质

(1)环境规划与计划管理

首先制定好环境规划,使之成为经济社会发展规划的有机组成部分,然后是执行环境规划,并根据实际情况检查和调整环境规划。

(2)污染源管理

污染源管理包括点源管理与面源管理。不是消极地进行"末端治理",而是要积极地推行清洁生产。特别要针对污染者的特点,实施有效的法规和经济政策手段。

(3)环境质量管理

环境质量管理是为了保持人类生存与健康所必需的环境质量而进行的各项管理工作。通过调查、监测、评价、研究、确立目标、制定规划,要科学地组织人力、物力去逐步实现目标。实施中要经常进行对照检查,采取措施纠正偏差。

(4)环境技术管理

通过制定技术标准、技术规程、技术政策以及技术发展方向、技术路线、生产工艺和污染防治技术进行环境经济评价,以协调经济发展与环境保护的关系,使科学技术的发展既能促进经济不断发展,又能保护好环境。

**2. 环境管理的范围**

(1)资源管理

资源管理包括可再生的与不可再生的各种自然资源的管理。

(2)区域环境管理

区域环境管理主要是指协调区域经济发展目标与环境目标,进行环境影响预测,制定区域环境规划等。

(3)部门环境管理

部门环境管理包括工业(如冶金、化工、轻工等)、农业、能源、交通、商业、医疗、建筑业及企业环境管理等。

### 8.1.4 环境管理的特点

**1. 综合性**

环境管理是环境科学与管理科学、管理工程学交叉渗透的产物,具有高度的综合性。主要表现在其对象和内容的综合性以及管理手段的综合性。

**2. 区域性**

环境问题由于自然背景、人类活动方式、经济发展水平和环境质量标准的差异,存在着明显的区域性。区域性决定了环境管理必须根据区域环境特征、因地制宜地采取不同的措施,以地区为主进行环境管理。

**3. 公众性**

环境问题如果没有公众的合作是难以解决的,因此要解决环境问题不能单凭技术,还必须通过环境教育,使人们认识到必须保护和合理利用环境资源。只有公众的积极参与和舆论的强大监督,才能搞好环境管理,成功地改善环境。

## 8.2　环境管理的基本职能

环境管理工作的领域非常广阔,包括自然资源管理、区域环境管理和部门环境管理,涉及各行各业和各个部门。所以环境管理的对象是"人类-环境"系统,通过预测和决策、组织和指挥、规划和协调、监督和控制、教育和鼓励,保证在推进经济建设的同时,控制污染,促进生态良性循环,不断改善环境质量。

**1. 宏观指导**

在市场经济条件下,政府的主要职能就是要加强宏观指导调控功能,环境管理部门的宏观指导职能主要是:

(1)政策指导

通过制定环境保护的方针、政策、法律法规、行政规章以及相关的产业、经济、技术、资源配置等政策,对社会有关环境的各项活动进行规范、控制、引导。如美国有《污染预防法》,我国有《环境保护法》、《大气污染防治法》、《水污染防治法》等法律;我国还有《建设项目环境保护管理条例》、《自然保护区管理条例》、《化学危险物品安全管理条例》等法规,以及其他法律规章、各项环境管理制度等。

(2)目标指导

制定环境保护的近期、中期、远期目标,如我国的国家环境保护"九五"规划、2020年远景目标、全国重要污染物排放总量控制目标、目标责任制等。

(3)计划指导

制定环境保护年度计划或中期计划,并纳入国民经济社会发展计划。如环境保护计划、限期治理计划、绿色工程计划、投资计划等,通过计划实现对行业和地方的指导。

**2. 统筹规划**

环境规划是环境管理中一项战略性的工作,通过统筹规划,实现人口、经济、资源和环境之间的相互协调平衡。环境规划既对国家的发展模式和方式、发展速度和发展重点、产业结构等产生积极的影响,又是环境保护部门开展环境管理工作的纲领和依据。

(1)环境保护战略的制订

环境保护战略是国家总的经济社会发展战略的一个组成部分,是为实现国家中远期的环境保护目标而采取的基本战略,是经济发展和环境保护应遵守的基本原则。例如,我国在环境保护工作发展的不同阶段,先后提出了社会、经济、环境三个效益相统一,经济建设、城乡建设、环境建设要同步规划、同步实施、同步发展的战略方针和原则,对指导我国的环境保护工作的开展起到了十分重要的作用。1992年联合国环境与发展大会以后,我国又提出了实施可持续发展战略,这已成为我国经济发展和环境保护的一项长期发展战略。

(2)环境预测

预测是对事物的发展过程和趋势的预先推断。环境预测就是对环境污染和破坏、对某种环境因素、对某个环境领域可能发生的潜在变化和发展趋势,以及采取某种环境对策后可能产生的环境效益的一种综合分析或判断。环境保护行政主管部门要运用预测的手段,对未来一定时间内环境发展的变化和趋势做出符合实际的预测和判断,并据此不断修订环境规划,完善环境决策,建立健全环境法律法规,改善管理环境,调整预期目标和措施,努力实现不同时期的阶段性的环境发展目标。

（3）环境保护综合规划和专项规划

环境保护专项规划是实现一定时期的环境保护目标,采取措施改善当前的环境状况和对未来环境保护工作做出安排和部署。如区域环境治理规划、流域水污染防治规划、区域大气污染防治规划、废物污染防治和综合利用规划、环境保护产业发展规划、环境保护科技发展规划、环境保护人才培养规划,以及环境保护宣传教育规划等。环境保护行政主管部门还要配合其他有关部门制订与环境保护相关的综合性规划,如经济社会发展规划、国土开发整治规划、区域开发规划、产业发展规划等。

**3. 组织协调**

环境管理涉及的地区、行业、部门等范围大宽面积广,做好环境保护工作单靠环境保护行政主管部门是不够的,环境保护行政主管部门的主要职能是参与和组织各地区、各行业、各部门共同做好环境保护工作,协调好相互的关系。相互协调的目的是可以减少相互脱节和相互推诿,避免重复建设,建立起上下左右的长效关系。既有分工又有合作,统一步调,积极做好各自的环境保护工作,推动整体环境保护事业的发展。

（1）组织协调

①环境保护法制订的组织协调。环境保护法规的制订分为两类:一类是环境保护专门法规的制订,如环境保护法、水污染防治法等,另一类是与环境保护相关连法规的制订,如城市规划法、各类资源法等。第一类法规一般是由国务院环境保护行政主管部门负责起草,这项工作要收集国内外资料,向各部门和地区进行调查研究,提出方案,起草法规草案,反复征求各部门意见,进行比较,推敲文字,组织论证,反复修改,上报审批等,这个过程中有大量的组织协调工作。第二类法规一般由相关部门负责组织起草,环境保护行政主管部门要将控制污染保护环境的要求,通过参与起草或讨论将其列入到这些环境保护相关的法规中去。

②环境保护法规的实施和检查的组织协调。环境保护法规的实施主要在各产业部门、企事业单位,因此,环境保护行政主管部门要协调各有关部门,督促他们积极采取措施,保证环境保护法规在各部门得到切实的贯彻落实。要组织环境保护法规落实情况的检查,对贯彻实施环境保护法规不力的提出要求、建议或批评,甚至采取处罚措施。

③环境保护法规修订方面的组织协调。环境保护法规的修订与制订一样,需要做大量的组织工作,其工作内容基本与法规制订相同。

（2）政策协调

环境保护政策协调主要是在政策制定过程中和政策实施过程中的组织协调,如能源环境政策、产业结构调整政策、环境保护技术政策等。无论是制定还是实施,环境保护行政主管部门都要同涉及的相关部门如机械、城建、商业、交通、农业、林业以及计划、经济、科技等部门进行充分的讨论协商。

（3）规划协调

环境保护行政主管部门在编制环境保护规划时,在确定环境保护目标、实施步骤及重大措施等问题上,都要事先做好调查研究,同有关部门充分协商,取得比较一致的意见。在规划具体实施过程中,环境保护行政主管部门更要积极同有关部门协调,要把环境规划的目标、要求和措施纳入到国民经济发展的总体规划以及各部门的规划中,特别要加强同综合部门的协调,共同促进环境保护规划的落实。

(4)科研协调

环境保护科学研究涉及众多的科研单位和学科门类,环境保护行政主管部门要在国家科技综合管理部门的指导下,组织协调好各单位、各学科的环境科学研究,明确环境科研的目标、方向、任务和选题,在科研项目的实施过程中,做好指导检查工作。对重大的和急需解决的环境问题,环境保护主管部门要组织重大环境保护科研项目的攻关,集中力量,重点投入,限期完成。

**4. 监督检查**

监督是环境管理最重要的职能。要把一切环境保护的方针、政策、规划等变为人们的实际行动,就必须要有有效的监督。没有有效的监督,就没有健全的环境管理。环境保护行政主管部门要依法行政,加大执法监督力度,切实保证各项环境保护法律法规得到全面的贯彻和有效的实施。

(1)监督检查的内容

环境保护法律法规执行情况的监督检查。主要监督检查各部门、各地区和各单位对国家环境保护的方针、政策、法律法规的执行情况。对地方而言,还包括对地方政府颁布的地方法规条例的执行情况进行监督检查。

环境保护规划落实情况的检查。监督检查各部门、各单位对环境保护的规划和计划的编制和实施,如各种污染防治规划和计划、城市综合整治规划、自然保护规划和计划、环境保护规划和计划等。对环境保护规划和计划的实施情况进行监督检查,是实现环境保护目标的一个重要手段。

环境标准执行情况的监督检查。对各单位执行国家和地方的污染物排放标准、环境质量标准的情况以及环境污染的严重情况的监督检查,对违反标准者依法进行处理。

环境管理制度执行情况的监督检查。监督检查各部门执行国家环境保护管理制度、办法、规章等情况。如我国对"三同时"制度、限期治理制度、实施总量控制、排污费征收、环境保护专项补助资金的使用等情况进行检查。

(2)监督检查方式

①联合监督检查。联合有关部门对环境保护执法情况进行检查。近几年我国开展的"中华环境保护世纪行"、环境执法大检查等,就是由新闻单位、全国人大环境资源委员会、国务院环境委员会、国家环境保护总局及有关部委联合组织的环境保护执法检查活动。通过这种检查发现环境保护执法中存在的问题,向当地政府提出改进措施的建议或要求;督促各级政府采取措施保护环境,严格执行环境保护法律法规。对行业环境保护工作的监督检查要会同各行业主管部门进行,如农业、林业、海洋、地矿、交通、公安等。

②专项监督检查。由环境保护行政主管部门针对特定的环境问题组织的专项检查。对于突发性的环境污染事故、严重的生态破坏事件、非法进口有毒废物、严重超标

准排污行为、严重的污染纠纷等,环境保护行政主管部门都要专门组织调查和处理。

③日常的现场监督检查。由环境保护行政主管部门或授权所属的现场执法队伍,对生产单位的排污、设施运行、排污费交纳等情况进行日常的监督检查,主要内容为对单位和个人执行环境保护法规情况,对环境保护管理制度执行情况,对海洋污染和生态破坏情况进行监督检查,对污染事故、污染纠纷进行调查并参与处理,征收排污费。

④环境监测。环境监测是环境保护行政主管部门监督检查的一种技术手段,以检查有关生产单位是否排污,是否超标准排污等,这种形式的监督检查为环境保护行政主管部门采取管理措施(行政的、法律的、经济的)提出数量依据,是一种非常重要的监督检查手段。

**5. 提供服务**

环境管理要为经济建设服务,环境保护行政主管部门在强化监督检查职能的同时,还要加强服务职能,为实现环境目标创造条件,提供服务。在服务中强化监督,在监督中更好服务。服务内容包括以下几个方面。

(1)技术服务

解决技术难题、组织科技攻关、培育技术市场、筛选最佳实用技术、组织成果的产业化和推广应用等,为企业污染治理出谋划策,提供经济、实用、高效的治理技术。

(2)信息咨询服务

建立环境信息咨询系统,为重大的经济建设决策,为大型工业建设活动、资源开发活动以及环境治理活动和自然保护等,提供信息服务。信息咨询的范围包括环境保护政策法规咨询、环境技术信息咨询、监测数据信息咨询、政策评估、环境趋势预测、环境质量状况咨询、全球环境信息咨询等。

(3)市场服务

完善环境保护产业市场流通渠道,加强环境保护产业市场管理和监督,引导环境保护产业市场正常发育;建立环境保护产品质量监督体系;建立环境保护市场信息服务系统;完善环境保护产业市场运行机制。

## 8.3　环境管理的基本策略

环境质量问题是当今人们极为关注的热点问题,要实现环境质量的真正好转,必须强化宣传教育、执法力度、经济制裁、行政干预、科学技术等方面的领导,指标目标落到实处,才能收到良好的效果。

**1. 宣传教育**

俗语说,有什么样的认识,就有什么样的行动,实践从认识开始。所以说,要搞好环境管理,首要的任务是抓好环境宣传教育。通过宣传教育才能深入人心,把有关环境保护知识、法律法规、执法力度、科学技术、经济制裁、行政干预等相关内容通过广播、电影、电视、电话、报刊、会议、展览、专题讲座、办班培训、文化娱乐等形式进行广泛的宣传,使每个领导者、法人乃至每个公民都了解保护环境的重要意义和内容,提高全民族的环境意识,激发全体人民保护环境的热情和积极性,把保护环境、热爱大自然、保护大自然变为自觉的行动,形成强大的社会舆论,制止浪费资源、破坏环境的行力。环境教育还包括通过专业的环境教育培养各种环境保护的专门人才,提高环境保护人员的业务水平。通过基础的和社会的环境教育提高社会公民的环境意识,实现全民参与科学管理环境以及提倡社会监督的环境管理。例如,把环境教育相关内容纳入国家教育体系,从幼儿园、中小学抓起加强基础教育,搞好成人教育以及对各高校非环境专业学生普及环境保护基础知识等。

### 2. 执法力度

环境管理必须有强制性的手段,必须强化执法力度。依法管理环境是控制并消除污染,保障自然资源合理利用,并维护生态平衡的重要措施。环境管理一方面要靠立法,把国家对环境保护的要求、作法以法律形式固定下来,逐步完善环境保护法律法规,并强制执行。另一方面还要严格执法,违法必究。环境管理部门要协助和配合司法部门对违反环境保护法律的犯罪行为进行斗争,协助仲裁;按照环境法规、环境标准来处理环境污染和环境破坏问题,对严重污染和破坏环境的行为提起公诉,追究法律责任;依据环境法规对危害人民健康和财产,污染和破坏环境的个人或企业给予批评、警告、罚款或责令赔偿损失等。我国自1979年开始,从中央到地方颁布了一系列环境保护法律、法规,目前已初步形成了由国家宪法、环境保护基本法、环境保护单行法规和地方规范等关于环境保护的法律法规等组成的环境保护法规体系。

### 3. 行政干预

行政干预主要指国家和地方各级行政管理部门,根据国家行政法规所赋予的组织和指挥权力,制定方针、政策,建立法规、颁布标准,进行监督协调,对环境资源保护工作实施行政决策和管理。主要包括环境管理部门定期或不定期地向同级政府机关报告本地区的环境保护工作情况,对贯彻国家有关环境保护方针、政策提出具体意见和建议;组织制定国家和地方的环境保护政策、工作计划和环境规划,并把这些计划和规划报请政府审批,使之具有行政法规效力;运用行政权力对某些区域采取特定措施,如划分自然保护区、重点污染防治区、环境保护特区等;对一些污染严重的工业、交通、企业要求限期治理,甚至勒令其关、停、并、转、迁;对易产生污染的工程设施和项目,采取行政制约的方法,如审批开发建设项目的环境影响评价书,审批新建、扩建、改建项目的"三同时"设计方案,发放与环境保护有关的各种许可证,审批有毒有害化学品的生产、进口和使用;管理珍稀动植物物种及其产品的出口、贸易事宜;对重点城市、地区、水域的防治工作给予必要的资金或技术帮助等。对不如期实现任期环境保护目标责任制的实行否决制的行政干预手段,对成绩卓著者通报表扬、升职加薪等,对环境质量恶化、产生重大污染事故者,行政上通报批评、警告、记过,就地免职甚至追究法律责任。

### 4. 经济制裁

经济制裁是用经济杠杆管理环境,是利用价值规律,运用价格、税收、信贷等经济手段,控制生产者在资源开发中的行为,以限制损害环境的社会经济活动。奖励积极治理污染的企业,促进节约和合理利用资源,充分发挥价值规律在环境管理中的作用。各级环境管理部门对积极防治环境污染而在经济上有困难的企业、事业单位发放环境保护补助资金;对积极开展"三废"综合利用、减少排污量的企业给予减免税和利润留成的奖励;推行开发、利用自然资源的征税制度等。对排放污染物超过国家规定标准的企业和事业单位,按照污染物的种类、数量和浓度征收排污费;对违反规定造成严重污染的企业和个人处以罚款;对排放污染物损害人体健康或造成严重后果的排污者,不仅追究其法律责任,而且还要责令其对受害者实行经济赔偿。

**5. 科学技术**

科学技术是第一生产力,只有应用先进的科学技术,才能把对环境的污染和生态的破坏控制到最小水平。运用各种先进的污染治理技术,运用先进的科学技术,实现环境管理的科学化,包括制定环境质量标准、制定环境评价标准,研制治理环境污染的新技术新设备,才能达到保护环境的目的。通过环境监测和环境统计方法,通过环境监测资料和有关的其他资料对本地区、本部门、本行业污染状况进行深入调查,编写出环境报告书和环境公告;组织开展环境影响评价工作;交流推广无污染少污染的清洁生产工艺、先进治理技术;组织环境科研成果和环境科技情报的交流推广等。环境政策、法律、法规的制定和实施都涉及到许多科学技术问题,所以环境问题解决的如何,在极大程度上取决于科学技术。没有先进的科学技术,就不能及时发现环境问题,而且即使发现了也难以控制。例如,兴建大型工程、围湖造田、施用化肥和农药常常会产生负的环境效应,说明人类掌握科学技术的水平还是很不够的,在科学地预见未来,预计人类活动对环境的影响还有很长的路要走。

# 参考文献

[1] 曲久辉,刘会娟. 水处理电化学原理与技术 [M]. 北京:科学出版社,2007.

[2] 孙锦宜,林西平. 环保催化材料与应用 [M]. 北京:化学工业出版社,2002.

[3] 严煦世,范瑾初. 给水工程 [M]. 4 版. 北京:中国建筑工业出版社,1999.

[4] 唐受印,戴友芝,汪大翚. 废水处理工程 [M]. 北京:化学工业出版社,2004.

[5] http://www.nsbd.gov.cn

[6] 曲久辉. 饮用水安全保障技术原理 [M]. 北京:科学出版社,2007.

[7] 马同森,李德亮. 环境科学引论 [M]. 北京:中国文史出版社,2004.

[8] 朱蓓丽. 环境工程概论 [M]. 2 版. 北京:科学出版社,2006.

[9] 龙湘梨,何美琴. 环境科学与工程概论 [M]. 上海:华东理工大学出版社,2007.

[10] 张林生. 水的深度处理与回用技术[M]. 北京:化学工业出版社,2008.

[11] 胡筱敏. 环境学概论[M]. 武汉:华中科技大学出版社,2013.

[12] 窦怡俭,朱继业. 环境科学导论[M]. 南京:南京大学出版社,2013.

[13] 国家发改委气候变化司. 清洁发展机制读本[M]. 北京:中国标准出版社,2008.

[14] 郝吉明,马广大,王书肖. 大气污染控制工程 [M]. 3 版. 北京:高等教育出版社,2010.

[15] http://news.sciencenet.cn/htmlnews/2014/12/309829.shtm(浙师大"毒寝室"调查之"谁来担责").

# 附　　录

## 附录1　中华人民共和国地表水环境质量标准

## GB 3838—2002

### 前　言

为贯彻《中华人民共和国环境保护法》和《中华人民共和国水污染防治法》，防治水污染，保护地表水水质，保障人体健康，维护良好的生态系统，制定本标准。

本标准将标准项目分为：地表水环境质量标准基本项目、集中式生活饮用水地表水源地补充项目和集中式生活饮用水地表水源地特定项目。地表水环境质量标准基本项目适用于全国江河、湖泊、运河、渠道、水库等具有使用功能的地表水水域；集中式生活饮用水地表水源地补充项目和特定项目适用于集中式生活饮用水地表水源地一级保护区和二级保护区。集中式生活饮用水地表水源地特定项目由县级以上人民政府环境保护行政主管部门根据本地区地表水水质特点和环境管理的需要进行选择，集中式生活饮用水地表水源地补充项目和选择确定的特定项目作为基本项目的补充指标。

本标准项目共计109项，其中地表水环境质量标准基本项目24项，集中式生活饮用水地表水源地补充项目5项，集中式生活饮用地表水源地特定项目80项。

与GHZB1—1999相比，本标准在地表水环境质量标准基本项目中增加了总氮一项指标，删除了基本要求和亚硝酸盐、非离子氨及凯氏氮三项指标，将硫酸盐、氧化物、硝酸盐、铁、锰调整为集中式生活饮用水地表水源地补充项目，修订了pH、溶解氧、氨氮、总磷、高锰酸盐指数、铅、粪大肠菌群七个项目的标准值，增加了集中式生活饮用水地表水源地特定项目40项。本标准删除了湖泊水库特定项目标准值。

县级以上人民政府环境保护行政主管部门及相关部门根据职责分工，按本标准对地表水各类水域进行监督管理。

与近海水域相连的地表水河口水域根据水环境功能按本标准相应类别标准值进行管理，近海水功能区水域根据使用功能按《海水水质标准》相应类别标准值进行管理。批准划定的单一渔业水域按《渔业水质标准》进行管理；处理后的城市污水及与城市污水水质相近的工业废水用于农田灌溉用水的水质按《农田灌溉水质标准》进行管理。

《地面水环境质量标准》（GB3838—83）为首次发布，1988年为第一次修订，1999年为第二次修订，本次为第三次修订。本标准自2002年6月1日起实施，《地面水环境质量标准》(GB3838—88)和《地表水环境质量标准》(GHZB1—1999)同时废止。

本标准由国家环境保护总局科技标准司提出并归口。

本标准由中国环境科学研究院负责修订。

本标准由国家环境保护总局 2002 年 4 月 26 日批准。

本标准由国家环境保护总局负责解释。

# 地表水环境质量标准

## 1. 范围

1.1 本标准按照地表水环境功能分类和保护目标,规定了水环境质量应控制的项目及限值,以及水质评价、水质项目的分析方法和标准的实施与监督。

1.2 本标准适用于中华人民共和国领域内江河、湖泊、运河、渠道、水库等具有使用功能的地表水水域。具有特定功能的水域,执行相应的专业用水水质标准。

## 2. 引用标准

《生活饮用水卫生规范》(卫生部,2001 年)和本标准表 4 ~ 表 6 所列分析方法标准及规范中所含条文在本标准中被引用即构成为本标准条文,与本标准同效。当上述标准和规范被修订时,应使用其最新版本。

## 3. 水域功能和标准分类

依据地表水水域环境功能和保护目标,按功能高低依次划分为五类:

Ⅰ 类　主要适用于源头水、国家自然保护区;

Ⅱ 类　主要适用于集中式生活饮用水地表水源地一级保护区、珍稀水生生物栖息地、鱼虾类产卵场、仔稚幼鱼的索饵场等;

Ⅲ 类　主要适用于集中式生活饮用水地表水源地二级保护区、鱼虾类越冬场、洄游通道、水产养殖区等渔业水域及游泳区;

Ⅳ 类　主要适用于一般工业用水区及人体非直接接触的娱乐用水区;

Ⅴ 类　主要适用于农业用水区及一般景观要求水域。

对应地表水上述五类水域功能,将地表水环境质量标准基本项目标准值分为五类,不同功能类别分别执行相应类别的标准值。水域功能类别高的标准值严于水域功能类别低的标准值。同一水域兼有多类使用功能的,执行最高功能类别对应的标准值。实现水域功能与达功能类别标准为同一含义。

## 4. 标准值

4.1 地表水环境质量标准基本项目标准限值见表 1。

4.2 集中式生活饮用水地表水源地补充项目标准限值见表 2。

4.3 集中式生活饮用水地表水源地特定项目标准限值见表 3。

## 5. 水质评价

5.1 地表水环境质量评价应根据应实现的水域功能类别,选取相应类别标准,进行单因子评价,评价结果应说明水质达标情况,超标的应说明超标项目和超标倍数。

5.2 丰、平、枯水期特征明显的水域,应分水期进行水质评价。

5.3 集中式生活饮用水地表水源地水质评价的项目应包括表 1 中的基本项目、表 2 中的补充项目以及由县级以上人民政府环境保护行政主管部门从表 3 中选择确定的特定项目。

**6. 水质监测**

6.1 本标准规定的项目标准值,要求水样采集后自然沉降 30 分钟,取上层非沉降部分按规定方法进行分析。

6.2 地表水水质监测的采样布点、监测频率应符合国家地表水环境监测技术规范的要求。

6.3 本标准水质项目的分析方法应优先选用表 4 ～ 表 6 规定的方法,也可采用 ISO 方法体系等其他等效分析方法,但须进行适用性检验。

**7. 标准的实施与监督**

7.1 本标准由县级以上人民政府环境保护行政主管部门及相关部门按职责分工监督实施。

7.2 集中式生活饮用水地表水源地水质超标项目经自来水厂净化处理后,必须达到《生活饮用水卫生规范》的要求。

7.3 省、自治区、直辖市人民政府可以对本标准中未作规定的项目,制定地方补充标准,并报国务院环境保护行政主管部门备案。

表 1　地表水环境质量标准基本项目标准限值　　　　　　　　单位:mg/L

| 序号 | 标准值　　分类　　项目 | | I 类 | II 类 | III 类 | IV 类 | V 类 |
|---|---|---|---|---|---|---|---|
| 1 | 水温/℃ | | 人为造成的环境水温变化应限制在:<br>周平均最大温升≤1<br>周平均最大温降≤2 | | | | |
| 2 | pH 值(无量纲) | | 6-9 | | | | |
| 3 | 溶解氧 | ≥ | 饱和率90%(或7.5) | 6 | 5 | 3 | 2 |
| 4 | 高锰酸盐指数 | ≤ | 2 | 4 | 6 | 10 | 15 |
| 5 | 化学需氧量(COD) | ≤ | 15 | 15 | 20 | 30 | 40 |
| 6 | 五日生化需氧量($BOD_5$) | ≤ | 3 | 3 | 4 | 6 | 10 |

续表1

| 序号 | 项目 \ 标准值 分类 | | I类 | II类 | III类 | IV类 | V类 |
|---|---|---|---|---|---|---|---|
| 7 | 氨氮(NH₃-N) | ≤ | 0.15 | 0.5 | 1.0 | 1.5 | 2.0 |
| 8 | 总磷(以P计) | ≤ | 0.02（湖、库0.01） | 0.1（湖、库0.025） | 0.2（湖、库0.05） | 0.3（湖、库0.1） | 0.4（湖、库0.2） |
| 9 | 总氮(湖、库,以N计) | ≤ | 0.2 | 0.5 | 1.0 | 1.5 | 2.0 |
| 10 | 铜 | ≤ | 0.01 | 1.0 | 1.0 | 1.0 | 1.0 |
| 11 | 锌 | ≤ | 0.05 | 1.0 | 1.0 | 2.0 | 2.0 |
| 12 | 氟化物(以F⁻计) | ≤ | 1.0 | 1.0 | 1.0 | 1.5 | 1.5 |
| 13 | 硒 | ≤ | 0.01 | 0.01 | 0.01 | 0.02 | 0.02 |
| 14 | 砷 | ≤ | 0.05 | 0.05 | 0.05 | 0.1 | 0.1 |
| 15 | 汞 | ≤ | 0.00005 | 0.00005 | 0.0001 | 0.001 | 0.001 |
| 16 | 镉 | ≤ | 0.001 | 0.005 | 0.005 | 0.005 | 0.01 |
| 17 | 铬(六价) | ≤ | 0.01 | 0.05 | 0.05 | 0.05 | 0.1 |
| 18 | 铅 | ≤ | 0.01 | 0.01 | 0.05 | 0.05 | 0.1 |
| 19 | 氰化物 | ≤ | 0.005 | 0.05 | 0.2 | 0.2 | 0.2 |
| 20 | 挥发酚 | ≤ | 0.002 | 0.002 | 0.005 | 0.01 | 0.1 |
| 21 | 石油类 | ≤ | 0.05 | 0.05 | 0.05 | 0.5 | 1.0 |
| 22 | 阴离子表面活性剂 | ≤ | 0.2 | 0.2 | 0.2 | 0.3 | 0.3 |
| 23 | 硫化物 | ≤ | 0.05 | 0.1 | 0.2 | 0.5 | 1.0 |
| 24 | 粪大肠菌群/(个/L) | ≤ | 200 | 2 000 | 10 000 | 20 000 | 40 000 |

表2　集中式生活饮用水地表水源地补充项目标准限值　　　　　　　单位:mg/L

| 序号 | 项 目 | 标准值 |
|---|---|---|
| 1 | 硫酸盐(以SO₄²⁻计) | 250 |
| 2 | 氯化物(以CL⁻计) | 250 |
| 3 | 硝酸盐(以N计) | 10 |
| 4 | 铁 | 0.3 |
| 5 | 锰 | 0.1 |

表3　集中式生活饮用水地表水源地特定项目标准限值　　　　单位:mg/L

| 序号 | 项　目 | 标准值 | 序号 | 项　目 | 标准值 |
|---|---|---|---|---|---|
| 1 | 三氯甲烷 | 0.06 | 41 | 丙烯酰胺 | 0.0005 |
| 2 | 四氯化碳 | 0.002 | 42 | 丙烯腈 | 0.1 |
| 3 | 三溴甲烷 | 0.1 | 43 | 邻苯二甲酸二丁酯 | 0.003 |
| 4 | 二氯甲烷 | 0.02 | 44 | 邻苯二甲酸二(2-乙基已基)酯 | 0.008 |
| 5 | 1,2-二氯乙烷 | 0.03 | 45 | 水合肼 | 0.01 |
| 6 | 环氧氯丙烷 | 0.02 | 46 | 四乙基铅 | 0.0001 |
| 7 | 氯乙烯 | 0.005 | 47 | 吡啶 | 0.2 |
| 8 | 1,1-二氯乙烯 | 0.03 | 48 | 松节油 | 0.2 |
| 9 | 1,2-二氯乙烯 | 0.05 | 49 | 苦味酸 | 0.5 |
| 10 | 三氯乙烯 | 0.07 | 50 | 丁基黄原酸 | 0.005 |
| 11 | 四氯乙烯 | 0.04 | 51 | 活性氯 | 0.01 |
| 12 | 氯丁二烯 | 0.002 | 52 | 滴滴涕 | 0.001 |
| 13 | 六氯丁二烯 | 0.0006 | 53 | 林丹 | 0.002 |
| 14 | 苯乙烯 | 0.02 | 54 | 环氧七氯 | 0.0002 |
| 15 | 甲醛 | 0.9 | 55 | 对硫磷 | 0.003 |
| 16 | 乙醛 | 0.05 | 56 | 甲基对硫磷 | 0.002 |
| 17 | 丙烯醛 | 0.1 | 57 | 马拉硫磷 | 0.05 |
| 18 | 三氯乙醛 | 0.01 | 58 | 乐果 | 0.08 |
| 19 | 苯 | 0.01 | 59 | 敌敌畏 | 0.05 |
| 20 | 甲苯 | 0.7 | 60 | 敌百虫 | 0.05 |
| 21 | 乙苯 | 0.3 | 61 | 内吸磷 | 0.03 |
| 22 | 二甲苯① | 0.5 | 62 | 百菌清 | 0.01 |
| 23 | 异丙苯 | 0.25 | 63 | 甲萘威 | 0.05 |
| 24 | 氯苯 | 0.3 | 64 | 溴氰菊酯 | 0.02 |
| 25 | 1,2-二氯苯 | 1.0 | 65 | 阿特拉津 | 0.003 |
| 26 | 1,4-二氯苯 | 0.3 | 66 | 苯并(a)芘 | $2.8 \times 10^{-6}$ |
| 27 | 三氯苯② | 0.02 | 67 | 甲基汞 | $1.0 \times 10^{-6}$ |
| 28 | 四氯苯③ | 0.02 | 68 | 多氯联苯⑥ | $2.0 \times 10^{-5}$ |
| 29 | 六氯苯 | 0.05 | 69 | 微囊藻毒素-LR | 0.001 |
| 30 | 硝基苯 | 0.017 | 70 | 黄磷 | 0.003 |
| 31 | 二硝基苯④ | 0.5 | 71 | 钼 | 0.07 |

续表3

| 序号 | 项 目 | 标准值 | 序号 | 项 目 | 标准值 |
|------|-------|--------|------|-------|--------|
| 32 | 2,4-二硝基甲苯 | 0.0003 | 72 | 钴 | 1.0 |
| 33 | 2,4,6-三硝基甲苯 | 0.5 | 73 | 铍 | 0.002 |
| 34 | 硝基氯苯⑤ | 0.05 | 74 | 硼 | 0.5 |
| 35 | 2,4-二硝基氯苯 | 0.5 | 75 | 锑 | 0.005 |
| 36 | 2,4-二氯苯酚 | 0.093 | 76 | 镍 | 0.02 |
| 37 | 2,4,6-三氯苯酚 | 0.2 | 77 | 钡 | 0.7 |
| 38 | 五氯酚 | 0.009 | 78 | 钒 | 0.05 |
| 39 | 苯胺 | 0.1 | 79 | 钛 | 0.1 |
| 40 | 联苯胺 | 0.0002 | 80 | 铊 | 0.0001 |

注：①二甲苯：指对-二甲苯、间-二甲苯、邻-二甲苯。

②三氯苯：指1,2,3-三氯苯;1,2,4-三氯苯;1,3,5-三氯苯。

③四氯苯：指1,2,3,4-四氯苯;1,2,3,5-四氯苯;1,2,4,5-四氯苯。

④二硝基苯：指对-二硝基苯、间-二硝基苯、邻-二硝基苯。

⑤硝基氯苯：指对-硝基氯苯;间-硝基氯苯;邻-硝基氯苯。

⑥多氯联苯：指 PCB－1016;PCB－1221;PCB－1232;PCB－1242;PCB－1248;PCB－1254;PCB-1260。

**表4　地表水环境质量标准基本项目分析方法**

| 序号 | 项 目 | 分析方法 | 最低检出限/(mg/L) | 方法来源 |
|------|-------|----------|------------------|----------|
| 1 | 水温 | 温度计法 | | GB13195—91 |
| 2 | pH 值 | 玻璃电极法 | | GB6920-86 |
| 3 | 溶解氧 | 碘量法 | 0.2 | GB7489—87 |
| | | 电化学探头法 | | GB11913—89 |
| 4 | 高锰酸盐指数 | | 0.5 | GB11892—89 |
| 5 | 化学需氧量 | 重铬酸盐法 | 10 | GB11914—89 |
| 6 | 五日生化需氧量 | 稀释与接种法 | 2 | GB7488—87 |
| 7 | 氨氮 | 纳氏试剂比色法 | 0.05 | GB7479—87 |
| | | 水杨酸分光光度法 | 0.01 | GB7481—87 |
| 8 | 总磷 | 钼酸铵分光光度法 | 0.01 | GB11893—89 |
| 9 | 总氮 | 碱性过硫酸钾消解紫外分光光度法 | 0.05 | GB11894—89 |

续表4

| 序号 | 项　目 | 分析方法 | 最低检出限/(mg/L) | 方法来源 |
|---|---|---|---|---|
| 10 | 铜 | 2,9-二甲基-1,10-菲啰啉分光光度法 | 0.06 | GB7473—87 |
| | | 二乙基二硫代氨基甲酸钠分光光度法 | 0.010 | GB7474—87 |
| | | 原子吸收分光光度法(螯合萃取法) | 0.001 | GB7475—87 |
| 11 | 锌 | 原子吸收分光光度法 | 0.05 | GB7475—87 |
| 12 | 氟化物 | 氟试剂分光光度法 | 0.05 | GB7483—87 |
| | | 离子选择电极法 | 0.05 | GB7484—87 |
| | | 离子色谱法 | 0.02 | HJ/T84—2001 |
| 13 | 硒 | 2,3-二氨基萘荧光法 | 0.00025 | GB11902—89 |
| | | 石墨炉原子吸收分光光度法 | 0.003 | GB/T15505—1995 |
| 14 | 砷 | 二乙基二硫代氨基甲酸银分光光度法 | 0.007 | GB7485—87 |
| | | 冷原子荧光法 | 0.00006 | 1) |
| 15 | 汞 | 冷原子荧光法 | 0.00005 | 1) |
| | | 冷原子吸收分光光度法 | 0.00005 | GB7468—87 |
| 16 | 镉 | 原子吸收分光光度法(螯合萃取法) | 0.001 | GB7475—87 |
| 17 | 铬(六价) | 二苯碳酰二肼分光光度法 | 0.004 | GB7467—87 |
| 18 | 铅 | 原子吸收分光光度法(螯合萃取法) | 0.01 | GB7475—87 |
| 19 | 氰化物 | 异烟酸-吡唑啉酮比色法 | 0.004 | GB7487—87 |
| | | 吡啶-巴比妥酸比色法 | 0.002 | |
| 20 | 挥发酚 | 蒸馏后4-氨基安替比林分光光度法 | 0.002 | GB7490—87 |
| 21 | 石油类 | 红外分光光度法 | 0.01 | GB/T16488—1996 |
| 22 | 阴离子表面活性剂 | 亚甲蓝分光光度法 | 0.05 | GB7494—87 |
| 23 | 硫化物 | 亚甲基蓝分光光度法 | 0.005 | GB/T16489—1996 |
| | | 直接显色分光光度法 | 0.004 | GB/T17133—1997 |

**续表 4**

| 序号 | 项 目 | 分析方法 | 最低检出限/(mg/L) | 方法来源 |
|---|---|---|---|---|
| 24 | 粪大肠菌群 | 多管发酵法、滤膜法 | | 1) |

注:暂采用下列分析方法,待国家方法标准发布后,执行国家标准。

　　1)《水和废水监测分析方法》(第 3 版),中国环境科学出版社,1989。

**表 5　集中式生活饮用水地表水源地补充项目分析方法**

| 序号 | 项目 | 分析方法 | 最低检出限/(mg/L) | 方法来源 |
|---|---|---|---|---|
| 1 | 硫酸盐 | 重量法 | 10 | GB11899—89 |
| | | 火焰原子吸收分光光度法 | 0.4 | GB13196—91 |
| | | 铬酸钡光度法 | 8 | 1) |
| | | 离子色谱法 | 0.09 | HJ/T84—2001 |
| 2 | 氯化物 | 硝酸银滴定法 | 10 | GB11896—89 |
| | | 硝酸汞滴定法 | 2.5 | 1) |
| | | 离子色谱法 | 0.02 | HJ/T84—2001 |
| 3 | 硝酸盐 | 酚二磺酸分光光度法 | 0.02 | GB7480—87 |
| | | 紫外分光光度法 | 0.08 | 1) |
| | | 离子色谱法 | 0.08 | HJ/T84—2001 |
| 4 | 铁 | 火焰原子吸收分光光度法 | 0.03 | GB11911—89 |
| | | 邻菲啰啉分光光度法 | 0.03 | 1) |
| 5 | 锰 | 高碘酸钾分光光度法 | 0.02 | GB11906—89 |
| | | 火焰原子吸收分光光度法 | 0.01 | GB11911—89 |
| | | 甲醛肟光度法 | 0.01 | 1) |

注:暂采用下列分析方法,待国家方法标准发布后,执行国家标准。

1)《水和废水监测分析方法》(3 版),中国环境科学出版社,1989。

表6　集中式生活饮用水地表水源地特定项目分析方法

| 序号 | 项目 | 分析方法 | 最低检出限/（mg/L） | 方法来源 |
|---|---|---|---|---|
| 1 | 三氯甲烷 | 顶空气相色谱法 | 0.0003 | GB/T17130—1997 |
| | | 气相色谱法 | 0.0006 | 2) |
| 2 | 四氯化碳 | 顶空气相色谱法 | 0.00005 | GB/T17130—1997 |
| | | 气相色谱法 | 0.0003 | 2) |
| 3 | 三溴甲烷 | 顶空气相色谱法 | 0.001 | GB/T17130—1997 |
| | | 气相色谱法 | 0.006 | 2) |
| 4 | 二氯甲烷 | 顶空气相色谱法 | 0.0087 | 2) |
| 5 | 1,2-二氯乙烷 | 顶空气相色谱法 | 0.0125 | 2) |
| 6 | 环氧氯丙烷 | 气相色谱法 | 0.02 | 2) |
| 7 | 氯乙烯 | 气相色谱法 | 0.001 | 2) |
| 8 | 1,1-二氯乙烯 | 吹出捕集气相色谱法 | 0.000018 | 2) |
| 9 | 1,2-二氯乙烯 | 吹出捕集气相色谱法 | 0.000012 | 2) |
| 10 | 三氯乙烯 | 顶空气相色谱法 | 0.0005 | GB/T17130—1997 |
| | | 气相色谱法 | 0.003 | 2) |
| 11 | 四氯乙烯 | 顶空气相色谱法 | 0.0002 | GB/T17130—1997 |
| | | 气相色谱法 | 0.0012 | 2) |
| 12 | 氯丁二烯 | 顶空气相色谱法 | 0.002 | 2) |
| 13 | 六氯丁二烯 | 气相色谱法 | 0.00002 | 2) |
| 14 | 苯乙烯 | 气相色谱法 | 0.01 | 2) |
| 15 | 甲醛 | 乙酰丙酮分光光度法 | 0.05 | GB13197—91 |
| | | 4-氨基-3-联氨-5-巯基-1,2,4-三氮杂茂（AHMT）分光光度法 | 0.05 | 2) |
| 16 | 乙醛 | 气相色谱法 | 0.24 | 2) |
| 17 | 丙烯醛 | 气相色谱法 | 0.019 | 2) |
| 18 | 三氯乙醛 | 气相色谱法 | 0.001 | 2) |
| 19 | 苯 | 液上气相色谱法 | 0.005 | GB11890—89 |
| | | 顶空气相色谱法 | 0.00042 | 2) |
| 20 | 甲苯 | 液上气相色谱法 | 0.005 | GB11890—89 |
| | | 二硫化碳萃取气相色谱法 | 0.05 | |
| | | 气相色谱法 | 0.01 | 2) |

**续表6**

| 序号 | 项目 | 分析方法 | 最低检出限/(mg/L) | 方法来源 |
|---|---|---|---|---|
| 21 | 乙苯 | 液上气相色谱法 | 0.005 | GB11890—89 |
| | | 二硫化碳萃取气相色谱法 | 0.05 | |
| | | 气相色谱法 | 0.01 | 2) |
| 22 | 二甲苯 | 液上气相色谱法 | 0.005 | GB11890—89 |
| | | 二硫化碳萃取气相色谱法 | 0.05 | |
| | | 气相色谱法 | 0.01 | 2) |
| 23 | 异丙苯 | 顶空气相色谱法 | 0.0032 | 2) |
| 24 | 氯苯 | 气相色谱法 | 0.01 | HJ/T74—2001 |
| 25 | 1,2-二氯苯 | 气相色谱法 | 0.002 | GB/T17131—1997 |
| 26 | 1,4-二氯苯 | 气相色谱法 | 0.005 | GB/T17131—1997 |
| 27 | 三氯苯 | 气相色谱法 | 0.00004 | 2) |
| 28 | 四氯苯 | 气相色谱法 | 0.00002 | 2) |
| 29 | 六氯苯 | 气相色谱法 | 0.00002 | 2) |
| 30 | 硝基苯 | 气相色谱法 | 0.0002 | GB13194—91 |
| 31 | 二硝基苯 | 气相色谱法 | 0.2 | 2) |
| 32 | 2,4-二硝基甲苯 | 气相色谱法 | 0.0003 | GB13194—91 |
| 33 | 2,4,6-三硝基甲苯 | 气相色谱法 | 0.1 | 2) |
| 34 | 硝基氯苯 | 气相色谱法 | 0.0002 | GB13194—91 |
| 35 | 2,4-二硝基氯苯 | 气相色谱法 | 0.1 | 2) |
| 36 | 2,4-二氯苯酚 | 电子捕获-毛细色谱法 | 0.0004 | 2) |
| 37 | 2,4,6-三氯苯酚 | 电子捕获-毛细色谱法 | 0.00004 | 2) |
| 38 | 五氯酚 | 气相色谱法 | 0.00004 | GB8972—88 |
| | | 电子捕获-毛细色谱法 | 0.000024 | 2) |
| 39 | 苯胺 | 气相色谱法 | 0.002 | 2) |
| 40 | 联苯胺 | 气相色谱法 | 0.0002 | 3) |
| 41 | 丙烯酰胺 | 气相色谱法 | 0.00015 | 2) |
| 42 | 丙烯腈 | 气相色谱法 | 0.10 | 2) |
| 43 | 邻苯二甲酸二丁酯 | 液相色谱法 | 0.0001 | HJ/T72—2001 |
| 44 | 邻苯二甲酸二(2-乙基己基)酯 | 气相色谱法 | 0.0004 | 2) |

续表6

| 序号 | 项目 | 分析方法 | 最低检出限 /（mg/L） | 方法来源 |
|---|---|---|---|---|
| 45 | 水合肼 | 对二甲氢基苯甲醛直接分光光度法 | 0.005 | 2) |
| 46 | 四乙基铅 | 双硫腙比色法 | 0.0001 | 2) |
| 47 | 吡啶 | 气相色谱法 | 0.031 | GB/T14672—93 |
| | | 巴比土酸分光光度法 | 0.05 | 2) |
| 48 | 松节油 | 气相色谱法 | 0.02 | 2) |
| 49 | 苦味酸 | 气相色谱法 | 0.001 | 2) |
| 50 | 丁基黄原酸 | 铜试剂亚铜分光光度法 | 0.002 | 2) |
| 51 | 活性氯 | N,N-二乙基对苯二胺（DPD）分光光度法 | 0.01 | 2) |
| | | 3,3',5,5'-四甲基联苯胺比色法 | 0.005 | 2) |
| 52 | 滴滴涕 | 气相色谱法 | 0.0002 | GB7492—87 |
| 53 | 林丹 | 气相色谱法 | $4\times10^{-6}$ | GB7492—87 |
| 54 | 环氧七氯 | 液液萃取气相色谱法 | 0.000083 | 2) |
| 55 | 对硫磷 | 气相色谱法 | 0.00054 | GB13192—91 |
| 56 | 甲基对硫磷 | 气相色谱法 | 0.00042 | GB13192—91 |
| 57 | 马拉硫磷 | 气相色谱法 | 0.00064 | GB13192—91 |
| 58 | 乐果 | 气相色谱法 | 0.00057 | GB13192—91 |
| 59 | 敌敌畏 | 气相色谱法 | 0.00006 | GB13192—91 |
| 60 | 敌百虫 | 气相色谱法 | 0.000051 | GB13192—91 |
| 61 | 内吸磷 | 气相色谱法 | 0.0025 | 2) |
| 62 | 百菌清 | 气相色谱法 | 0.0004 | 2) |
| 63 | 甲萘威 | 高效液相色谱法 | 0.01 | 2) |
| 64 | 溴氰菊酯 | 气相色谱法 | 0.0002 | 2) |
| | | 高效液相色谱法 | 0.002 | 2) |
| 65 | 阿特拉津 | 气相色谱法 | | 3) |
| 66 | 苯并(a)芘 | 乙酰化滤纸层析荧光分光光度法 | $4\times10^{-6}$ | GB11895—89 |
| | | 高效液相色谱法 | $1\times10^{-6}$ | GB13198—91 |
| 67 | 甲基汞 | 气相色谱法 | $1\times10^{-8}$ | GB/T17132—1997 |
| 68 | 多氯联苯 | 气相色谱法 | | 3) |
| 69 | 微囊藻毒素-LR | 高效液相色谱法 | 0.00001 | 2) |

续表6

| 序号 | 项目 | 分析方法 | 最低检出限 /（mg/L） | 方法来源 |
|---|---|---|---|---|
| 70 | 黄磷 | 钼-锑-抗分光光度法 | 0.0025 | 2) |
| 71 | 钼 | 无火焰原子吸收分光光度 | 0.00231 | 2) |
| 72 | 钴 | 无火焰原子吸收分光光度 | 0.00191 | 2) |
| 73 | 铍 | 铬菁 R 分光光度法 | 0.0002 | HJ/T58—2000 |
| | | 石墨炉原子吸收分光光度法 | 0.00002 | HJ/T59—2000 |
| | | 桑色素荧光分光光度法 | 0.0002 | 2) |
| 74 | 硼 | 姜黄素分光光度法 | 0.02 | HJ/T49—1999 |
| | | 甲亚胺-H 分光光度法 | 0.2 | 2) |
| 75 | 锑 | 氢化原子吸收分光光度法 | 0.00025 | 2) |
| 76 | 镍 | 无火焰原子吸收分光光度 | 0.00248 | 2) |
| 77 | 钡 | 无火焰原子吸收分光光度 | 0.00618 | 2) |
| 78 | 钒 | 钽试剂（BPHA）萃取分光光度法 | 0.018 | GB/T15503—1995 |
| | | 无火焰原子吸收分光光度 | 0.00698 | 2) |
| 79 | 钛 | 催化示波极谱法 | 0.0004 | 2) |
| | | 水杨基荧光酮分光光度法 | 0.02 | 2) |
| 80 | 铊 | 无火焰原子吸收分光光度法 | $4 \times 10^{-6}$ | 2) |

注：暂采用下列分析方法，待国家方法标准发布后，执行国家标准：

1)《水和废水监测分析方法》(3 版)，中国环境科学出版社，1989。

2)《生活饮用水卫生规范》，中华人民共和国卫生部，2001。

3)《水和废水标准检验法》(15 版)，中国建筑工业出版社，1985。

# 附录 2　中华人民共和国生活饮用水卫生标准

## GB 5749—2006

## 前　言

本标准的全部技术内容为强制性。

本标准自实施之日起代替 GB 5749—1985《生活饮用水卫生标准》。

本标准与 GB 5749—1985 相比主要变化如下：

——水质指标由 GB 5749—1985 的 35 项增加至 106 项，增加了 71 项；修订了 8 项；其中：

a）微生物指标由 2 项增至 6 项，增加了大肠埃希氏菌、耐热大肠菌群、贾第鞭毛虫和隐孢子虫；修订了总大肠菌群；

b）饮用水消毒剂由 1 项增至 4 项，增加了一氯胺、臭氧、二氧化氯；

c）毒理指标中无机化合物由 10 项增至 21 项，增加了溴酸盐、亚氯酸盐、氯酸盐、锑、钡、铍、硼、钼、镍、铊、氯化氰；并修订了砷、镉、铅、硝酸盐；

毒理指标中有机化合物由 5 项增至 53 项，增加了甲醛、三卤甲烷、二氯甲烷、1,2-二氯乙烷、1,1,1-三氯乙烷、三溴甲烷、一氯二溴甲烷、二氯一溴甲烷、环氧氯丙烷、氯乙烯、1,1-二氯乙烯、1,2-二氯乙烯、三氯乙烯、四氯乙烯、六氯丁二烯、二氯乙酸、三氯乙酸、三氯乙醛、苯、甲苯、二甲苯、乙苯、苯乙烯、2,4,6-三氯酚、氯苯、1,2-二氯苯、1,4-二氯苯、三氯苯、邻苯二甲酸二（2-乙基己基）酯、丙烯酰胺、微囊藻毒素-LR、灭草松、百菌清、溴氰菊酯、乐果、2,4-滴、七氯、六氯苯、林丹、马拉硫磷、对硫磷、甲基对硫磷、五氯酚、莠去津、呋喃丹、毒死蜱、敌敌畏、草甘膦；修订了四氯化碳；

d）感官性状和一般理化指标由 15 项增至 20 项，增加了耗氧量、氨氮、硫化物、钠、铝；修订了浑浊度；

e）放射性指标中修订了总 α 放射性。

——删除了水源选择和水源卫生防护两部分内容。

——简化了供水部门的水质检测规定，部分内容列入《生活饮用水集中式供水单位卫生规范》。

——增加了附录 A。

——增加了参考文献。

本标准的附录 A 为资料性附录。

本标准"表 3 水质非常规指标及限值"所规定指标的实施项目和日期由省级人民政府根据当地实际情况确定，并报国家标准化管理委员会、建设部和卫生部备案，从 2008 年起三个部门对各省非常规指标实施情况进行通报，全部指标最迟于 2012 年 7 月 1 日实施。

本标准由中华人民共和国卫生部、建设部、水利部、国土资源部、国家环境保护总局等提出。

本标准负责起草单位：中国疾病预防控制中心环境与健康相关产品安全所。

本标准参加起草单位：广东省卫生监督所、浙江省卫生监督所、江苏省疾病预防控制中心、北京市疾病预防控制中心、上海市疾病预防控制中心、中国城镇供水排水协会、中国水利水电科学研究院、国家环境保护总局环境标准研究所。

本标准主要起草人：金银龙、鄂学礼、陈昌杰、陈西平、张岚、陈亚妍、蔡祖根、甘日华、申屠杭、郭常义、魏建荣、宁瑞珠、刘文朝、胡林林。

本标准参加起草人：蔡诗文、林少彬、刘凡、姚孝元、陆坤明、陈国光、周怀东、李延平。

本标准于1985年8月首次发布，本次为第一次修订。

# 生活饮用水卫生标准

## 1 范围

本标准规定了生活饮用水水质卫生要求、生活饮用水水源水质卫生要求、集中式供水单位卫生要求、二次供水卫生要求、涉及生活饮用水卫生安全产品卫生要求、水质监测和水质检验方法。

本标准适用于城乡各类集中式供水的生活饮用水，也适用于分散式供水的生活饮用水。

## 2 规范性引用文件

下列文件中的条款通过本标准的引用而成为本标准的条款。凡是标注日期的引用文件，其随后所有的修改单（不包括勘误内容）或修订版均不适用于本标准，然而，鼓励根据本标准达成协议的各方研究是否可使用这些文件的最新版本。凡是不注日期的引用文件，其最新版本适用于本标准。

GB 3838　地表水环境质量标准

GB/T 5750（所有部分）　生活饮用水标准检验方法

GB/T 14848　地下水质量标准

GB 17051　二次供水设施卫生规范

GB/T 17218　饮用水化学处理剂卫生安全性评价

GB/T 17219　生活饮用水输配水设备及防护材料的安全性评价标准

CJ/T 206　城市供水水质标准

SL 308　村镇供水单位资质标准

生活饮用水集中式供水单位卫生规范　卫生部

## 3 术语和定义

下列术语和定义适用于本标准。

3.1 生活饮用水　drinking water

供人生活的饮水和生活用水。

3.2 供水方式　type of water supply

3.2.1 集中式供水　central water supply

自水源集中取水,通过输配水管网送到用户或者公共取水点的供水方式,包括自建设施供水。为用户提供日常饮用水的供水站和为公共场所、居民社区提供的分质供水也属于集中式供水。

3.2.2 二次供水　secondary water supply

集中式供水在入户之前经再度储存、加压和消毒或深度处理,通过管道或容器输送给用户的供水方式。

3.2.3 小型集中式供水 small central water supply

农村日供水在 1 000 m³ 以下(或供水人口在 1 万人以下)的集中式供水。

3.2.4 分散式供水　non-central water supply

分散居户直接从水源取水,无任何设施或仅有简易设施的供水方式。

3.3 常规指标 regular indices

能反映生活饮用水水质基本状况的水质指标。

3.4 非常规指标　non-regular indices

根据地区、时间或特殊情况需要实施的生活饮用水水质指标。

**4 生活饮用水水质卫生要求**

4.1 生活饮用水水质应符合下列基本要求,保证用户饮用安全。

4.1.1 生活饮用水中不得含有病原微生物。

4.1.2 生活饮用水中化学物质不得危害人体健康。

4.1.3 生活饮用水中放射性物质不得危害人体健康。

4.1.4 生活饮用水的感官性状良好。

4.1.5 生活饮用水应经消毒处理。

4.1.6 生活饮用水水质应符合表1和表3卫生要求。集中式供水出厂水中消毒剂限值、出厂水和管网末梢水中消毒剂余量均应符合表2要求。

4.1.7 小型集中式供水和分散式供水因条件限制,水质部分指标可暂按照表4执行,其余指标仍按表1、表2和表3执行。

4.1.8 当发生影响水质的突发性公共事件时,经市级以上人民政府批准,感官性状和一般化学指标可适当放宽。

4.1.9 当饮用水中含有附录 A 表 A.1 所列指标时,可参考此表限值评价。

**表 1  水质常规指标及限值**

| 指　　标 | 限　　值 |
|---|---|
| 1. 微生物指标[a] | |
| 总大肠菌群(MPN/100 mL 或 CFU/100 mL) | 不得检出 |
| 耐热大肠菌群(MPN/100 mL 或 CFU/100 mL) | 不得检出 |
| 大肠埃希氏菌(MPN/100 mL 或 CFU/100 mL) | 不得检出 |
| 菌落总数(CFU/mL) | 100 |
| 2. 毒理指标 | |
| 砷/(mg/L) | 0.01 |
| 镉/(mg/L) | 0.005 |
| 铬/(六价)/(mg/L) | 0.05 |
| 铅/(mg/L) | 0.01 |
| 汞/(mg/L) | 0.001 |
| 硒/(mg/L) | 0.01 |
| 氰化物/(mg/L) | 0.05 |
| 氟化物/(mg/L) | 1.0 |
| 硝酸盐(以 N 计)/(mg/L) | 10<br>地下水源限制时为 20 |
| 三氯甲烷/(mg/L) | 0.06 |
| 四氯化碳/(mg/L) | 0.002 |
| 溴酸盐(使用臭氧时)/(mg/L) | 0.01 |
| 甲醛(使用臭氧时)/(mg/L) | 0.9 |
| 亚氯酸盐(使用二氧化氯消毒时)/(mg/L) | 0.7 |
| 氯酸盐(使用复合二氧化氯消毒时)/(mg/L) | 0.7 |
| 3. 感官性状和一般化学指标 | |
| 色度(铂钴色度单位) | 15 |
| 浑浊度(散射浑浊度单位)/NTU | 1<br>水源与净水技术条件限制时为 3 |
| 臭和味 | 无异臭、异味 |
| 肉眼可见物 | 无 |
| pH | 不小于 6.5 且不大于 8.5 |
| 铝/(mg/L) | 0.2 |
| 铁/(mg/L) | 0.3 |
| 锰/(mg/L) | 0.1 |

续表1

| 指 标 | 限 值 |
|---|---|
| 铜/（mg/L） | 1.0 |
| 锌/（mg/L） | 1.0 |
| 氯化物/（mg/L） | 250 |
| 硫酸盐/（mg/L） | 250 |
| 溶解性总固体/（mg/L） | 1000 |
| 总硬度（以 CaCO$_3$ 计）/（mg/L） | 450 |
| 耗氧量（COD$_{Mn}$法，以 O$_2$ 计）/（mg/L） | 3<br>水源限制，原水耗氧量>6 mg/L 时为 5 |
| 挥发酚类（以苯酚计）/（mg/L） | 0.002 |
| 阴离子合成洗涤剂/（mg/L） | 0.3 |
| 4. 放射性指标[b] | 指导值 |
| 总 α 放射性/（Bq/L） | 0.5 |
| 总 β 放射性/（Bq/L） | 1 |

　　a. MPN 表示最可能数；CFU 表示菌落形成单位。当水样检出总大肠菌群时，应进一步检验大肠埃希氏菌或耐热大肠菌群；水样未检出总大肠菌群，不必检验大肠埃希氏菌或耐热大肠菌群。

　　b. 放射性指标超过指导值，应进行核素分析和评价，判定能否饮用。

## 表2　饮用水中消毒剂常规指标及要求

| 消毒剂名称 | 与水接触时间/（mg/L） | 出厂水中限值/（mg/L） | 出厂水中余量/（mg/L） | 管网末梢水中余量/（mg/L） |
|---|---|---|---|---|
| 氯气及游离氯制剂（游离氯） | ≥30 min | 4 | ≥0.3 | ≥0.05 |
| 一氯胺（总氯） | ≥120 min | 3 | ≥0.5 | ≥0.05 |
| 臭氧（O$_3$） | ≥12 min | 0.3 | — | 0.02<br>如加氯，总氯≥0.05 |
| 二氧化氯（ClO$_2$） | ≥30 min | 0.8 | ≥0.1 | ≥0.02 |

表3　水质非常规指标及限值

| 指　标 | 限　值 |
| --- | --- |
| 1.微生物指标 | |
| 贾第鞭毛虫(个/10 L) | <1 |
| 隐孢子虫(个/10 L) | <1 |
| 2.毒理指标 | |
| 锑/(mg/L) | 0.005 |
| 钡/(mg/L) | 0.7 |
| 铍/(mg/L) | 0.002 |
| 硼/(mg/L) | 0.5 |
| 钼/(mg/L) | 0.07 |
| 镍/(mg/L) | 0.02 |
| 银/(mg/L) | 0.05 |
| 铊/(mg/L) | 0.0001 |
| 氯化氰（以 CN-计)/(mg/L) | 0.07 |
| 一氯二溴甲烷/(mg/L) | 0.1 |
| 二氯一溴甲烷/(mg/L) | 0.06 |
| 二氯乙酸/(mg/L) | 0.05 |
| 1,2-二氯乙烷/(mg/L) | 0.03 |
| 二氯甲烷/(mg/L) | 0.02 |
| 三卤甲烷(三氯甲烷、一氯二溴甲烷、二氯一溴甲烷、三溴甲烷的总和) | 该类化合物中各种化合物的实测浓度与其各自限值的比值之和不超过1 |
| 1,1,1-三氯乙烷/(mg/L) | 2 |
| 三氯乙酸/(mg/L) | 0.1 |
| 三氯乙醛/(mg/L) | 0.01 |
| 2,4,6-三氯酚/(mg/L) | 0.2 |
| 三溴甲烷/(mg/L) | 0.1 |
| 七氯/(mg/L) | 0.0004 |
| 马拉硫磷/(mg/L) | 0.25 |
| 五氯酚/(mg/L) | 0.009 |
| 六六六(总量)/(mg/L) | 0.005 |
| 六氯苯/(mg/L) | 0.001 |
| 乐果/(mg/L) | 0.08 |
| 对硫磷/(mg/L) | 0.003 |

续表3

| 指　标 | 限　值 |
|---|---|
| 灭草松/(mg/L) | 0.3 |
| 甲基对硫磷/(mg/L) | 0.02 |
| 百菌清/(mg/L) | 0.01 |
| 呋喃丹/(mg/L) | 0.007 |
| 林丹/(mg/L) | 0.002 |
| 毒死蜱/(mg/L) | 0.03 |
| 草甘膦/(mg/L) | 0.7 |
| 敌敌畏/(mg/L) | 0.001 |
| 莠去津/(mg/L) | 0.002 |
| 溴氰菊酯/(mg/L) | 0.02 |
| 2,4-滴/(mg/L) | 0.03 |
| 滴滴涕/(mg/L) | 0.001 |
| 乙苯/(mg/L) | 0.3 |
| 二甲苯/(mg/L) | 0.5 |
| 1,1-二氯乙烯/(mg/L) | 0.03 |
| 1,2-二氯乙烯/(mg/L) | 0.05 |
| 1,2-二氯苯/(mg/L) | 1 |
| 1,4-二氯苯/(mg/L) | 0.3 |
| 三氯乙烯/(mg/L) | 0.07 |
| 三氯苯(总量)/(mg/L) | 0.02 |
| 六氯丁二烯/(mg/L) | 0.000 6 |
| 丙烯酰胺/(mg/L) | 0.000 5 |
| 四氯乙烯/(mg/L) | 0.04 |
| 甲苯/(mg/L) | 0.7 |
| 邻苯二甲酸二(2-乙基己基)酯/(mg/L) | 0.008 |
| 环氧氯丙烷/(mg/L) | 0.000 4 |
| 苯/(mg/L) | 0.01 |
| 苯乙烯/(mg/L) | 0.02 |
| 苯并(a)芘/(mg/L) | 0.000 01 |
| 氯乙烯/(mg/L) | 0.005 |
| 氯苯/(mg/L) | 0.3 |
| 微囊藻毒素-LR/(mg/L) | 0.001 |

**续表3**

| 指 标 | 限 值 |
|---|---|
| 3.感官性状和一般化学指标 | |
| 氨氮(以 N 计)/(mg/L) | 0.5 |
| 硫化物/(mg/L) | 0.02 |
| 钠/(mg/L) | 200 |

**表 4　小型集中式供水和分散式供水部分水质指标及限值**

| 指 标 | 限 值 |
|---|---|
| 1.微生物指标 | |
| 菌落总数/(CFU/mL) | 500 |
| 2.毒理指标 | |
| 砷/(mg/L) | 0.05 |
| 氟化物/(mg/L) | 1.2 |
| 硝酸盐(以 N 计)/(mg/L) | 20 |
| 3.感官性状和一般化学指标 | |
| 色度(铂钴色度单位) | 20 |
| 浑浊度(散射浊度单位)/NTU | 3<br>水源与净水技术条件限制时为 5 |
| pH | 不小于 6.5 且不大于 9.5 |
| 溶解性总固体/(mg/L) | 1500 |
| 总硬度(以 $CaCO_3$ 计)/(mg/L) | 550 |
| 耗氧量(CODMn 法,以 $O_2$ 计)/(mg/L) | 5 |
| 铁/(mg/L) | 0.5 |
| 锰/(mg/L) | 0.3 |
| 氯化物/(mg/L) | 300 |
| 硫酸盐/(mg/L) | 300 |

## 5 生活饮用水水源水质卫生要求

5.1 采用地表水为生活饮用水水源时应符合 GB 3838 要求。

5.2 采用地下水为生活饮用水水源时应符合 GB/T 14848 要求。

## 6 集中式供水单位卫生要求

集中式供水单位的卫生要求应按照卫生部《生活饮用水集中式供水单位卫生规范》执行。

**7 二次供水卫生要求**

二次供水的设施和处理要求应按照 GB 17051 执行。

**8 涉及生活饮用水卫生安全产品卫生要求**

8.1 处理生活饮用水采用的絮凝、助凝、消毒、氧化、吸附、pH 调节、防锈、阻垢等化学处理剂不应污染生活饮用水,应符合 GB/T 17218 要求。

8.2 生活饮用水的输配水设备、防护材料和水处理材料不应污染生活饮用水,应符合 GB/T 17219 要求。

**9 水质监测**

9.1 供水单位的水质检测

9.1.1 供水单位的水质非常规指标选择由当地县级以上供水行政主管部门和卫生行政部门协商确定。

9.1.2 城市集中式供水单位水质检测的采样点选择、检验项目和频率、合格率计算按照 CJ/T 206 执行。

9.1.3 村镇集中式供水单位水质检测的采样点选择、检验项目和频率、合格率计算按照 SL 308 执行。

9.1.4 供水单位水质检测结果应定期报送当地卫生行政部门,报送水质检测结果的内容和办法由当地供水行政主管部门和卫生行政部门商定。

9.1.5 当饮用水水质发生异常时应及时报告当地供水行政主管部门和卫生行政部门。

9.2 卫生监督的水质监测

9.2.1 各级卫生行政部门应根据实际需要定期对各类供水单位的供水水质进行卫生监督、监测。

9.2.2 当发生影响水质的突发性公共事件时,由县级以上卫生行政部门根据需要确定饮用水监督、监测方案。

9.2.3 卫生监督的水质监测范围、项目、频率由当地市级以上卫生行政部门确定。

**10 水质检验方法**

生活饮用水水质检验应按照 GB/T 5750(所有部分)执行。

# 附 录 A

（资料性附录）

### 表 A.1 生活饮用水水质参考指标及限值

| 指 标 | 限 值 |
|---|---|
| 肠球菌/（CFU/100mL） | 0 |
| 产气荚膜梭状芽孢杆菌/（CFU/100mL） | 0 |
| 二（2-乙基己基）己二酸酯/（mg/L） | 0.4 |
| 二溴乙烯/（mg/L） | 0.000 05 |
| 二噁英（2,3,7,8-TCDD）/（mg/L） | 0.000 000 03 |
| 土臭素（二甲基萘烷醇）/（mg/L） | 0.000 01 |
| 五氯丙烷/（mg/L） | 0.03 |
| 双酚 A/（mg/L） | 0.01 |
| 丙烯腈/（mg/L） | 0.1 |
| 丙烯酸/（mg/L） | 0.5 |
| 丙烯醛/（mg/L） | 0.1 |
| 四乙基铅/（mg/L） | 0.000 1 |
| 戊二醛/（mg/L） | 0.07 |
| 甲基异莰醇-2/（mg/L） | 0.000 01 |
| 石油类（总量）/（mg/L） | 0.3 |
| 石棉（>10 mm）/（万/L） | 700 |
| 亚硝酸盐/（mg/L） | 1 |
| 多环芳烃（总量）/（mg/L） | 0.002 |
| 多氯联苯（总量）/（mg/L） | 0.0005 |
| 邻苯二甲酸二乙酯/（mg/L） | 0.3 |
| 邻苯二甲酸二丁酯/（mg/L） | 0.003 |
| 环烷酸/（mg/L） | 1.0 |
| 苯甲醚/（mg/L） | 0.05 |
| 总有机碳（TOC）/（mg/L） | 5 |
| β-萘酚/（mg/L） | 0.4 |
| 丁基黄原酸/（mg/L） | 0.001 |
| 氯化乙基汞/（mg/L） | 0.0001 |
| 硝基苯/（mg/L） | 0.017 |

## 参考文献

［1］ World Health Organization. Guidelines for Drinking－water Quality, third edition. Vol. 1, 2004, Geneva.

［2］ EU's Drinking Water Standards. Council Directive 98/83/EC on the quality of water intended for human consumption. Adopted by the Council, on 3 November 1998.

［3］ US EPA. Drinking Water Standards and Health Advisories, Winter 2004.

［4］俄罗斯国家饮用水卫生标准，2002 年 1 月实施.

［5］日本饮用水水质基准（水道法に基づく水质基准に关すゐ省令），2004 年 4 月起实施.

# 附录3 中华人民共和国环境空气质量标准

## GB 3095—2012

## 中华人民共和国环境保护部
## 公 告

2012 年 第 7 号

为贯彻《中华人民共和国环境保护法》和《中华人民共和国大气污染防治法》,保护环境,保障人体健康,防治大气污染,现批准《环境空气质量标准》为国家环境质量标准,并由我部与国家质量监督检验检疫总局联合发布。

标准名称、编号如下:

环境空气质量标准(GB 3095—2012)

按有关法律规定,本标准具有强制执行的效力。

本标准自 2016 年 1 月 1 日起在全国实施。

在全国实施本标准之前,国务院环境保护行政主管部门可根据《关于推进大气污染联防联控工作改善区域空气质量的指导意见》(国办发〔2010〕33 号)等文件要求指定部分地区提前实施本标准,具体实施方案(包括地域范围、时间等)另行公告;各省级人民政府也可根据实际情况和当地环境保护的需要提前实施本标准。

本标准由中国环境科学出版社出版,标准内容可在环境保护部网站(bz. mep. gov. cn)查询。

自本标准实施之日起,《环境空气质量标准》(GB 3095—1996)、《〈环境空气质量标准〉(GB 3095—1996)修改单》(环发〔2000〕1 号)和《保护农作物的大气污染物最高允许浓度》(GB 9137—88)废止。

特此公告。

2012 年 02 月 29 日

# 目　次

# 前　言

为贯彻《中华人民共和国环境保护法》和《中华人民共和国大气污染防治法》，保护和改善生活环境、生态环境，保障人体健康，制定本标准。

本标准规定了环境空气功能区分类、标准分级、污染物项目、平均时间及浓度限值、监测方法、数据统计的有效性规定及实施与监督等内容。各省、自治区、直辖市人民政府对本标准中未作规定的污染物项目，可以制定地方环境空气质量标准。

本标准中的污染物浓度均为质量浓度。

本标准首次发布于1982年。1996年第一次修订，2000年第二次修订，本次为第三次修订。本标准将根据国家经济社会发展状况和环境保护要求适时修订。

本次修订的主要内容：

——调整了环境空气功能区分类，将三类区并入二类区；

——增设了颗粒物（粒径小于等于2.5 μm）浓度限值和臭氧8小时平均浓度限值；

——调整了颗粒物（粒径小于等于10 μm）、二氧化氮、铅和苯并[a]芘等的浓度限值；

——调整了数据统计的有效性规定。

自本标准实施之日起，《环境空气质量标准》（GB 3095—1996）、《〈环境空气质量标准〉（GB 3095—1996）修改单》（环发〔2000〕1号）和《保护农作物的大气污染物最高允许浓度》（GB 9137—88）废止。

本标准附录A为资料性附录，为各省级人民政府制定地方环境空气质量标准提供参考。

本标准由环境保护部科技标准司组织制订。

本标准主要起草单位：中国环境科学研究院、中国环境监测总站。

本标准环境保护部2012年2月29日批准。

本标准由环境保护部解释。

# 环境空气质量标准

**1 适用范围**

本标准规定了环境空气功能区分类、标准分级、污染物项目、平均时间及浓度限值、监测方法、数据统计的有效性规定及实施与监督等内容。

本标准适用于环境空气质量评价与管理。

**2　规范性引用文件**

本标准引用下列文件或其中的条款。凡是不注明日期的引用文件,其最新版本适用于本标准。

GB 8971　空气质量　飘尘中苯并[a]芘的测定　乙酰化滤纸层析荧光分光光度法

GB 9801　空气质量　一氧化碳的测定　非分散红外法

GB/T 15264　环境空气　铅的测定　火焰原子吸收分光光度法

GB/T 15432　环境空气　总悬浮颗粒物的测定　重量法

GB/T 15439　环境空气　苯并[a]芘的测定　高效液相色谱法

HJ 479　环境空气　氮氧化物(一氧化氮和二氧化氮)的测定　盐酸萘乙二胺分光光度法

HJ 482　环境空气　二氧化硫的测定　甲醛吸收-副玫瑰苯胺分光光度法

HJ 483　环境空气　二氧化硫的测定　四氯汞盐吸收-副玫瑰苯胺分光光度法

HJ 504　环境空气　臭氧的测定　靛蓝二磺酸钠分光光度法

HJ 539　环境空气　铅的测定　石墨炉原子吸收分光光度法(暂行)

HJ 590　环境空气　臭氧的测定　紫外光度法

HJ 618　环境空气　$PM_{10}$和$PM_{2.5}$的测定　重量法

HJ 630　环境监测质量管理技术导则

HJ/T 193　环境空气质量自动监测技术规范

HJ/T 194　环境空气质量手工监测技术规范

《环境空气质量监测规范(试行)》(国家环境保护总局公告　2007 年第 4 号)

《关于推进大气污染联防联控工作改善区域空气质量的指导意见》(国办发〔2010〕33 号)

**3　术语和定义**

下列术语和定义适用于本标准。

3.1

环境空气 ambient air

指人群、植物、动物和建筑物所暴露的室外空气。

3.2

总悬浮颗粒物 total suspended particle(TSP)

指环境空气中空气动力学当量直径小于等于 100 μm 的颗粒物。

3.3

颗粒物(粒径小于等于 10 μm) particulate matter(PM$_{10}$)

指环境空气中空气动力学当量直径小于等于 10 μm 的颗粒物,也称可吸入颗粒物。

3.4

颗粒物(粒径小于等于 2.5 μm) particulate matter(PM$_{2.5}$)

指环境空气中空气动力学当量直径小于等于 2.5 μm 的颗粒物,也称细颗粒物。

3.5

铅 lead

指存在于总悬浮颗粒物中的铅及其化合物。

3.6

苯并[a]芘 benzo[a]pyrene(BaP)

指存在于颗粒物(粒径小于等于 10 μm)中的苯并[a]芘。

3.7

氟化物 fluoride

指以气态和颗粒态形式存在的无机氟化物。

3.8

1 小时平均 1-hour average

指任何 1 小时污染物浓度的算术平均值。

3.9

8 小时平均 8-hour average

指连续 8 小时平均浓度的算术平均值,也称 8 小时滑动平均。

3.10

24 小时平均 24-hour average

指一个自然日 24 小时平均浓度的算术平均值,也称为日平均。

3.11

月平均 monthly average

指一个日历月内各日平均浓度的算术平均值。

3.12

季平均 quarterly average

指一个日历季内各日平均浓度的算术平均值。

3.13

年平均 annual mean

指一个日历年内各日平均浓度的算术平均值。

3.14

标准状态 standard state

指温度为 273 K,压力为 101.325 kPa 时的状态。本标准中的污染物浓度均为标准状态下的浓度。

## 4　环境空气功能区分类和质量要求

4.1 环境空气功能区分类

环境空气功能区分为二类:一类区为自然保护区、风景名胜区和其他需要特殊保护的区域;二类区为居住区、商业交通居民混合区、文化区、工业区和农村地区。

4.2 环境空气功能区质量要求

一类区适用一级浓度限值,二类区适用二级浓度限值。一、二类环境空气功能区质量要求见表1和表2。

表1　环境空气污染物基本项目浓度限值

| 序号 | 污染物项目 | 平均时间 | 浓度限值 | | 单位 |
|------|-----------|---------|---------|------|------|
| | | | 一级 | 二级 | |
| 1 | 二氧化硫($SO_2$) | 年平均 | 20 | 60 | $\mu g/m^3$ |
| | | 24 小时平均 | 50 | 150 | |
| | | 1 小时平均 | 150 | 500 | |
| 2 | 二氧化氮($NO_2$) | 年平均 | 40 | 40 | |
| | | 24 小时平均 | 80 | 80 | |
| | | 1 小时平均 | 200 | 200 | |
| 3 | 一氧化碳(CO) | 24 小时平均 | 4 | 4 | $mg/m^3$ |
| | | 1 小时平均 | 10 | 10 | |
| 4 | 臭氧($O_3$) | 日最大 8 小时平均 | 100 | 160 | |
| | | 1 小时平均 | 160 | 200 | |
| 5 | 颗粒物(粒径小于等于 10 $\mu m$) | 年平均 | 40 | 70 | $\mu g/m^3$ |
| | | 24 小时平均 | 50 | 150 | |
| 6 | 颗粒物(粒径小于等于 2.5 $\mu m$) | 年平均 | 15 | 35 | |
| | | 24 小时平均 | 35 | 75 | |

**表 2　环境空气污染物其他项目浓度限值**

| 序号 | 污染物项目 | 平均时间 | 浓度限值 | | 单位 |
| --- | --- | --- | --- | --- | --- |
| | | | 一级 | 二级 | |
| 1 | 总悬浮颗粒物(TSP) | 年平均 | 80 | 200 | |
| | | 24 小时平均 | 120 | 300 | |
| 2 | 氮氧化物(NO$_x$) | 年平均 | 50 | 50 | |
| | | 24 小时平均 | 100 | 100 | |
| | | 1 小时平均 | 250 | 250 | μg/m$^3$ |
| 3 | 铅(Pb) | 年平均 | 0.5 | 0.5 | |
| | | 季平均 | 1 | 1 | |
| 4 | 苯并[a]芘(BaP) | 年平均 | 0.001 | 0.001 | |
| | | 24 小时平均 | 0.002 5 | 0.002 5 | |

4.3 本标准自 2016 年 1 月 1 日起在全国实施。基本项目(表 1)在全国范围内实施;其他项目(表 2)由国务院环境保护行政主管部门或者省级人民政府根据实际情况,确定具体实施方式。

4.4 在全国实施本标准之前,国务院环境保护行政主管部门可根据《关于推进大气污染联防联控工作改善区域空气质量的指导意见》等文件要求指定部分地区提前实施本标准,具体实施方案(包括地域范围、时间等)另行公告;各省级人民政府也可根据实际情况和当地环境保护的需要提前实施本标准。

**5　监测**

环境空气质量监测工作应按照《环境空气质量监测规范(试行)》等规范性文件的要求进行。

5.1　监测点位布设

表 1 和表 2 中环境空气污染物监测点位的设置,应按照《环境空气质量监测规范(试行)》中的要求执行。

5.2　样品采集

环境空气质量监测中的采样环境、采样高度及采样频率等要求,按 HJ/T 193 或 HJ/T 194 的要求执行。

5.3　分析方法

应按表 3 的要求,采用相应的方法分析各项污染物的浓度。

表3　各项污染物分析方法

| 序号 | 污染物项目 | 手工分析方法 | | 自动分析方法 |
|---|---|---|---|---|
| | | 分析方法 | 标准编号 | |
| 1 | 二氧化硫（SO₂） | 环境空气　二氧化硫的测定　甲醛吸收-副玫瑰苯胺分光光度法 | HJ 482 | 紫外荧光法，差分吸收光谱分析法 |
| | | 环境空气　二氧化硫的测定　四氯汞盐吸收-副玫瑰苯胺分光光度法 | HJ 483 | |
| 2 | 二氧化氮（NO₂） | 环境空气　氮氧化物（一氧化氮和二氧化氮）的测定　盐酸萘乙二胺分光光度法 | HJ 479 | 化学发光法，差分吸收光谱分析法 |
| 3 | 一氧化碳（CO） | 空气质量　一氧化碳的测定　非分散红外法 | GB 9801 | 气体滤波相关红外吸收法，非分散红外吸收法 |
| 4 | 臭氧（O₃） | 环境空气　臭氧的测定　靛蓝二磺酸钠分光光度法 | HJ 504 | 紫外荧光法、差分吸收光谱分析法 |
| | | 环境空气　臭氧的测定　紫外光度法 | HJ 590 | |
| 5 | 颗粒物（粒径小于等于10 μm） | 环境空气 PM₁₀和PM₂.₅的测定　重量法 | HJ 618 | 微量振荡天平法，β射线法 |
| 6 | 颗粒物（粒径小于等于2.5 μm） | 环境空气 PM₁₀和PM₂.₅的测定　重量法 | HJ 618 | 微量振荡天平法，β射线法 |
| 7 | 总悬浮颗粒物（TSP） | 环境空气 总悬浮颗粒物的测定　重量法 | GB/T 15432 | — |
| 8 | 氮氧化物（NOₓ） | 环境空气　氮氧化物（一氧化氮和二氧化氮）的测定　盐酸萘乙二胺分光光度法 | HJ 479 | 化学发光法，差分吸收光谱分析法 |
| 9 | 铅（Pb） | 环境空气　铅的测定　石墨炉原子吸收分光光度法（暂行） | HJ 539 | — |
| | | 环境空气　铅的测定　火焰原子吸收分光光度法 | GB/T 15264 | — |
| 10 | 苯并[a]芘（BaP） | 空气质量　飘尘中苯并[a]芘的测定　乙酰化滤纸　层析荧光分光光度法 | GB 8971 | — |
| | | 环境空气　苯并[a]芘的测定　高效液相色谱法 | GB/T 15439 | — |

## 6 数据统计的有效性规定

6.1　应采取措施保证监测数据的准确性、连续性和完整性,确保全面、客观地反映监测结果。所有有效数据均应参加统计和评价,不得选择性地舍弃不利数据以及人为干预监测和评价结果。

6.2　采用自动监测设备监测时,监测仪器应全年 365 天(闰年 366 天)连续运行。在监测仪器校准、停电和设备故障,以及其他不可抗拒的因素导致不能获得连续监测数据时,应采取有效措施及时恢复。

6.3　异常值的判断和处理应符合 HJ 630 的规定。对于监测过程中缺失和删除的数据均应说明原因,并保留详细的原始数据记录,以备数据审核。

6.4　任何情况下,有效的污染物浓度数据均应符合表 4 中的最低要求,否则应视为无效数据。

**表 4　污染物浓度数据有效性的最低要求**

| 污染物项目 | 平均时间 | 数据有效性规定 |
| --- | --- | --- |
| 二氧化硫($SO_2$)、二氧化氮($NO_2$)、颗粒物(粒径小于等于 10 μm)、颗粒物(粒径小于等于 2.5 μm)、氮氧化物($NO_x$) | 年平均 | 每年至少有 324 个日平均浓度值<br>每月至少有 27 个日平均浓度值(二月至少有 25 个日平均浓度值) |
| 二氧化硫($SO_2$)、二氧化氮($NO_2$)、一氧化碳(CO)、颗粒物(粒径小于等于 10 μm)、颗粒物(粒径小于等于 2.5 μm)、氮氧化物($NO_x$) | 24 小时平均 | 每日至少有 20 个小时平均浓度值或采样时间 |
| 臭氧($O_3$) | 8 小时平均 | 每 8 小时至少有 6 小时平均浓度值 |
| 二氧化硫($SO_2$)、二氧化氮($NO_2$)、一氧化碳(CO)、臭氧($O_3$)、氮氧化物($NO_x$) | 1 小时平均 | 每小时至少有 45 分钟的采样时间 |
| 总悬浮颗粒物(TSP)、苯并[a]芘(BaP)、铅(Pb) | 年平均 | 每年至少有分布均匀的 60 个日平均浓度值<br>每月至少有分布均匀的 5 个日平均浓度值 |
| 铅(Pb) | 季平均 | 每季至少有分布均匀的 15 个日平均浓度值<br>每月至少有分布均匀的 5 个日平均浓度值 |
| 总悬浮颗粒物(TSP)、苯并[a]芘(BaP)、铅(Pb) | 24 小时平均 | 每日应有 24 小时的采样时间 |

## 7　实施与监督

7.1　本标准由各级环境保护行政主管部门负责监督实施。

7.2　各类环境空气功能区的范围由县级以上（含县级）人民政府环境保护行政主管部门划分，报本级人民政府批准实施。

7.3　按照《中华人民共和国大气污染防治法》的规定，未达到本标准的大气污染防治重点城市，应当按照国务院或者国务院环境保护行政主管部门规定的期限，达到本标准。该城市人民政府应当制定限期达标规划，并可以根据国务院的授权或者规定，采取更严格的措施，按期实现达标规划。

# 附 录 A

（资料性附录）
环境空气中镉、汞、砷、六价铬和氟化物参考浓度限值

**污染物限值**

各省级人民政府可根据当地环境保护的需要，针对环境污染的特点，对本标准中未规定的污染物项目制定并实施地方环境空气质量标准。以下为环境空气中部分污染物参考浓度限值。

表 A.1 环境空气中镉、汞、砷、六价铬和氟化物参考浓度限值

| 序号 | 污染物项目 | 平均时间 | 浓度（通量）限值 | | 单位 |
|---|---|---|---|---|---|
| | | | 一级 | 二级 | |
| 1 | 镉（Cd） | 年平均 | 0.005 | 0.005 | μg/m³ |
| 2 | 汞（Hg） | 年平均 | 0.05 | 0.05 | |
| 3 | 砷（As） | 年平均 | 0.006 | 0.006 | |
| 4 | 六价铬（Cr(Ⅵ)） | 年平均 | 0.000 025 | 0.000 025 | |
| 5 | 氟化物（F） | 1 小时平均 | 20① | 20① | μg/(dm²·d) |
| | | 24 小时平均 | 7① | 7① | |
| | | 月平均 | 1.8② | 3.0③ | |
| | | 植物生长季平均 | 1.2② | 2.0③ | |

注：①适用于城市地区；
②适用于牧业区和以牧业为主的半农半牧区，蚕桑区；
③适用于农业和林业区。